全国高等职业教育市政与交通土建技术类专业应用型规划教材

工程材料与检测

主　编　周莉莉　胡　朵
副主编　苏　丽
主　审　尹　健

黄河水利出版社
·郑州·

内容提要

本书为全国高等职业教育市政与交通土建技术类专业应用型规划教材。全书共分7个项目，较系统地介绍了交通与土建工程技术类专业工程材料的性质、检测方法及配合比设计，主要内容包括：砂石材料的检测、水泥的检测、沥青材料的检测、建筑钢材的检测、水泥混凝土配合比的设计、沥青混合料配合比的设计、无机结合料稳定材料配合比的设计等。

本书可作为高职高专院校道路桥梁工程技术专业、城市轨道交通工程技术专业、市政工程技术专业专用教材，也可供中等职业教育交通与土建类专业师生及各类培训学习和从事公路、铁路、城轨、市政等工程施工、工程监理、工程造价、试验检测工作的工程技术人员学习参考。

图书在版编目(CIP)数据

工程材料与检测/周莉莉，胡朵主编. —郑州：黄河水利出版社，2020.8

全国高等职业教育市政与交通土建技术类专业应用型规划教材

ISBN 978-7-5509-2593-9

Ⅰ.①工… Ⅱ.①周…②胡… Ⅲ.①市政工程-建筑材料-检测-高等职业教育-教材②交通工程-土木工程-建筑材料-检测-高等职业教育-教材 Ⅳ.①TU5

中国版本图书馆CIP数据核字(2020)第024950号

出 版 社：黄河水利出版社　　网址：www.yrcp.com

地址：河南省郑州市顺河路黄委会综合楼14层　　邮政编码：450003

发行单位：黄河水利出版社

发行部电话：0371-66026940、66020550、66028024、66022620(传真)

E-mail：hhslcbs@126.com

承印单位：河南承创印务有限公司

开本：787 mm×1 092 mm　1/16

印张：19

字数：440千字　　印数：1—3 000

版次：2020年8月第1版　　印次：2020年8月第1次印刷

定价：48.00元

前　言

为了适应21世纪职业技术教育发展需要，培养出适应社会、企业需要、岗位胜任的高技能工程专业人才，实现公路、市政、城轨等工程专业人才培养的目标实现，我们通过深入市政与交通土建工程建设企事业单位、施工一线，了解行业的发展、岗位需求和岗位工作任务分析，确定本课程教学目的。本课程的教学目标是：学生学完本课程后应具备建筑工程材料的基本知识、基本理论，能够正确使用相关试验检测仪器检验常用工程原材料和混合材料的质量，能够完成混合材料的配合比设计，以及运用国家现行试验规范、规程、标准，正确选用建设工程施工所需要的原材料，并达到试验检测员职业资格证书考评中相关技术的基本要求。

本书按照“专业设置与产业需求、课程内容与职业标准、教学过程与生产过程”三对接的要求进行编写，课程内容选择的思路是：①由学校专任教师、行业和企业专家合作选择课程内容；②变学科型课程体系为项目导向、任务引领型课程体系，紧紧围绕完成工作任务的需要来选择课程内容；③变知识学科本位为职业能力本位，从“任务与职业能力”分析出发，设定课程能力培养目标。全书共分为7个教学项目，较系统地介绍了交通与土建工程技术类专业工程材料的性质、检测方法及配合比设计，主要内容包括：砂石材料、水泥、沥青材料、建筑钢材等的认知与检测，水泥混凝土、沥青混合料、无机结合料稳定材料等的认知与配合比设计等。

本书由湖南城建职业技术学院组织编写。其中，绪论由周文芳（湖南城建职业技术学院）编写，项目1的任务1.1～任务1.6和项目6由周莉莉（湖南城建职业技术学院）编写，项目1的任务1.7由蒋焕青（湖南城建职业技术学院）编写，项目2由苏丽（山东省淄博市技师学院）编写，项目3由黄美燕（湖南城建职业技术学院）编写，项目4由周密（湖南城建职业技术学院）编写，项目5由胡朵（湖南城建职业技术学院）编写，项目7由李骅庚（湖南劳动人事职业学院）编写。全书由周莉莉、胡朵担任主编，由周莉莉统稿；由苏丽担任副主编；由中南林业科技大学土木工程学院尹健教授主审。

本书在编写过程中，参考并引用了有关标准、规范、教材和论著，在此谨向有关单位和作者表示衷心的感谢。

限于编者的学识水平和实践经验，书中难免有疏漏和错误之处，恳请读者批评指正，以便进一步修改和完善。

编　者

2020年3月

目录

绪论

改革开放以来,我国公路、铁路、城市轨道交通、市政及建筑工程等得到了飞速发展,大量新技术、新工艺、新方法与新材料得到了广泛应用。同时,随着公路、铁路、城市轨道交通、市政道路事业快速发展,市场对从事相关专业人才的需求量也随之加大。为实现公路、铁路、城市轨道交通、市政工程的现代化,迫切需要学习和研究用于此类工程的新材料、新技术和新方法。

一、本课程的研究内容和任务

随着科技和材料技术的发展,用于工程建设的材料不仅在品种上日益增多,而且对其质量也不断提出了新的要求。

(一)本课程的研究内容

(1)砂石材料。砂石材料有的是由地壳上层的岩石经自然风化得到的(如天然砂砾),有的是经人工开采或再经轧制而得到的。砂石材料可以直接用于铺筑道床或砌筑各种桥梁及结构物,也可以作为配制水泥混凝土或沥青混合料的矿质集料。

(2)无机结合料及其制品。在工程建设中最常用的无机结合料,主要为石灰和水泥,是桥梁及轨道结构物中水泥混凝土和预应力混凝土结构的主要材料。石灰和水泥也广泛应用于道床和路基土改良、道路半刚性基层,是重要的工程材料。此外,水泥砂浆是各种圬工结构物砌筑的重要结合料。

(3)有机结合料及其混合料。有机结合料主要是指沥青类材料,如石油沥青、煤沥青等,这些材料与不同粒径的集料组成沥青混合料。沥青混合料是现代道路建设中的一种极其重要的筑路材料。

(4)建筑钢材。建筑钢材是桥梁钢结构及钢筋混凝土结构的重要材料。

(二)本课程的任务

本课程是一门专业基础课,也是工程施工的基础。通过本课程的学习可以使从事道路、铁路、城市轨道交通、市政工程等相关专业的工程技术人员全面理解和掌握常用工程材料的基本概念与理论、技术性能与检测等方面的系统知识,并能够正确使用、选择和鉴定材料。

二、工程材料的重要性

工程材料是工程结构物的物质基础。材料质量的好坏、配制是否合理及选用是否适当等直接影响结构物的使用质量、寿命和功能。工程结构物直接裸露在大自然中,承受反复动荷载作用,材料的性能和质量对结构物的使用性能影响极大。

材料的使用与工程造价密切相关,在工程的修建费用中,材料费用通常在工程总造价中占 50% 以上。因此,合理地选择和使用材料,尽量就地取材,对节约工程投资、降低工程造价十分必要。

材料科学的进步,可以给工程提供优质、高性能和低成本的材料。工程建筑设计、工艺的更新换代,往往与新材料的发展和运用紧密联系;同时,新材料的出现和使用必然导致工程建筑设计、施工工艺与技术的更新与发展。

三、建筑材料应具备的性质

公路工程、铁路工程、城市轨道交通工程及市政工程等工程建筑物,不仅受到车辆荷载的复杂力系作用,而且还受到各种复杂的恶劣环境的影响,所以用于公路工程、铁路工程、城市轨道交通工程及市政工程等的材料,既要具备一定的力学性能,又要保证在各种自然条件下,综合力学性能不会下降。为了保证工程材料的综合力学强度和稳定性,就要求其具备下列四个方面的性质。

(一)力学性质

力学性质是材料抵抗车辆荷载复杂的综合作用的性能。目前对力学性质的测定,主要是测定各种静态的强度,如抗压、抗拉、抗弯、抗剪等强度,还可通过磨耗、磨光、冲击等经验指标来反映等。

(二)物理性质

材料使用过程中影响材料力学性质的物理因素主要是温度和湿度。材料的强度随着温度的升高或含水率的增加而显著降低,通常用温度稳定性或水稳定性等来表征其强度变化的程度。

此外,通常还要测定一些物理常数,如密度、孔隙率和空隙率等。这些物理常数是材料内部组成结构的反映,并与力学性质之间存在一定的相关性,可以用于推断力学性质。

(三)化学性质

化学性质是材料抵抗各种周围环境对其化学作用的性能。除受周围介质或者其他物质侵蚀外,通常还受到大气因素的综合作用而引起材料的“老化”,特别是各种有机材料(如沥青材料等)对此表现更为显著。

(四)工艺性质

工艺性质是指材料适合按一定工艺要求加工的性能。例如,水泥混凝土拌和物需要一定的和易性,以便浇筑。材料的工艺性质可通过一定试验方法和指标进行控制。

四、工程材料的检验方法

公路工程、铁路工程、城市轨道交通工程以及市政工程等工程材料应具备性能的检验,必须通过适当的测试手段来进行。检验测定材料的性质,通常可采用试验室内原材料性能检定以及现场试验性结构物检定等方法。本课程主要介绍试验室内原材料性能的检定。对应上述工程材料应具备的性能,室内材料试验包括的内容有物理性质试验、力学性质试验、化学性质试验和工艺性质试验。

五、工程材料质量的技术标准

应用于公路工程、铁路工程、城市轨道交通工程及市政工程等工程的材料,必须具备一定的技术性质,以适应交通工程结构物不同建筑结构与施工条件的要求。

为了保证工程材料的质量,我国对各种材料制定了专门的技术标准。目前,我国工程材料的标准分为国家标准、行业标准、地方标准和企业标准四个等级,对需要在全国范围内统一的技术要求,应当制定国家标准。国家标准由国务院标准化行政部门制定。

与道路工程材料有关的国家标准及行业标准代号示例见表 0-1,市政与城市轨道交通工程涉及沥青及沥青混合料等,采用的是交通行业标准。

表 0-1　国家标准及行业标准代号

标准名称	代号	示例
国家标准	国标 GB	《通用硅酸盐水泥》(GB 175—2007)
交通行业标准	交通 JT	《公路工程沥青及沥青混合料试验规程》(JTG E20—2011)
建材行业标准	建材 JC	《石灰石硅酸盐水泥》(JC/T 600—2010)
石油化工行业标准	石化 SH	《道路石油沥青》(NB/SH/T 0522—2010)
铁路行业标准	铁部 TB	《铁路工程水质分析规程》(TB 10104—2003)
黑色冶金行业标准	冶标 YB	《碳素工具钢丝》(YB/T 5322—2010)

为研究国外有关工程材料的科学技术,现将国际及国外几个主要国家的标准代号列于表 0-2 中。

表 0-2　国际及国外几个主要国家的标准代号

标准名称	代号	标准名称	代号
国际标准化组织	ISO	德国标准	DIN
欧洲标准	EN	日本标准	JSA
美国国家标准	ANSI	法国标准	NF
英国标准	EN	意大利标准	UNI

六、工程材料试验基础知识

(一)数字修约规则

在实际工作中,各种试验、测量计算的数值需要修约时,应按下列规则进行:

(1)拟舍去数字的最左一位数字小于5(不包括5)时则舍去。例如:将14.243 2 修约保留一位小数,修约得14.2。

(2)拟舍去数字的最左一位数字大于5(不包括5)时则进。例如:将26.484 3 修约保留一位小数,修约得26.5。

(3)拟舍去数字的最左一位数字等于 5 时,右边的数字并非全部为零,则进一。例如:将1.050 1 修约保留一位小数,修约得1.1。

(4)拟舍去数字的最左一位数字等于 5 时,右边的数字全部为零,拟保留的末位数字若为奇数,则进一;若为偶数(包括"0"),则不进。例如:将0.350 0、0.450 0、1.050 0 修约保留一位小数,修约得0.4、0.4、1.0。

(5)拟舍去的数字,若为两位以上数字,不得连续多次修约,应根据所拟弃数字中左边第一位数字的大小,按上述规则一次修约出结果。例如:将15.454 6修约成整数,修约得15。

为了便于记忆数字修约法,其口诀是:四舍六入五考虑,五后非零则进一,五后皆零视奇偶,五前为偶应舍去,五前为奇则进一。注意:“0”视为偶数。

(二)取样送样见证人制度

试验取样送样时,应遵守取样送样见证人制度。见证取样和送样(送检)是指在建设单位或工程监理单位人员的见证下,由施工单位的现场人员对工程中涉及结构安全的试块试件和材料的现场取样,一并送至经过省级以上建设行政主管部门对其资质认可和质量技术监督部门对其计量认证的质量检测单位进行检测。

(三)对试验检测人员的要求

为确保试验检测结果的可靠性、真实性和准确性,不仅要求试验检测设备的精确、完整,而且要求试验检测人员认真履行岗位职责,按相关试验规程进行相关试验检测操作和数据处理,准确、按时提交相关试验报告。

(1)从事试验检测人员必备的技能和知识:

①必须具备与所担负试验检测项目有关的专业基础理论知识。

②必须掌握与所担负试验检测项目有关的标准、规范、检测方法和本专业规范等法规性技术文件。

③必须掌握所担负试验检测项目应用的仪器设备的操作技能,并了解仪器、设备的性能和基本原理,会正常维护。

④掌握计量法、标准化法,以及有关方针、政策、规章制度和《质量管理手册》的有关内容。

⑤掌握全面质量管理的基础知识及其基本工具和方法。

⑥应了解所从事专业的国内外先进水平及发展趋势。

(2)从事试验检测人员纪律要求:

①忠于职守,努力按时完成领导分配的检测任务。

②严格遵守各项规章制度,严格按照规范、标准、试验方法、操作方法进行检测工作。

③坚持科学的态度,实事求是,不能随意修改检测数据,更不准臆造数据,以保证检测数据和检测结果的真实性和公正性。

④坚持文明检测。在试验检测过程中应按要求处理试验过程中产生的废弃物和污染物。要求在检测过程中应热情周到、文明用语等。

⑤保守秘密。对检测数据或结果,未经领导批准,不准随意扩散。

⑥清正廉洁,不接受用户请客、送礼,在检测工作中不受金钱引诱及上级行政和各方面的不良干扰。

⑦凡违反上述规定者,均归为违反纪律,按情节和后果分别给予批评教育或警告等处置。情节或后果特别严重而构成犯罪的,应予追究法律责任。

项目1　砂石材料的检测

知识目标

1. 掌握砂石材料的技术性质、技术要求。
2. 掌握集料主要技术指标的测定方法。

能力目标

1. 能够根据现行国家及行业标准正确评价砂石材料的技术性质。
2. 能够根据工作环境,合理选用粗、细集料。

【项目导入】

砂石材料在日常生活中随处可见,但是你是否清楚砂石材料包括哪几类?是不是所有的砂石材料都可以用作建筑材料?江河湖海里有那么多的砂砾,为什么还要将山石粉碎为机制砂?

【知识储备】

砂石材料是工程建设中用量最大的建筑材料,它可以直接用于工程的圬工结构、路基工程、轨道道床,亦可作为水泥混凝土、沥青混合料的集料。用作工程建设的砂石材料都应具备一定的技术性质,以适应不同工程建设的技术要求。

砂石材料包括岩石和集料两大类,下面将对这些材料的技术性质予以论述。

一、岩石的技术性质

岩石是指在各种地质作用下,按一定方式结合而成的矿物集合体,是构成地壳和地幔的主要物质。

岩石的技术性质主要从物理性质、力学性质和化学性质三方面进行评价。

(一)物理性质

岩石的物理性质包括:物理常数(如真实密度、毛体积密度和孔隙率等)、吸水性(如吸水率、饱和吸水率)和抗冻性。

1. 物理常数

岩石的物理常数是岩石矿物组成结构状态的反映,它与岩石的技术性质有着密切的关系。岩石的内部组成结构主要由矿质实体和孔隙(开口孔隙和闭口孔隙)所组成,如图1-1(a)所示。各部分质量与体积的关系如图1-1(b)所示。

1)真实密度

真实密度是岩石在规定条件[105~110 ℃下烘至恒重,温度(20±2)℃]下,烘干岩石矿质实体单位体积(不包括开口孔隙与闭口孔隙的体积)的质量。

$$\rho_t = \frac{m_s}{V_s} \tag{1-1}$$

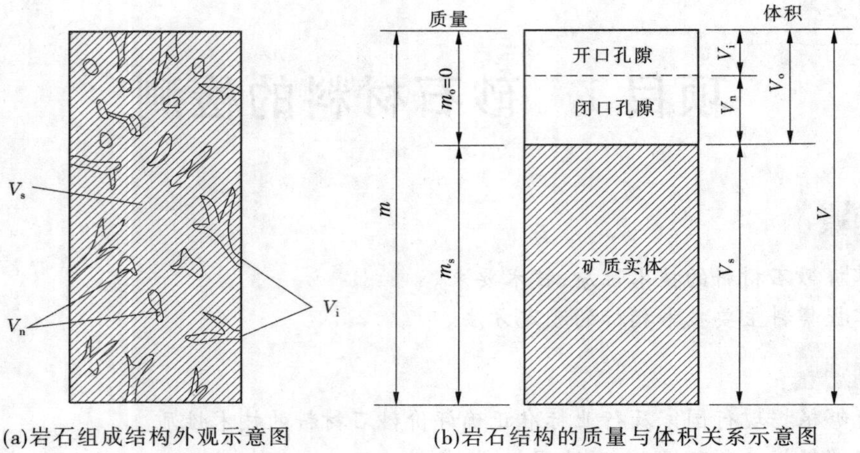

图 1-1　岩石组成结构示意图

式中　ρ_t——岩石的真实密度，g/cm^3；

m_s——岩石矿质实体的质量，g；

V_s——岩石矿质实体的体积，cm^3。

2）毛体积密度

毛体积密度是指在规定条件下，烘干岩石（包括孔隙在内）的单位体积固体材料的质量。根据岩石含水状态，毛体积密度可分为干密度、饱和密度和天然密度。

$$\rho_b = \frac{m_s}{V_s + V_n + V_i} \tag{1-2}$$

式中　ρ_b——岩石的毛体积密度，g/cm^3；

V_i、V_n——岩石开口孔隙和闭口孔隙的体积，cm^3；

其他符号意义同前。

3）孔隙率

岩石的孔隙率是指岩石孔隙体积占岩石总体积（包括孔隙体积在内）的百分率。

$$n = \frac{V_o}{V} \times 100\% \tag{1-3a}$$

式中　n——岩石的孔隙率（%）；

V_o——岩石的孔隙（包括开口孔隙和闭口孔隙）的体积，cm^3；

V——岩石的总体积，cm^3。

孔隙率亦可由真实密度和毛体积密度计算求得，由式（1-3a）得：$n = [1-(V_s/V)] \times 100\%$，故式（1-3a）可表达为式（1-3b）：

$$n = \left(1 - \frac{\rho_b}{\rho_t}\right) \times 100\% \tag{1-3b}$$

式中　n——岩石的孔隙率（%）；

ρ_t——岩石的真实密度，g/cm^3；

ρ_b——岩石的毛体积密度，g/cm^3。

2. 吸水性

岩石的吸水性是指岩石在规定条件下吸水的能力，采用吸水率和饱和吸水率两项指标来表征。

1）吸水率

岩石的吸水率是指在规定条件下，岩石试样最大的吸水质量与烘干岩石试件质量之比，以百分率表示。

$$w_a = \frac{m_1 - m}{m} \times 100\% \tag{1-4}$$

式中　w_a——岩石的吸水率（%）；

m——烘至恒重时的试件质量，g；

m_1——吸水至恒重时的试件质量，g。

2）饱和吸水率

岩石的饱和吸水率是指在强制条件下，岩石试样最大的吸水质量与烘干岩石试件质量之比，以百分率表示。我国现行标准《公路工程岩石试验规程》（JTG E41—2005）和《铁路工程岩石试验规程》（TB 10115—2014）规定采用煮沸法或真空抽气法测定饱和吸水率。

$$w_{sa} = \frac{m_2 - m}{m} \times 100\% \tag{1-5}$$

式中　w_{sa}——岩石的饱和吸水率（%）；

m——烘至恒重时的试件质量，g；

m_2——试件经强制吸水饱和后的质量，g。

吸水率、饱和吸水率能有效地反映岩石微裂隙的发育程度，可用来判断岩石的抗冻性和抗风化等性能。将岩石的吸水率与饱和吸水率之比定义为饱水系数，它是评价岩石抗冻性的一种指标。

3. 抗冻性

岩石的抗冻性是指岩石在吸水饱和状态下，经受规定次数的冻融循环后抵抗破坏的能力。

岩石的抗冻性对于不同的工程环境气候有不同的要求。冻融次数的规定：在严寒地区（最冷月的月平均气温低于 −15 ℃）为 25 次；在寒冷地区（最冷月的月平均气温在 −15 ~ −5 ℃）为 15 次。

岩石的抗冻性通常用冻融质量损失率和冻融系数表征。

岩石的抗冻性试验通常采用直接冻融法。将试件在吸水饱和状态下，置于 −15 ℃的冰箱中冻结 4 h 后，放入（20 ±5）℃的水中融解 4 h，为冻融循环一次，如此反复冻融至规定次数。经历规定的冻融循环次数（如 10 次、15 次、25 次等），详细检查各试件有无剥落、裂缝分层及掉角等现象，并记录检查情况。将冻融试验后的试件烘至恒量，称其质量，然后测其抗压强度，并按式（1-6）和式（1-7）分别计算岩石的冻融质量损失率和冻融系数。

$$L = \frac{m_1 - m_2}{m_1} \times 100\% \tag{1-6}$$

式中 L——冻融后的质量损失率(%);

m_1——试验前烘干试件的质量,g;

m_2——试验后烘干试件的质量,g。

$$K = \frac{R_2}{R_1} \tag{1-7}$$

式中 K——冻融系数;

R_2——经若干次冻融试验后的试件饱水抗压强度,MPa;

R_1——未经冻融试验的试件饱水抗压强度,MPa。

(二)力学性质

工程建设中所用的岩石,应具备一定的力学性质,如抗压、抗拉、抗剪、抗折等强度,还应具备如抗磨光、抗冲击和抗磨耗等力学性能。在此主要讨论确定岩石的抗压强度和磨耗性两项性质。

1. 抗压强度

抗压强度是岩石力学性质中最重要的一项指标,它是岩石强度分级和岩性描述的主要依据。

石材的抗压强度是以边长为 70 mm 的立方体试块的抗压破坏强度的平均值表示的,砌体所用的石材根据抗压强度分为 9 个强度等级:MU100、MU80、MU60、MU50、MU40、MU30、MU20、MU15、MU10。

抗压试件边长可采用表 1-1 所列各种边长尺寸的立方体,但应对其测定结果乘以相应的换算系数。

表 1-1 石材强度等级的换算系数

立方体边长(mm)	200	150	100	70	50
换算系数	1.43	1.28	1.14	1	0.86

岩石的抗压强度与其矿物组成、结构与构造特征等有密切的关系。如:组成花岗岩主要矿物成分的石英是强度很高的矿物,其含量越多,则花岗岩的强度也越高;而云母片为片状矿物,易于分裂成柔软薄片。因此,若云母含量越多,则其强度越低。另外,结晶质石材的强度较玻璃质的高,等粒状结构的强度较斑状结构的高,构造致密的强度较稀松多孔的高。

2. 磨耗性

磨耗性是岩石抵抗撞击、边缘剪力和摩擦的联合作用的性能,以磨耗率表示。磨耗率越大,说明岩石的耐磨性越差。我国现行标准《公路工程岩石试验规程》(JTG E41—2005)规定,岩石磨耗率试验方法与粗集料的磨耗率试验方法相同,采用洛杉矶磨耗试验。

(三)化学性质

早年的研究认为矿质集料是一种惰性材料,它在混合料(由各种矿质集料与水泥或沥青组成)中起着物理作用。随着科学的发展,科学家们根据理化 - 力学的研究,认为矿质集料在混合料中与结合料起着物理 - 化学作用。岩石的化学性质对混合料的物理 - 力学性质起着极为重要的作用。根据试验研究的结果,岩石的化学性质主要以岩石化学组成中二氧化硅(SiO_2)的含量来划分。按克罗斯的分类法,岩石化学组成中二氧化硅(SiO_2)含量大于65%的岩石称为酸性岩石,如花岗岩、石英岩等;二氧化硅(SiO_2)含量在52% ~65%的岩石称为中性岩石,如闪长岩、辉绿岩等;二氧化硅(SiO_2)含量小于52%的岩石称为碱性岩石,如石灰岩、玄武岩等。实践证明,在沥青混合料中,随着二氧化硅(SiO_2)含量的增加,沥青与岩石的黏附性也随之减弱。因此,为保证沥青混合料的强度,在选择岩石时必须优先采用碱性岩石。

二、集料的技术性质

集料是指在混合料中起骨架或填充作用的粒料,包括碎石、机制砂、天然砂、石屑等。工程上一般将集料分为粗集料和细集料两类。

(一)粗集料的技术性质

在沥青混合料中,粗集料是指粒径大于2.36 mm的碎石、破碎砾石、筛选砾石和矿渣等;在水泥混凝土中,粗集料是指粒径大于4.75 mm的碎石、砾石和破碎砾石等。本节仅对粗集料的一般技术性质进行阐述。

1.物理性质

粗集料的物理性质有物理常数(表观密度、毛体积密度、堆积密度和空隙率等)、级配和坚固性。

1)物理常数

在计算粗集料的物理常数时,不仅要考虑粗集料颗粒中的孔隙(开口孔隙或闭口孔隙),还要考虑颗粒间的空隙。粗集料的体积和质量的关系如图1-2所示。

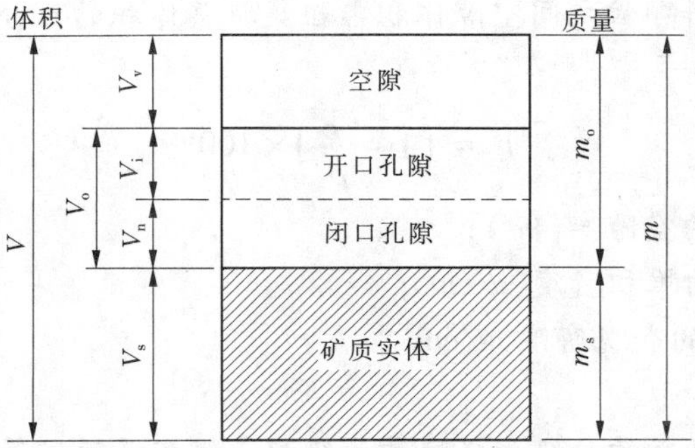

图1-2　粗集料体积与质量关系示意图

(1)表观密度。

粗集料的表观密度(亦称视密度)是在规定条件[(105 ±5)℃烘干至恒量]下,单位表观体积(包括集料矿质实体和闭口孔隙的体积)的质量。

$$\rho_a = \frac{m_s}{V_s + V_n} \tag{1-8}$$

式中　ρ_a——粗集料的表观密度,g/cm³;

　　m_s——矿质实体的质量,g;

V_s——矿质实体的体积,cm^3;

V_n——粗集料矿质实体中闭口孔隙的体积,cm^3。

(2)毛体积密度。

粗集料的毛体积密度是在规定条件下,单位毛体积(包括矿质实体、闭口孔隙和开口孔隙的体积)的质量。

$$\rho_b = \frac{m_s}{V_s + V_n + V_i} \tag{1-9}$$

式中 ρ_b——粗集料的毛体积密度,g/cm^3;

m_s——矿质实体的质量,g;

V_s、V_n、V_i——粗集料矿质实体、闭口孔隙和开口孔隙的体积,cm^3。

(3)堆积密度。

粗集料的堆积密度是单位体积(包括矿质实体、闭口孔隙和开口孔隙及颗粒间空隙体积)物质颗粒的质量,可按式(1-10)求得。

$$\rho = \frac{m_s}{V_s + V_n + V_i + V_v} \tag{1-10}$$

式中 ρ——粗集料的堆积密度,g/cm^3;

m_s——矿质实体的质量,g;

V_s、V_n、V_i、V_v——矿质实体、闭口孔隙、开口孔隙和空隙的体积,cm^3。

粗集料的堆积密度包括自然堆积状态、振实状态和捣实状态下的堆积密度,计算同式(1-10)。

(4)空隙率。

空隙率是指粗集料颗粒之间空隙体积占粗集料总体积的百分率。粗集料空隙率可按式(1-11)计算。

$$n = \left(1 - \frac{\rho}{\rho_a}\right) \times 100\% \tag{1-11}$$

式中 n——粗集料的空隙率(%);

ρ——粗集料的堆积密度,g/cm^3;

ρ_a——粗集料的表观密度,g/cm^3。

2)级配

粗集料中各组成颗粒的分级和搭配称为级配。级配是通过筛分试验确定的。对水泥混凝土用粗集料可采用干筛法筛分试验,对沥青混合料及基层用粗集料必须采用水洗法筛分试验。筛分试验就是将粗集料经过一系列筛孔尺寸的标准筛(标准筛为方孔筛,筛孔尺寸依次为 75 mm、63 mm、53 mm、37.5 m、31.5 mm、26.5 mm、19 mm、16 mm、13.2 mm、9.5 mm、4.75 mm、2.36 mm、1.8 mm、0.6 mm、0.3 mm、0.15 mm、0.075 mm),测出各个筛上的筛余量,根据集料试样的质量与存留在各筛孔上的集料质量,就可求得一系列与集料级配有关的参数,如分计筛余百分率、累计筛余百分率、通过百分率。粗集料的筛分试验中采用的标准套筛尺寸范围及试样质量与细集料筛分试验有所不同,但级配参数的计算方法与细集料相同,详见“(二)细集料的技术性质”内容。

3）坚固性

对已轧制成的碎石或天然卵石亦可采用规定级配的各粒级集料，按现行集料规程试验选取规定数量，分别装在金属网篮浸入饱和硫酸钠溶液中进行干湿循环试验。经一定次数的循环后，观察其表面破坏情况，并用质量损失百分率来计算其坚固性。

2. 力学性质

粗集料力学性质指标主要是压碎值和磨耗率，其次是抗滑表层用集料的三项试验，即磨光值、道端磨耗值和冲击值。磨耗率已在岩石力学性质中介绍过，现将压碎值、磨光值和冲击值分述如下。

1）压碎值

粗集料压碎值用于衡量集料在逐渐增加的荷载下抵抗压碎的能力，也是集料强度的相对指标，用以评价其在工程建设中的适用性。

按《公路工程集料试验规程》（JTG E42—2005）的规定，粗集料压碎值试验是将3 kg粒径9.5～13.2 mm的集料试样装入压碎值测定仪的金属筒内，放在压力机上，在10 min左右时间内均匀地加荷至400 kN，稳压5 s然后卸载，称其通过2.36 mm筛的筛余质量，按式（1-12）计算。

$$Q_a = \frac{m_1}{m_0} \times 100\% \tag{1-12}$$

式中　Q_a——集料的压碎值（%）；

m_0——试样的质量，g；

m_1——试验后通过2.36 mm筛孔的质量，g。

2）磨光值

在现代高速行车条件下，要求路面集料既不能产生较大的磨损，也不能被磨光，也就是说对路面粗糙度提出了更高的要求。集料磨光值是反映集料抵抗轮胎磨光作用能力的指标，是利用加速磨光机磨光集料，并以摆式摩擦系数测定仪测得的磨光后集料的摩擦系数值来确定。

集料磨光值越高，表示其抗滑性越好。

3）冲击值

冲击值是反映集料抵抗多次连续重复冲击荷载作用的性能，可采用冲击试验仪测定。冲击试验方法是选取标准粒径的集料试样，用冲击锤自由落下锤击集料并连续锤击规定次数，然后过2.36 mm筛，称取筛余质量。试验前试样的质量与试验后筛余质量的比值，用百分率表示。

冲击值越大，表示其抗冲击性能越好。

4）道瑞磨耗值

道瑞磨耗值用于评定道路路面抗滑表层所用粗集料抵抗车轮撞击及磨耗的能力。磨耗值采用道瑞磨耗机来测定。其值越高，表示材料耐磨性越差。

（二）细集料的技术性质

在沥青混合料中，细集料是指粒径小于2.36 mm的天然砂、人工砂（包括机制砂）及石屑；在水泥混凝土中，细集料是指粒径小于4.75 mm的天然砂、人工砂。在工程中应用较多的细集料是砂。

砂按来源分为两类:一类为天然砂,它是由自然风化、水流冲刷、堆积形成的粒径小于4.75 mm的岩石颗粒,按其生存环境又分为河砂、山砂和海砂。河砂颗粒表面圆滑,比较洁净,质地较好,产源广;山砂颗粒表面粗糙、有棱角,含泥量和含有机杂质多;海砂虽然具有河砂特点,但因在海中所以常混有贝壳、碎片和盐分等有害杂质。一般工程多使用河砂,在缺乏河砂地区,可采用山砂或海砂,但在使用时必须按规定做技术检验。另一类为人工砂,它是经人为加工处理得到的符合规格要求的细集料,通常指岩石加工过程中采用真空抽吸等方法除去大部分土和细粉,或将石屑水洗得到的洁净的细集料(机制砂、矿渣砂和煅烧砂都属于人工砂)。其表面多棱角,较洁净,但造价较高,如无特殊情况,多不采用这种砂。

细集料的技术性质主要包括物理常数、级配、粗度和含泥量及泥块含量。

1. 物理常数

细集料的物理常数主要有表观密度、堆积密度和空隙率等,其含义与粗集料完全相同,具体数值可通过试验测定。细集料的物理常数计算方法与粗集料相同,详见"(一)粗集料的技术性质"。

2. 级配

级配是集料各级粒径颗粒的分级搭配情况,通过筛分试验确定,对水泥混凝土用细集料可用干筛法,如果需要也可采用水洗法筛分;对沥青混合料及基层用细集料必须用水洗法筛分。

筛分试验是将预先通过9.5 mm筛(水泥混凝土用天然砂)或4.75 mm筛(沥青路面及基层用的天然砂、石屑、机制砂等)的试样,称取约500 g(M)置于一套孔径为4.75 mm、2.36 mm、1.18 mm、0.6 mm、0.3 mm、0.15 mm、0.075 mm的方孔筛上,分别求出试样存留在各筛上的质量,即筛余量,然后按下述方式计算其有关级配参数。

1)级配参数

(1)分计筛余百分率。

各号筛的分计筛余百分率为各号筛上的筛余量除以试样总质量(M)的百分率,精确至0.1%,按式(1-13)求得。

$$a_i = \frac{m_i}{M} \times 100\% \tag{1-13}$$

式中　a_i——各号筛的分计筛余百分率(%);

m_i——某号筛上的筛余质量,g;

M——试样的总质量,g。

(2)累计筛余百分率。

各号筛的累计筛余百分率为该号筛及大于该号筛的各号筛的分计筛余百分率之和,精确至0.1%,按式(1-14)计算。

$$A_i = a_1 + a_2 + \cdots + a_i \tag{1-14}$$

式中　A_i——各号筛的累计筛余百分率(%);

a_1、a_2、…、a_i ——4.75 m、2.36 m、…至计算的某号筛的分计筛余百分率(%)。

(3)通过百分率。

各号筛的通过百分率等于100%减去该号筛的累计筛余百分率,精确至0.1%,按式(1-15)计算。

$$P_i = 100\% - A_i \tag{1-15}$$

式中　P_i ——各号筛的通过百分率(%);

A_i ——各号筛的累计筛余百分率(%)。

2)级配曲线

集料的筛分试验结果除用各筛的通过率表示,还可以用级配曲线表示。对用于沥青混合料、基层材料配合比设计用的集料,宜绘制级配曲线,其横坐标为筛孔尺寸的0.45次方(见表1-2),纵坐标为普通坐标,表示通过百分率,如图1-3所示。

表1-2　级配曲线的横坐标(按 $x = d_i^{0.45}$ 计算)

筛孔尺寸 d_i (mm)	0.075	0.15	0.3	0.6	1.18	2.36	4.75
横坐标 x	0.312	0.426	0.582	0.795	1.077	1.472	2.016
筛孔尺寸 d_i (mm)	9.5	13.2	16	19	26.5	31.5	37.5
横坐标 x	2.745	3.193	3.428	3.762	4.370	4.723	5.109

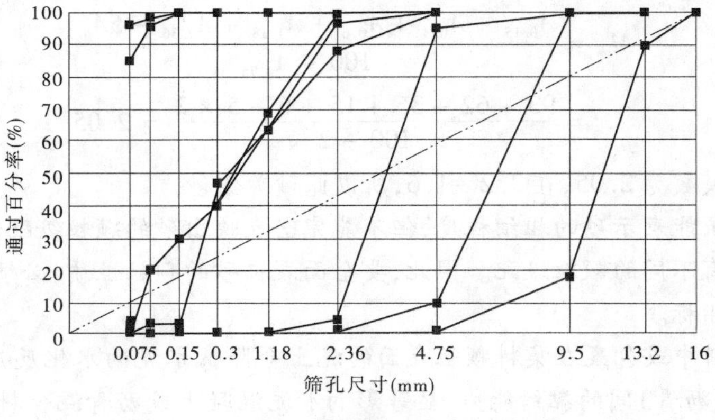

图1-3　集料筛分曲线与矿料级配设计曲线

3.粗度

粗度是评价砂粗细程度的一种指标,通常用细度模数表示。细度模数亦称细度模量,可按式(1-16)计算,精确至0.01。

$$M_x = \frac{A_{0.15} + A_{0.3} + A_{0.6} + A_{1.18} + A_{2.36} - 5A_{4.75}}{100 - A_{4.75}} \tag{1-16}$$

式中　M_x ——砂的细度模数;

$A_{0.15}$、$A_{0.3}$、…、$A_{4.75}$ ——0.15 mm、0.3 mm、…、4.75 mm各筛上的累计筛余百分率(%)。

细度模数愈大,表示细集料愈粗。我国现行标准《建设用砂》(GB/T 14684—2011)规定,砂的粗度按细度模数可分为下列三级:

M_x =3.7~3.1为粗砂;

$M_x=3.0\sim2.3$ 为中砂；

$M_x=2.2\sim1.6$ 为细砂。

【例1-1】 某水泥混凝土用砂500 g,经筛分试验后的筛分结果如表1-3所示。计算该砂的细度模数,并评价其粗细程度。

表1-3　筛分结果

筛分尺寸(mm)	4.75	2.36	1.18	0.6	0.3	0.15	0.075	筛底
筛余量(g)	10	20	45	100	135	155	25	10

解:按题所给的筛分结果计算,如表1-4所示。

表1-4　细集料筛分试验计算

筛分尺寸(mm)	4.75	2.36	1.18	0.6	0.3	0.15	0.075	筛底
筛余量(g)	10	20	45	100	135	155	25	10
分计筛余百分率(%)	2	4	9	20	27	31	5	2
累计筛余百分率(%)	2	6	15	35	62	93	98	100
通过百分率(%)	98	94	85	65	38	7	2	0

根据式(1-16)计算细度模数:

$$M_x=\frac{A_{0.15}+A_{0.3}+A_{0.6}+A_{1.18}+A_{2.36}-5A_{4.75}}{100-A_{4.75}}$$

$$=\frac{93+62+35+15+6-5\times2}{100-2}=2.05$$

由于细度模数为2.05,在2.2~1.6,所以此砂为细砂。

细度模数虽能表示砂的粗细程度,但不能完全反映出砂的颗粒级配情况,因为相同细度模数的砂可有不同的颗粒级配。因此,要全面表征砂的颗粒性质,必须同时使用细度模数和级配两个指标。

存在于集料中或包裹在集料颗粒表面的泥土会降低水泥的水化反应速度,也会妨碍集料与水泥(或沥青)间的黏结能力,显著影响水泥混凝土或沥青混合料的整体强度与耐久性,应对其含量加以限制。

4. 含泥量及泥块含量

(1)含泥量与石粉含量。

含泥量是指集料中粒径小于0.075 mm的颗粒含量;石粉含量是指人工砂中粒径小于0.075 mm的颗粒含量,两者均按式(1-17)计算。

$$Q_n=\frac{m_0-m_1}{m_0}\times100\% \tag{1-17}$$

式中　Q_n——集料的含泥量和石粉含量(%);

m_0——试验前烘干集料试样的质量,g;

m_1——筛洗后,0.075 mm筛上烘干试样的质量,g。

严格地讲,含泥量应是集料中的泥土含量,而采用筛洗法得到的粒径小于0.075 mm

的颗粒中实际上包含了矿粉、细砂与黏土成分，而筛洗法很难将这些成分加以区别。将通过0.075 mm颗粒部分全都当作“泥土”的做法欠妥。因此，在《公路沥青路面施工技术规范》（JTG F40—2004）中，以“砂当量”代替含泥量指标，将筛析法测定的结果称为粒径小于0.075 mm的颗粒含量；在《建设用砂》（GB/T 14684—2011）中，增加了“亚甲蓝*MB*”值指标。

①砂当量。砂当量用于测定细集料中所含黏性土和杂质含量，判定集料的洁净程度，对集料中粒径小于0.075 mm的矿粉、细砂与“泥土”加以区别，砂当量值越大表明在粒径小于0.075 mm部分所含的矿粉和细砂比例越高。在《公路工程集料试验规程》（JTG E42—2005）中规定了砂当量的测试方法。

②亚甲蓝（*MB*）值。亚甲蓝（*MB*）值用于判别人工砂中粒径小于0.075 mm颗粒含量主要是泥土还是与被加工母岩化学成分相同的石粉的指标。按照《建设用砂》（GB/T 14684—2011）的方法，亚甲蓝（*MB*）值的测定是将粒径小于或等于2.36 mm的人工砂试样200 g与500 mL水持续搅拌形成悬浮液。在悬浮液中加入5 mL亚甲蓝溶液，搅拌1 min后，用玻璃棒蘸取一滴悬浮液，滴于滤纸上，观察沉淀物周围是否出现色晕，重复这个过程，直至沉淀物周围出现直径约1 mm的稳定浅蓝色色晕，然后继续进行搅拌和沾染试验，至色晕可以持续5 min。亚甲蓝（*MB*）值按式（1-18）计算，精确至0.1。亚甲蓝（*MB*）值较小时表明粒径小于或等于0.075 mm颗粒主要是与母岩化学成分相同的石粉。

$$MB = \frac{V}{G} \times 10 \tag{1-18}$$

式中　MB——亚甲蓝值，g/kg，表示1 kg人工砂试样（0～2.36 mm）所消耗的亚甲蓝克数；

G——试样质量，g；

V——所加入的亚甲蓝溶液的总量，mL。

为了缩短试验时间，可以采用亚甲蓝快速试验。在悬浮液中一次加入30 mL亚甲蓝溶液持续搅拌8 min后，用玻璃棒蘸取一滴悬浮液，滴于滤纸上，观察沉淀物周围是否出现明显色晕。若沉淀物周围出现明显色晕，则判定亚甲蓝快速试验为合格；若沉淀物周围未出现明显色晕，则判定亚甲蓝快速试验为不合格。

（2）泥块含量。

泥块含量是指粗集料中原粒径大于4.75 mm（细集料中1.18 mm），但经水浸洗、手捏后粒径小于2.36 mm（细集料中0.6 mm）的颗粒含量，按照式（1-19）计算。集料中的泥块主要以三种类型存在：由纯泥组成的团块，由砂、石屑与泥组成的团块，包裹在集料颗粒表面的泥。

$$Q_b = \frac{m_1 - m_2}{m_1} \times 100\% \tag{1-19}$$

式中　Q_b——集料的泥块含量（%）；

m_1——4.75 mm（细集料为1.18 mm）筛上试样的质量，g；

m_2——2.36 mm（细集料为0.6 mm）筛上烘干试样的质量，g。

任务1.1　粗集料密度及吸水率的检测

引例：

粗集料的物理性质主要有物理常数等，物理常数包括表观密度、毛体积密度、堆积密度和空隙率等。在计算集料的物理常数时，不仅要考虑粗集料的孔隙，还要考虑颗粒间的间隙。

1　目的与任务

根据《公路工程集料试验规程》(JTG E42—2005)，采用网篮法测定粗集料(碎石)的密度及吸水率，同时完成检测记录表的填写。

网篮法适用于测定各种粗集料的表观相对密度 γ_a、表干相对密度 γ_s、毛体积相对密度 γ_b、表观密度、表干密度以及粗集料的吸水率。

2　仪器设备

(1)天平或浸水天平：可悬挂吊篮测定集料的水中质量，称量应满足试样数量要求，感量不大于最大称量的0.05%，如图1-4所示。

图1-4　浸水天平

(2)吊篮：由耐锈蚀材料制成，直径和高度为150 mm左右，四周及底部用1～2 mm的筛网编制或具有密集的孔眼。

(3)溢流水槽：在称量水中质量时能保持水面高度一定。

(4)烘箱：能控温在(105±5)℃。

(5)温度计。

(6)标准筛。

(7)其他：盛水容器(如搪瓷盘)、刷子、毛巾等。

3　试验准备

3.1　取样

(1)通过皮带运输机的材料如采石场的生产线、沥青拌和楼的冷料输送带、无机结合料稳定集料、级配碎石混合料等，应从皮带运输机上采集样品。取样时，可在皮带运输机骤停的状态下取其中一截的全部材料，或在皮带运输机的端部连续接一定时间的料得到，将间隔3次以上所取的试样组成一组试样，作为代表性试样。

(2)在材料场同批来料的料堆上取样时，应先铲除堆脚等处无代表性的部分，再在料堆的顶部、中部和底部各由均匀分布的几个不同部位取得大致相等的若干份组成一组试样，务必使所取试样能代表本批来料的情况和品质。

(3)从火车、汽车、货船上取样时，应从各不同部位和深度处抽取大致相等的试样若干份，组成一组试样。抽取的具体份数，应视能够组成本批来料代表样的需要而定。

(4)从沥青拌和楼的热料仓取样时，应在放料口的全断面上取样。通常宜将一开始按正式生产的配比投料拌和的几锅(至少5锅以上)废弃，然后分别将每个热料仓放出至装载机上，倒在水泥地上，适当拌和，从3处以上的位置取样，拌和均匀，取要求数量的试样。

3.2　取样数量

每组试样不少于表1-5所规定的最少取样数量。

表1-5　试验项目所需粗集料的最小取样质量

试验项目	相对于下列公称最大粒径(mm)的最小取样量(kg)										
	4.75	9.5	13.2	16	19	26.5	31.5	37.5	53	63	75
表观密度	6	8	8	8	8	8	12	16	20	24	24
吸水率	2	2	2	2	4	4	4	6	6	6	8

3.3　试样处理

(1)将试样用标准筛过筛除去其中的细集料，对较粗的粗集料可用4.75 mm筛过筛，对2.36～4.75 mm集料，或者混在4.75 mm以下石屑中的粗集料，则用2.36 mm标准筛过筛，用四分法或分料器法缩分至要求的质量，分两份备用。对沥青路面用粗集料，应对不同规格的集料分别测定，不得混杂，所取的每份集料试样应基本上保持原有的级配。在测定2.36～4.75 mm的粗集料时，试验过程中应特别小心，不得丢失集料。

四分法：如图1-5所示。将所取试样置于平板上，在自然状态下拌和均匀，大致摊平，然后沿互相垂直的两个方向，把试样由中向边摊开，分成大致相等的四份。取其对角的两份重新拌匀，重复上述过程，直至缩分后的材料量略多于进行试验所必需的量。

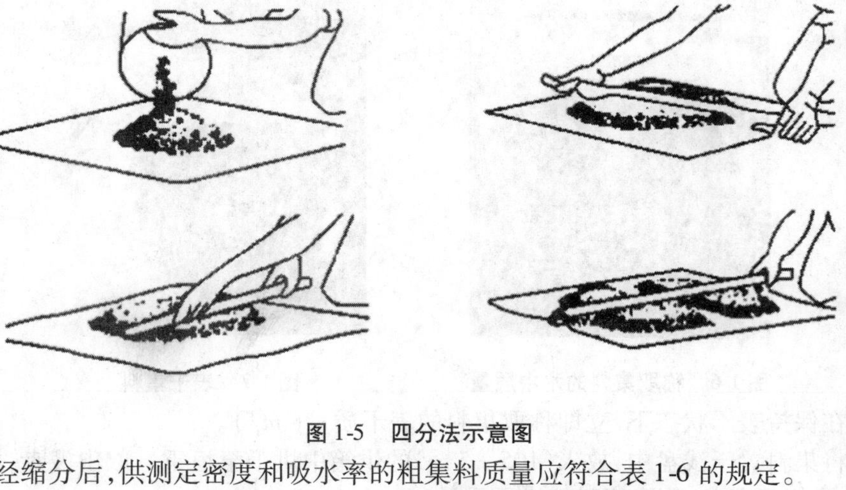

图1-5　四分法示意图

(2)经缩分后，供测定密度和吸水率的粗集料质量应符合表1-6的规定。

表1-6　测定密度所需要的试样最小质量

公称最大粒径(mm)	4.75	9.5	16	19	26.5	31.5	37.5	63	75
每份试样的最小质量(kg)	0.8	1	1	1	1.5	1.5	2	3	3

(3)将每一份集料试样浸泡在水中,并适当搅动,仔细洗去附在集料表面的尘土和石粉,经多次漂洗干净至水完全清澈。清洗过程中不得散失集料颗粒。

4　试验步骤

(1)取一份试样装入干净的搪瓷盘中,注入洁净的水,水面至少应高出试样 20 mm,轻轻搅动石料,使附着于石料上的气泡完全逸出。在室温下保持浸水 24 h。

(2)将吊篮挂在天平的吊钩上,浸入溢流水槽中,向溢流水槽中注水,水面高度至水槽的溢流孔,将天平调零。吊篮的筛网应保证集料不会通过筛孔流失,对 2.36 ~4.75 mm 粗集料应更换小孔筛网,或在网篮中加放入一个浅盘。

(3)调节水温在 15 ~25 ℃内。将试样移入吊篮中。溢流水槽中的水面高度由水槽的溢流孔控制,维持不变,称取集料的水中质量(m_w)(见图 1-6)。

(4)提起吊篮,稍稍滴水后,可以直接将较粗的粗集料倒在拧干的湿毛巾上(见图 1-7),将较细的粗集料(2.36 ~4.75 mm)连同浅盘一起取出 ,稍稍倾斜搪瓷盘,仔细倒出余水,将粗集料倒在拧干的湿毛巾上,用毛巾吸走从集料中漏出的自由水。注意不得有颗粒丢失,或有小颗粒附在吊篮上。再用拧干的湿毛巾轻轻擦干集料颗粒的表面水,至表面看不到发亮的水迹,即为饱和面干状态。当粗集料尺寸较大时,宜逐颗擦干。注意对较粗的粗集料,拧湿毛巾时防止拧得太干,对较细的含水较多的粗集料,毛巾可拧得稍干些。擦颗粒的表面水时,既要将表面水擦掉,又千万不能将颗粒内部的水吸出。整个过程中不得有集料丢失,且已擦干的集料不得继续在空气中放置,以防止集料干燥。

注意:对粒径 2.36 ~4.75 mm 的集料,用毛巾擦拭时容易黏附细颗粒集料造成损失,此时宜改用洁净的纯棉汗衫布擦拭至表干状态。

图 1-6　称取集料的水中质量

图 1-7　表干集料

(5)在保持表干状态下,立即称取集料的表干质量(m_f)。

(6)将集料置于浅盘中,放入(105 ±5)℃的烘箱中烘干至恒重。取出浅盘,放在带盖的容器中冷却至室温,称取集料的烘干质量(m_a)。

(7)对同一规格的集料应平行试验两次,取平均值作为试验结果。

5　结果整理

(1)表观相对密度 γ_a、表干相对密度 γ_s、毛体积相对密度 γ_b 分别按式(1-20) ~

式(1-22)计算,精确至小数点后3位。

$$\gamma_a = \frac{m_a}{m_a - m_w} \tag{1-20}$$

$$\gamma_s = \frac{m_f}{m_f - m_w} \tag{1-21}$$

$$\gamma_b = \frac{m_a}{m_f - m_w} \tag{1-22}$$

式中　γ_a——集料的表观相对密度,无量纲;

γ_s——集料的表干相对密度,无量纲;

γ_b——集料的毛体积相对密度,无量纲;

m_a——集料的烘干质量,g;

m_f——集料的表干质量,g;

m_w——集料的水中质量,g。

(2)集料的吸水率以烘干试样为基准。按式(1-23)计算,精确至0.01%。

$$w_x = \frac{m_f - m_a}{m_a} \times 100\% \tag{1-23}$$

式中　w_x——粗集料的吸水率(%);

其他符号意义同前。

(3)粗集料的表观密度(视密度)ρ_a、表干密度ρ_s、毛体积密度ρ_b分别按式(1-24)~式(1-26)计算,精确至小数点后3位。对不同水温条件下测量的粗集料表观密度需进行水温修正,不同试验温度下水的密度ρ_t及水的温度修正系数α_t按表1-7选用。

表1-7　不同试验温度下水的密度ρ_t及水的温度修正系数α_t

水温 t(℃)	15	16	17	18	19	20
水的密度 ρ_t(g/cm³)	0.999 13	0.998 97	0.998 80	0.998 62	0.998 43	0.998 22
水温修正系数 α_t	0.002	0.003	0.003	0.004	0.004	0.005
水温 t(℃)	21	22	23	24	25	—
水的密度 ρ_t(g/cm³)	0.998 02	0.997 79	0.997 56	0.997 33	0.997 02	—
水温修正系数 α_t	0.005	0.006	0.006	0.007	0.007	—

$$\rho_a = \gamma_a \times \rho_t \quad 或 \quad \rho_a = (\gamma_a - \alpha_t) \times \rho_w \tag{1-24}$$

$$\rho_s = \gamma_s \times \rho_t \quad 或 \quad \rho_s = (\gamma_s - \alpha_t) \times \rho_w \tag{1-25}$$

$$\rho_b = \gamma_b \times \rho_t \quad 或 \quad \rho_b = (\gamma_b - \alpha_t) \times \rho_w \tag{1-26}$$

式中　ρ_w——水在4℃时的密度,取1.000 g/cm³。

重复试验,对于表观相对密度、表干相对密度、毛体积相对密度,两次结果相差不得超过0.02,对于吸水率不得超过0.2%。

6　填表

填写粗集料密度及吸水率试验(网篮法)记录表(见表1-8)。

表 1-8　粗集料密度及吸水率试验(网篮法)记录表

样品名称		检测依据	
环境条件		检测地点	
试验日期		试验员	
主要仪器			

试验次数	试样在水中的质量(g)	饱和面干试样质量(g)	烘干试样质量(g)	吸水率(%)		表观相对密度		毛体积相对密度		试验温度下的水的密度	表观密度	毛体积密度
				单值	平均值	单值	平均值	单值	平均值			
1												
2												
备注:												

记录:　　　　　　　　　　计算:　　　　　　　　　　审核:

思考与讨论:

简述粗集料表观密度、毛体积密度、堆积密度的含义并比较其大小。

任务1.2　粗集料堆积密度与空隙率的检测

引例:

粗集料的堆积密度是单位堆积体积(包括矿质实体及开口孔隙、闭口孔隙、颗粒间的空隙体积)物质颗粒的质量。粗集料的堆积密度根据颗粒排列的松紧程度不同,又可分为自然堆积状态振实状态、捣实状态下的堆积密度。

1　目的与任务

根据《公路工程集料试验规程》(JTG E42—2005),测定粗集料的堆积密度,以及堆积状态下的空隙率,同时完成检测记录表的填写。

2　仪器设备

(1)天平或台秤:感量不大于称量的0.1%。

(2)容量筒:适用于粗集料堆积密度测定的容量筒应符合表1-9的要求。

表1-9　容量筒的规格要求

粗集料公称最大粒径(mm)	容量筒容积(L)	容量筒规格(mm)			筒壁厚度(mm)
		内径	净高	底厚	
≤4.75	3	155±2	160±2	5.0	2.5
9.5~26.5	10	205±2	305±2	5.0	2.5
31.5~37.5	15	255±5	295±5	5.0	3.0
≥53	20	355±5	305±5	5.0	3.0

(3)平头铁锹。

(4)烘箱:能控温在(105±5)℃。

(5)振动台:频率为(3 000±200)次/min,负荷下的振幅为0.35 mm,空载时的振幅为0.5 mm。

(6)捣棒:直径16 mm,长600 mm,一端为圆头的钢棒。

3　试验准备

3.1　取样

取样方法同任务1.1。

3.2　取样数量

每组试样不少于表1-10所规定的最少取样数量。

表 1-10 试验项目所需粗集料的最少取样数量

试验项目	相对于下列公称最大粒径(mm)的最少取样数量(kg)										
	4.75	9.5	13.2	16	19	26.5	31.5	37.5	53	63	75
堆积密度	40	40	40	40	40	40	80	80	100	120	120

3.3 试样处理

将试样在(105±5)℃的烘箱中烘干,也可以摊在清洁的地面上风干,拌匀后分成两份备用。

注意:根据《建设用卵石、碎石》(GB/T 14685—2011)规定,堆积密度试验所用试样可不经缩分,在拌匀后直接进行试验。

4 试验步骤

4.1 容量筒质量

用天平称取容量筒的质量(m_1)。

4.2 自然堆积密度

取一份试样置于平整干净的水泥地(或铁板)上,用平头铁锹铲起试样,使石子自由落入容量筒内。此时,从铁锹的齐口至容量筒上口的距离应保持在 50 mm 左右,装满容量筒并除去凸出筒口表面的颗粒,并以合适的颗粒填入凹陷空隙,使表面稍凸起部分和凹陷部分的体积大致相等,称取试样和容量筒总质量(m_2)。

4.3 振实密度

按堆积密度试验步骤,将装满试样的容量筒放在振动台上,振动 3 min,或者将试样分三层装入容量筒:装完一层后,在筒底垫放一根直径为 25 mm 的圆钢筋,将筒按住,左右交替颠击地面各 25 下;然后装入第二层,用同样的方法颠实(但筒底所垫钢筋的方向应与第一层放置方向垂直);最后装入第三层,如上法颠实。待三层试样装填完毕后,加料填到试样超出容量筒口,用钢筋沿筒口边缘滚转,刮下高出筒口的颗粒,用合适的颗粒填平凹处,使表面稍凸起部分和凹陷部分的体积大致相等,称取试样和容量筒总质量(m_2)。

4.4 捣实密度

根据沥青混合料的类型和公称最大粒径,确定起骨架作用的关键性筛孔(通常为 4.75 mm 或 2.36 mm 等)。将矿料混合料中此筛孔以上颗粒筛出,作为试样装入符合要求规格的容器中达 1/3 的高度,由边至中用捣棒均匀捣实 25 次。再向容器中装入 1/3 高度的试样,用捣棒均匀地捣实 25 次,捣实深度约至下层的表面。然后重复上一步骤,加最后一层,捣实 25 次,使集料与容器口齐平。用合适的集料填充表面的大空隙,用直尺大体刮平,目测估计表面凸起部分与凹陷部分的容积大致相等,称取容量筒与试样的总质量(m_2)。

4.5　容量筒容积的标定

用水装满容量筒，测量水温、擦干筒外壁的水分称取容量筒与水的总质量（m_w），并按水的密度对容量筒的容积做校正。

5　结果整理

（1）容量筒的容积按式（1-27）计算。

$$V = \frac{m_w - m_1}{\rho_t} \tag{1-27}$$

式中　V——容量筒的容积，L；

m_1——容量筒的质量，kg；

m_w——容量筒与水的总质量，kg；

ρ_t——试验温度 t 时水的密度，g/cm³，按表1-7选用。

（2）堆积密度（包括自然堆积状态、振实状态、捣实状态下的堆积密度）按式（1-28）计算至小数点后2位。

$$\rho = \frac{m_2 - m_1}{V} \tag{1-28}$$

式中　ρ——与各种状态相对应的堆积密度，t/m³；

m_1——容量筒的质量，kg；

m_2——容量筒与试样的总质量，kg；

V——容量筒的体积，L。

（3）水泥混凝土用粗集料振实状态下的空隙率，按式（1-29）计算。

$$V_C = \left(1 - \frac{\rho}{\rho_a}\right) \times 100\% \tag{1-29}$$

式中　V_C——水泥混凝土用粗集料振实状态下的空隙率（%）；

ρ_a——粗集料的表观密度，t/m³；

ρ——按振实法测定的粗集料的堆积密度，t/m³。

（4）沥青混合料用粗集料骨架捣实状态的间隙率，按式（1-30）计算。

$$VCA_{DRC} = \left(1 - \frac{\rho}{\rho_b}\right) \times 100\% \tag{1-30}$$

式中　VCA_{DRC}——捣实状态下粗集料骨架间隙率（%）；

ρ_b——按网篮法测定的粗集料的毛体积密度，t/m³；

ρ——按捣实法测定的粗集料的自然堆积密度，t/m³。

以两次平行试验结果的平均值为测定值。

6　填表

填写粗集料堆积密度及空隙率试验记录表见表1-11。

表 1-11　粗集料堆积密度及空隙率试验记录表

样品名称				检测依据		
环境条件				检测地点		
试验日期				试验员		
主要仪器						
容量筒的标定	检测编号	容量筒的质量（kg）	容量筒＋水的总质量（kg）	检测温度时水的密度（g/cm³）	容量筒的容积（L）	平均值（L）
	1					
	2					
堆积状态	检测编号	容量筒的质量（kg）	容量筒与试样的总质量（kg）	容量筒的容积（L）	堆积密度（t/m³）	平均值（t/m³）
自然堆积状态	1					
	2					
振实状态	1					
	2					
捣实状态	1					
	2					
水泥混凝土用粗集料	检测编号	按振实法测定的粗集料的堆积密度（t/m³）		粗集料的表观密度（t/m³）	空隙率（%）	平均值（%）
	1					
	2					
沥青混合料用粗集料	检测编号	按捣实法测定的粗集料的堆积密度（t/m³）		粗集料的毛体积密度（t/m³）	间隙率（%）	平均值（%）
	1					
	2					
备注：						

记录：　　　　　　计算：　　　　　　审核：

思考与讨论：

简述粗集料空隙率和间隙率的不同，并比较两者的大小。

任务1.3 粗集料颗粒级配的检测

引例：

级配是指集料中各种粒径颗粒的搭配比例或分布情况。级配对水泥混凝土及沥青混合料的强度、稳定性有着重要影响。级配设计也是水泥混凝土和沥青混合料的重要组成部分。

1 目的与任务

根据《公路工程集料试验规程》(JTG E42—2005)，测定粗集料(碎石)的颗粒组成，同时完成检测记录表的填写。对水泥混凝土用粗集料可采用干筛法筛分，对沥青混合料及基层用粗集料必须采用水洗法试验。

2 仪器准备

(1)试验筛：根据需要选用规定的标准筛(见图1-8)。
(2)摇筛机(见图1-9)。
(3)天平或台秤：感量不大于试样质量的0.1%。
(4)其他：盘子、铲子、毛刷等。

图1-8 标准筛

图1-9 摇筛机

3 试验准备

3.1 取样

取样方法同任务1.1。

3.2 取样数量

每组试样不少于表1-12所规定的最少取样数量。

表 1-12　试验项目所需粗集料的最少取样数量

试验项目	相对于下列公称最大粒径(mm)的最少取样数量(kg)										
	4.75	9.5	13.2	16	19	26.5	31.5	37.5	53	63	75
筛分	8	10	12.5	15	20	20	30	40	50	60	80

3.3　试样处理

按规定将来料用分料器或四分法缩分至表 1-13 要求的试样所需量,风干后备用。根据需要可按要求的集料最大粒径的筛孔尺寸过筛,除去超粒径部分颗粒后,再进行筛分。

表 1-13　筛分用的试样质量

公称最大粒径(mm)	75	63	37.5	31.5	26.5	19	16	9.5	4.75
每份试样最小数量(kg)	10	8	5	4	2.5	2	1	1	0.5

4　试验步骤

4.1　水泥混凝土用粗集料干筛法试验步骤

(1)取一份试样置于(105 ±5)℃烘箱中烘干至恒重,称取干燥集料试样的总质量(m_0),精确至0.1%。

(2)用搪瓷盘作筛分容器按筛孔大小排列顺序逐个将集料过筛,人工筛分时,需使集料在筛面上同时有水平方向及上下方向的不停顿运动,使小于筛孔的集料通过筛孔,直到1 min 内通过筛孔的质量小于筛上残余量的0.1%。当采用摇筛机筛分时,应在摇筛机筛分后再逐个由人工补筛。将筛出通过的颗粒并入下一号筛,和下一号筛中的试样一起过筛,顺序进行,直至各号筛全部筛完。已确认1 min 内通过筛孔的质量确实小于筛上残余量的0.1%。

注意:由于0.075 mm 筛干筛几乎不能把粘在粗集料表面的粒径小于0.075 mm 部分的石粉筛过去,而且对水泥混凝土用粗集料而言,0.075 mm 筛通过率的意义不大。所以,也可以不筛,且把通过0.15 mm 筛的筛下部分全部作为0.075 mm 的分计筛余,将粗集料的0.075 mm 通过率假设为0。

(3)当某个筛上的集料过多,影响筛分作业时,可以分两次筛分。当筛余颗粒的粒径大于19 mm 时,筛分过程中允许用手指轻轻拨动颗粒,但不得逐颗塞过筛孔。

(4)称取每个筛上的筛余量,精确至总质量的0.1%。各筛分计筛余量及筛底存量的总和与筛分前试样的干燥总质量 m_0 相比,其相差不得超过0.5%。

4.2　沥青混合料及基层用粗集料水洗法试验步骤

(1)取一份试样,置于(105 ±5)℃烘箱中烘干至恒重,称取干燥集料的试样总质量(m_3),精确至0.1%。

(2)将试样置于一洁净容器中,加入足够数量的洁净水,将集料全部盖没,但不得使用任何洗涤剂、分散剂、表面活性剂。

(3)用搅棒充分搅动集料,使集料表面洗涤干净,使细粉悬浮在水中,但不得破碎集料或使集料从水中溅出。

(4)根据集料粒径大小选择组成一组套筛,其底部为0.075 mm标准筛,上部为2.36 mm或4.75 mm筛。仔细将容器中混有细粉的悬浮液倒出,经过套筛流入另一容器中,尽量不将粗集料倒出,以免损坏标准筛筛面。

注意:无须将容器中的全部集料都倒出,只倒出悬浮液,且不可直接倒至0.075 mm筛上,以免集料掉出损坏筛面。

(5)重复步骤(2)~(4),直至倒出的水洁净,必要时可采用水流缓慢冲洗。

(6)将套筛的每个筛子上的集料及容器中的集料全部回收在一个搪瓷盘中,容器上不得有黏附的集料颗粒。

注意:粘在0.075 mm筛面上的细粉很难回收扣入搪瓷盘中,此时需将筛子倒扣在搪瓷盘上,用少量的水并用毛刷将细粉刷入搪瓷盘中,并注意不要散失。

(7)在确保细粉不散失的前提下,小心泌去搪瓷盘中的积水,将搪瓷盘连同集料一起置于(105±5)℃烘箱中烘干至恒重,称取干燥集料试样的总质量(m_4),精确至0.1%。以m_3与m_4之差,作为0.075 mm筛的筛下部分。

(8)将回收的干燥集料按干筛方法筛分出0.075 mm筛以上各筛的筛余量,此时0.075 mm筛下部分应为0,如果尚能筛出,则应将其并入水洗得到的0.075 mm筛的筛下部分,且表示水洗得不干净。

5　结果整理

5.1　干筛法筛分结果的计算

(1)计算各筛分计筛余量及筛底存量的总和与筛分前试样的干燥总质量m_0之差,作为筛分时的损耗,若大于0.3%,应重新进行试验。

$$m_5 = m_0 - (\sum m_i + m_{底}) \tag{1-31}$$

式中　m_5——用于筛分造成的质量损耗,g;

m_0——用于干筛的干燥集料总质量,g;

m_i——各号筛上的分计筛余,g;

i——依次为0.075 mm、0.15 mm…至集料最大粒径的排序;

$m_{底}$——筛底(0.075 mm以下部分)集料总质量,g。

(2)干筛分计筛余百分率。干筛后各号筛上的分计筛余百分率按式(1-32)计算,精确至0.1%。

$$a_i = \frac{m_i}{m_0 - m_5} \times 100\% \tag{1-32}$$

式中 a_i ——各号筛上的分计筛余百分率(%);

其余符号意义同前。

(3)干筛累计筛余百分率。各号筛的累计筛余百分率为该号筛及其以上各号筛的分计筛余百分率之和,精确至0.1%。

(4)干筛各号筛的质量通过百分率。各号筛的质量通过百分率 P_i 等于100减去该号筛累计筛余百分率,精确至0.1%。

(5)由筛底存量除以扣除损耗后的干燥集料总质量计算0.075 mm筛的通过率。

(6)试验结果以两次试验的平均值表示,精确至0.1%。当两次试验结果 $P_{0.075}$ 的差值超过1%时,试验应重新进行。

5.2 水洗法筛分结果的计算

(1)按式(1-33)、式(1-34)计算粗集料中0.075 mm筛下部分质量 $m_{0.075}$ 和含量 $P_{0.075}$,精确至0.1%。当两次试验结果 $P_{0.075}$ 的差值超过1%时,试验应重新进行。

$$m_{0.075} = m_3 - m_4 \tag{1-33}$$

$$P_{0.075} = \frac{m_{0.075}}{m_3} = \frac{m_3 - m_4}{m_3} \times 100\% \tag{1-34}$$

式中 $P_{0.075}$ ——粗集料中粒径小于0.075 mm的含量(通过百分率)(%);

$m_{0.075}$ ——粗集料中水洗得到的粒径小于0.075 mm部分的质量,g;

m_3 ——用于水洗的干燥粗集料总质量,g;

m_4 ——水洗后的干燥粗集料总质量,g。

(2)计算各筛分计筛余量及筛底存量的总和与筛分前试样的干燥总质量 m_4 之差,作为筛分时的损耗,若损耗率大于0.3%,应重新进行试验。

$$m_5 = m_3 - \left(\sum m_i + m_{0.075}\right) \tag{1-35}$$

式中 m_5 ——用于筛分造成的损耗,g;

m_3 ——用于水筛筛分的干燥集料总质量,g;

m_i ——各号筛上的分计筛余量,g;

i ——依次为0.075 mm、0.15 mm…至集料最大粒径的排序;

$m_{0.075}$ ——水洗后得到的0.075 mm以下部分质量,g,即 $m_3 - m_4$。

(3)计算其他各筛的分计筛余百分率、累计筛余百分率、质量通过百分率,计算方法与干筛法相同,当干筛筛分有损耗时,应按干筛法从总质量中扣除损耗部分。试验结果以两次试验的平均值表示。

6 填表

填写粗集料筛分试验记录表,见表1-14、表1-15。

表 1-14　粗集料筛分试验记录表(干筛法)

<table>
<tr><td colspan="2">样品名称</td><td colspan="3"></td><td colspan="2">检测依据</td><td colspan="3"></td></tr>
<tr><td colspan="2">环境条件</td><td colspan="3"></td><td colspan="2">检测地点</td><td colspan="3"></td></tr>
<tr><td colspan="2">试验日期</td><td colspan="3"></td><td colspan="2">试验员</td><td colspan="3"></td></tr>
<tr><td colspan="2">主要仪器</td><td colspan="8"></td></tr>
<tr><td>试验次数</td><td colspan="4">1</td><td colspan="4">2</td><td rowspan="3">平均
通过百分率
(%)</td></tr>
<tr><td rowspan="2">筛孔尺寸
(mm)</td><td colspan="2">干燥试样总质量
m_0 (g)</td><td colspan="2"></td><td colspan="2">干燥试样总质量
m_0 (g)</td><td colspan="2"></td></tr>
<tr><td>筛上
质量
(g)</td><td>分计筛余
百分率
(%)</td><td>累计筛余
百分率
(%)</td><td>通过
百分率
(%)</td><td>筛上
质量
(%)</td><td>分计筛余
百分率
(%)</td><td>累计筛余
百分率
(%)</td><td>通过
百分率
(%)</td></tr>
<tr><td>37.5</td><td></td><td></td><td></td><td></td><td></td><td></td><td></td><td></td><td></td></tr>
<tr><td>31.5</td><td></td><td></td><td></td><td></td><td></td><td></td><td></td><td></td><td></td></tr>
<tr><td>26.5</td><td></td><td></td><td></td><td></td><td></td><td></td><td></td><td></td><td></td></tr>
<tr><td>19</td><td></td><td></td><td></td><td></td><td></td><td></td><td></td><td></td><td></td></tr>
<tr><td>16</td><td></td><td></td><td></td><td></td><td></td><td></td><td></td><td></td><td></td></tr>
<tr><td>13.2</td><td></td><td></td><td></td><td></td><td></td><td></td><td></td><td></td><td></td></tr>
<tr><td>9.5</td><td></td><td></td><td></td><td></td><td></td><td></td><td></td><td></td><td></td></tr>
<tr><td>4.75</td><td></td><td></td><td></td><td></td><td></td><td></td><td></td><td></td><td></td></tr>
<tr><td>2.36</td><td></td><td></td><td></td><td></td><td></td><td></td><td></td><td></td><td></td></tr>
<tr><td>1.18</td><td></td><td></td><td></td><td></td><td></td><td></td><td></td><td></td><td></td></tr>
<tr><td>0.6</td><td></td><td></td><td></td><td></td><td></td><td></td><td></td><td></td><td></td></tr>
<tr><td>0.3</td><td></td><td></td><td></td><td></td><td></td><td></td><td></td><td></td><td></td></tr>
<tr><td>0.15</td><td></td><td></td><td></td><td></td><td></td><td></td><td></td><td></td><td></td></tr>
<tr><td>0.075</td><td></td><td></td><td></td><td></td><td></td><td></td><td></td><td></td><td></td></tr>
<tr><td>筛底</td><td></td><td></td><td></td><td></td><td></td><td></td><td></td><td></td><td></td></tr>
<tr><td colspan="2">筛分后总质量
$\sum m_i$ (g)</td><td colspan="3"></td><td colspan="2">筛分后总质量
$\sum m_i$ (g)</td><td colspan="3"></td></tr>
<tr><td>损耗质量
m_5 (g)</td><td></td><td>损耗率
(%)</td><td colspan="2"></td><td>损耗质量
m_5 (g)</td><td></td><td>损耗率
(%)</td><td colspan="2"></td></tr>
<tr><td colspan="10">备注:</td></tr>
</table>

记录:　　　　　　　　计算:　　　　　　　　审核:

表 1-15 粗集料筛分试验记录表(水洗法)

<table>
<tr><td colspan="2">样品名称</td><td colspan="3"></td><td colspan="2">检测依据</td><td colspan="3"></td></tr>
<tr><td colspan="2">环境条件</td><td colspan="3"></td><td colspan="2">检测地点</td><td colspan="3"></td></tr>
<tr><td colspan="2">试验日期</td><td colspan="3"></td><td colspan="2">试验员</td><td colspan="3"></td></tr>
<tr><td colspan="2">主要仪器</td><td colspan="8"></td></tr>
<tr><td colspan="2">试验次数</td><td colspan="3">1</td><td colspan="3">2</td><td colspan="2">平均</td></tr>
<tr><td colspan="2">试样总质量(g)</td><td colspan="3"></td><td colspan="3"></td><td colspan="2"></td></tr>
<tr><td colspan="2">水洗后筛上总质量(g)</td><td colspan="3"></td><td colspan="3"></td><td colspan="2"></td></tr>
<tr><td colspan="2">水洗 0.075 mm 筛下总质量(g)</td><td colspan="3"></td><td colspan="3"></td><td colspan="2"></td></tr>
<tr><td colspan="2">0.075 mm 筛通过率(%)</td><td colspan="3"></td><td colspan="3"></td><td colspan="2"></td></tr>
<tr><td>筛孔尺寸(mm)</td><td>筛上质量(g)</td><td>分计筛余百分率(%)</td><td>累计筛余百分率(%)</td><td>通过百分率(%)</td><td>筛上质量(%)</td><td>分计筛余百分率(%)</td><td>累计筛余百分率(%)</td><td>通过百分率(%)</td><td>平均通过百分率(%)</td></tr>
<tr><td>37.5</td><td></td><td></td><td></td><td></td><td></td><td></td><td></td><td></td><td></td></tr>
<tr><td>31.5</td><td></td><td></td><td></td><td></td><td></td><td></td><td></td><td></td><td></td></tr>
<tr><td>26.5</td><td></td><td></td><td></td><td></td><td></td><td></td><td></td><td></td><td></td></tr>
<tr><td>19</td><td></td><td></td><td></td><td></td><td></td><td></td><td></td><td></td><td></td></tr>
<tr><td>16</td><td></td><td></td><td></td><td></td><td></td><td></td><td></td><td></td><td></td></tr>
<tr><td>13.2</td><td></td><td></td><td></td><td></td><td></td><td></td><td></td><td></td><td></td></tr>
<tr><td>9.5</td><td></td><td></td><td></td><td></td><td></td><td></td><td></td><td></td><td></td></tr>
<tr><td>4.75</td><td></td><td></td><td></td><td></td><td></td><td></td><td></td><td></td><td></td></tr>
<tr><td>2.36</td><td></td><td></td><td></td><td></td><td></td><td></td><td></td><td></td><td></td></tr>
<tr><td>1.18</td><td></td><td></td><td></td><td></td><td></td><td></td><td></td><td></td><td></td></tr>
<tr><td>0.6</td><td></td><td></td><td></td><td></td><td></td><td></td><td></td><td></td><td></td></tr>
<tr><td>0.3</td><td></td><td></td><td></td><td></td><td></td><td></td><td></td><td></td><td></td></tr>
<tr><td>0.15</td><td></td><td></td><td></td><td></td><td></td><td></td><td></td><td></td><td></td></tr>
<tr><td>0.075</td><td></td><td></td><td></td><td></td><td></td><td></td><td></td><td></td><td></td></tr>
<tr><td>筛底</td><td></td><td></td><td></td><td></td><td></td><td></td><td></td><td></td><td></td></tr>
<tr><td colspan="2">干筛后总质量(g)</td><td colspan="3"></td><td colspan="5"></td></tr>
<tr><td colspan="2">损耗质量(g)</td><td colspan="3"></td><td colspan="5"></td></tr>
<tr><td colspan="2">损耗率(%)</td><td colspan="3"></td><td colspan="5"></td></tr>
<tr><td colspan="10">备注:</td></tr>
</table>

记录: 计算: 审核:

思考与讨论：

水泥混凝土用粗集料用干筛法，而沥青混合料用粗集料用水洗法，为什么？

任务1.4　粗集料压碎值的检测

引例：

在混合料中，粗集料起骨架作用，应具备一定的强度性能，压碎值是指集料在逐渐增加的荷载下，抵抗压碎的能力，是集料强度的相对指标，用以鉴定集料的品质。压碎值越大，则集料抵抗压碎能力越差。

1　目的与任务

根据《公路工程集料试验规程》（JTG E42—2005），测定粗集料的压碎值，同时完成检测记录表的填写。

2　仪器设备

（1）石料压碎值试验仪：由内径150 mm、两端开口的钢制圆形试筒、压柱和底板组成，其形状和尺寸见图1-10。试筒内壁、压柱的底面及底板的上表面等与石料接触的表面都应进行热处理，使表面硬化，达到维氏硬度65度，并保持光滑状态。

图1-10　压碎值试筒

（2）金属棒：直径为10 mm，长450～600 mm，一端加工成半球形。

（3）天平：称量2～3 kg，感量不大于1 g。

（4）标准筛：筛孔尺寸为13.2 mm、9.5 mm、2.36 mm的方孔筛各一个。

（5）压力机：500 kN，应能在10 min内达到400 kN。

（6）金属筒：圆柱形，内径为112 mm，高179.4 mm，容积为1 767 cm^3。

3　试验准备

（1）采用风干石料，用13.2 mm和9.5 mm标准筛过筛，取9.5～13.2 mm的试样3组各3 000 g，供试验用。如过于潮湿需加热烘干，烘箱温度不得超过100 ℃，烘干时间不超过4 h。试验前，石料应冷却至室温。

（2）每次试验的石料数量应满足按下述方法夯击后石料在室内的深度为100 mm。

（3）在金属筒中确定石料数量的方法如下：将试样分3次（每次数量大体相同）均匀装入试模中，每次均将试样表面整平，用金属棒的半球面端从石料表面上均匀捣实25次（见图1-11）。最后用金属棒作为直刮刀将表面仔细整平。称取量筒中试样质量（m_0），以相同质量的试样进行压碎值的平行试验(见图 1-12)。

图 1-11　均匀捣实石料

图 1-12　压碎石料

4　试验步骤

(1)将试筒安放在底板上。

(2)将要求质量的试样分 3 次(每次数量大体相同)均匀装入试模中,每次均将试样表面整平,用金属棒的半球面端在石料表面上均匀捣实 25 次。最后用金属棒作为直刮刀将表面仔细整平。

(3)将装有试样的试模放到压力机上,同时加压头放入试筒内石料面上,注意使压头摆平,勿楔挤试模侧壁。

(4)开动压力机,均匀地施加荷载,在 10 min 左右的时间内达到总荷载 400 kN,稳压 5 s,然后卸荷。

(5)将试模从压力机上取下,取出试样。

(6)用 2.36 mm 标准筛筛分经压碎的全部试样,可分几次筛分,均需筛到在 1 min 内无明显的筛出物为止。

(7)称取通过 2.36 mm 筛孔的全部细料质量(m_1),精确至 1 g。

5　结果整理

石料压碎值按式(1-36)计算,精确至 0.1%。

$$Q'_a = \frac{m_1}{m_0} \times 100\% \tag{1-36}$$

式中　Q'_a——石料压碎值(%);

m_0——试验前试样质量,g;

m_1——试验后通过 2.36 mm 筛孔的细料质量,g。

以三个试样平行试验结果的算术平均值作为压碎值的测定值。

6 填表

填写粗集料压碎值试验记录表(见表1-16)。

表1-16 粗集料压碎值试验记录表

<table>
<tr><td>样品名称</td><td></td><td>检测依据</td><td colspan="2"></td></tr>
<tr><td>环境条件</td><td></td><td>检测地点</td><td colspan="2"></td></tr>
<tr><td>试验日期</td><td></td><td>试验员</td><td colspan="2"></td></tr>
<tr><td>主要仪器</td><td colspan="4"></td></tr>
<tr><td rowspan="2">试验次数</td><td rowspan="2">试验前试样质量
m_0 (g)</td><td rowspan="2">试验后通过2.36 mm筛的试样质量
m_1 (g)</td><td colspan="2">压碎值 Q'_a
(%)</td></tr>
<tr><td>单值</td><td>平均值</td></tr>
<tr><td>1</td><td></td><td></td><td></td><td rowspan="3"></td></tr>
<tr><td>2</td><td></td><td></td><td></td></tr>
<tr><td>3</td><td></td><td></td><td></td></tr>
<tr><td colspan="5">备注:</td></tr>
</table>

记录: 计算: 审核:

思考与讨论:

粗集料的力学指标主要有压碎值和磨耗率;对于抗滑表层用粗集料而言,力学性质还有哪些?

任务1.5 细集料表观密度的检测

引例:

在沥青混合料中,细集料是指粒径小于2.36 mm的天然砂、人工砂(包括机制砂)及石屑;在水泥混凝土中,细集料是指粒径小于4.75 mm的天然砂、人工砂。细集料的物理常数主要有表观密度、堆积密度和空隙率等。

1 目的与任务

根据《公路工程集料试验规程》(JTG E42—2005),用容量瓶法测定细集料(天然砂、石屑、机制砂)在23 ℃时对水的表观相对密度和表观密度,同时完成检测记录表的填写。容量瓶法适用于含有少量粒径大于2.36 mm部分的细集料。

2　仪器设备

(1)天平:称量 1 kg,感量不大于 1 g。

(2)容量瓶:500 mL。

(3)烘箱:能控温在(105 ±5)℃。

(4)烧杯:500 mL。

(5)其他:干燥器、浅盘、铝制料勺、温度计、洁净水等。

3　试验准备

3.1　取样

(1)在料堆上取样时,取样部位应均匀分布。取样前先将取样部位表层铲除,然后从不同部位随机抽取大致等量的砂 8 份,组成一组样品。

(2)从皮带运输机上取样时,应用与皮带等宽的接料器在皮带运输机头出料处全断面定时随机抽取大致等量的砂 4 份,组成一组样品。

(3)从火车、汽车、货船上取样时,从不同部位和深度随机抽取大致等量的砂 8 份,组成一组样品。

3.2　取样数量

试验的最少取样数量应符合表 1-17 的规定。

表 1-17　试验最少取样数量

试验项目	最少取样数量(kg)
表观密度	2.6

3.3　试样处理

将来样缩分至 650 g 左右的试样在温度为(105 ±5)℃的烘箱中烘干至恒重,并在干燥器内冷却至室温,分成两份备用。

4　试验步骤

(1)称取烘干的试样约 300 g(m_0)装入盛有半瓶洁净水的容量瓶中。

(2)摇转容量瓶,使试样在已保温至(23 ±1.7)℃的水中充分搅动以排除气泡,塞紧瓶塞,在恒温条件下静置 24 h 左右,然后用滴管添水,使水面与瓶颈刻度线平齐,再塞紧瓶塞,擦干瓶外水分,称其总质量(m_2)。

(3)倒出瓶中的水和试样,将瓶的内外表面洗净,再向瓶内注入同样温度的洁净水(温差不超过 2 ℃)至瓶颈刻度线,塞紧瓶塞,擦干瓶外水分,称其总质量(m_1)。

注意:在进行砂的表观密度试验过程中,应测量并控制水的温度,试验期间的温差不得超过 1 ℃。

5　结果整理

(1)细集料的表观相对密度按式(1-37)计算,精确至小数点后 3 位。

$$\gamma_a = \frac{m_0}{m_0 + m_1 - m_2} \tag{1-37}$$

式中　γ_a ——细集料的表观相对密度，无量纲；

m_1 ——水及容量瓶的总质量，g；

m_2 ——试样、水及容量瓶的总质量，g。

（2）表观密度按式(1-38)计算，精确至小数点后3位。

$$\rho_a = \gamma_a \times \rho_t \quad 或 \quad \rho_a = (\gamma_a - \alpha_t) \times \rho_w \tag{1-38}$$

式中　ρ_a ——细集料的表观密度，g/cm³；

ρ_w ——水在4 ℃时的密度，g/cm³；

α_t ——试验时的水温对水的密度影响的修正系数，按表1-7取用；

ρ_t ——试验温度 t 时水的密度，g/cm³，按表1-7取用。

以两次平行试验结果的算术平均值作为测定值，如两次结果的差值大于0.01 g/cm³，应重新取样进行试验。

6　填表

填写细集料密度试验记录表（见表1-18）。

表1-18　细集料密度试验记录表

<table>
<tr><td colspan="2">样品名称</td><td colspan="2"></td><td colspan="2">检测依据</td><td colspan="2"></td></tr>
<tr><td colspan="2">环境条件</td><td colspan="2"></td><td colspan="2">检测地点</td><td colspan="2"></td></tr>
<tr><td colspan="2">试验日期</td><td colspan="2"></td><td colspan="2">试验员</td><td colspan="2"></td></tr>
<tr><td colspan="2">主要仪器</td><td colspan="6"></td></tr>
<tr><td rowspan="2">试验次数</td><td rowspan="2">烘干试样的质量 m_0 (g)</td><td rowspan="2">瓶+水总质量 m_1 (g)</td><td rowspan="2">瓶+水+试样总质量 m_2 (g)</td><td colspan="2">压碎值 Q'_a (%)</td><td rowspan="2">温度修正系数 α_t</td><td rowspan="2">表观密度 (g/cm³)</td></tr>
<tr><td>单值</td><td>平均值</td></tr>
<tr><td>1</td><td></td><td></td><td></td><td></td><td rowspan="2"></td><td rowspan="2"></td><td rowspan="2"></td></tr>
<tr><td>2</td><td></td><td></td><td></td><td></td></tr>
<tr><td colspan="8">备注：</td></tr>
</table>

记录：　　　　　　　　计算：　　　　　　　　审核：

思考与讨论：

在沥青混合料中，细集料与粗集料是怎么划分的？

任务 1.6 细集料堆积密度、紧装密度的检测

引例：

在计算集料的物理常数时，不仅要考虑细集料颗粒中的孔隙（开口孔隙或闭口孔隙），还要考虑颗粒间的空隙。其体积与质量的关系与粗集料相同。

1 目的与任务

根据《公路工程集料试验规程》（JTG E42—2005），用容量筒测定砂自然状态下的堆积密度、紧装密度及空隙率，同时完成检测记录表的填写。

2 仪器设备

(1)台秤：称量 5 kg，感量 5 g。

(2)容量筒：金属制，圆形，内径 108 mm，净高 109 mm，筒壁厚 5 mm，容积为 1 L。

(3)标准漏斗（见图 1-13）。

(4)烘箱：能使温度控制在（105 ±5）℃。

(5)其他：小勺、直尺、浅盘、玻璃板等。

图 1-13 砂的标准漏斗

3 试验准备

3.1 取样

取样方法同任务 1.5。

3.2 取样数量

试验的最少取样数量应符合表 1-19 的规定。

表 1-19 试验最少取样数量

试验项目	最少取样数量（kg）
松散堆积密度及空隙率	5.0

3.3 试样处理

将来样在温度为（105 ±5）℃的烘箱中烘干至恒量，取出并冷却至室温，分成大致相等的两份备用。

注意：试样烘干后如有结块，应在试验前先予捏碎。

3.4 容量筒容积的校正

(1)称取容量筒和玻璃板的质量（m'_1）。

(2)以温度为（20 ±5）℃的洁净水装满容量筒，用玻璃板沿筒口滑移，使其紧贴水面，玻璃板与水面之间不得有空隙并擦干筒外壁水分，然后称量（m'_2），用下式计算筒的容积 V：

$$V = m'_2 - m'_1 \tag{1-39}$$

式中　m'_1——容量筒和玻璃板的总质量,g;

m'_2——容量筒、玻璃板和水的总质量,g。

$\rho_{水}$——水的密度,g/cm^3,取 1 g/cm^3;

V——容量筒的容积,cm^3。

4　试验步骤

(1)堆积密度。将试样装入漏斗中,打开底部的活动门,将砂流入容量筒中,也可直接用小勺向容量筒中装试样,但漏斗出料口和料勺距离容量筒筒口均应为 50 mm 左右,试样装满并超出容量筒口后,用直尺将多余的试样沿筒口中心线向两个相反方向刮平,称取质量(m_1)。

(2)紧装密度。取试样 1 份,分两层装入容量筒。装完第一层后,在筒底垫放一根直径为 10 mm 的钢筋,按住筒左右交替颠击地面各 25 下,然后再装入第二层。第二层装满后用同样的方法颠实(但底垫钢筋的方向应与第一层放置方向垂直),两层装完并颠实后,添加试样至超出容量筒口,然后用直尺将多余的试样沿筒口中心线向两个相反方向刮平,称其质量(m_2)。

(3)称取容量筒的质量(m_0)。

5　结果整理

(1)堆积密度 ρ 及紧装密度 ρ' 分别按式(1-40)、式(1-41)计算,精确至小数点后3 位。

$$\rho = \frac{m_1 - m_0}{V} \tag{1-40}$$

$$\rho' = \frac{m_2 - m_0}{V} \tag{1-41}$$

式中　m_0——容量筒的质量,g;

m_1——容量筒和堆积砂的总质量,g;

m_2——容量筒和紧装砂的总质量,g;

V——容量筒容积,cm^3。

(2)砂的空隙率按式(1-42)计算,精确至 0.1%:

$$n = \left(1 - \frac{\rho}{\rho_a}\right) \times 100\% \tag{1-42}$$

式中　n——砂的空隙率(%);

ρ——砂的堆积密度或紧装密度,g/cm^3;

ρ_a——砂的表观密度,g/cm^3。

以两次试验结果的算术平均值作为测定值。

6　填表

填写细集料堆积密度及紧装密度试验记录表(见表 1-20)。

表 1-20　细集料堆积密度及紧装密度试验记录表

<table>
<tr><td colspan="2">样品名称</td><td colspan="2"></td><td colspan="2">检测依据</td><td colspan="2"></td></tr>
<tr><td colspan="2">环境条件</td><td colspan="2"></td><td colspan="2">检测地点</td><td colspan="2"></td></tr>
<tr><td colspan="2">试验日期</td><td colspan="2"></td><td colspan="2">试验员</td><td colspan="2"></td></tr>
<tr><td colspan="2">主要仪器</td><td colspan="6"></td></tr>
<tr><td>容量筒质量(g)</td><td></td><td>容量筒+玻璃板总质量(g)</td><td></td><td>容量筒+玻璃板+水总质量(g)</td><td></td><td>容量筒容积(cm^3)</td><td></td></tr>
<tr><td colspan="8">砂的堆积密度</td></tr>
<tr><td>试验次数</td><td colspan="2">容量筒+砂的总质量(g)</td><td colspan="2">堆积密度(g/cm^3)</td><td colspan="3">平均堆积密度(g/cm^3)</td></tr>
<tr><td>1</td><td colspan="2"></td><td colspan="2"></td><td colspan="3" rowspan="2"></td></tr>
<tr><td>2</td><td colspan="2"></td><td colspan="2"></td></tr>
<tr><td colspan="3">砂的表观密度(g/cm^3)</td><td colspan="5"></td></tr>
<tr><td colspan="3">砂的空隙率(%)</td><td colspan="5"></td></tr>
<tr><td colspan="8">砂的紧装密度</td></tr>
<tr><td>试验次数</td><td colspan="2">容量筒+砂的总质量(g)</td><td colspan="2">紧装密度(g/cm^3)</td><td colspan="3">平均紧装密度(g/cm^3)</td></tr>
<tr><td>1</td><td colspan="2"></td><td colspan="2"></td><td colspan="3" rowspan="2"></td></tr>
<tr><td>2</td><td colspan="2"></td><td colspan="2"></td></tr>
<tr><td colspan="8">备注：</td></tr>
</table>

记录：　　　　　　　　计算：　　　　　　　　审核：

思考与讨论：

$$请证明\ n=\frac{V_i+V_v}{V_s+V_n+V_i+V_v}\times 100\%=(1-\frac{\rho}{\rho_a})\times 100\%$$

式中　V_s——矿质实体体积；

V_n——闭口空隙体积；

V_i——开口孔隙体积；

V_v——空隙体积；

f_n——矿料空隙率。

任务1.7　细集料颗粒级配的检测

引例：

级配是集料各级粒径颗粒的分配情况，砂的级配可通过砂的筛分试验确定。对水泥混凝土用细集料可采用干筛法，如果需要也可采用水洗法筛分；对沥青混合料及基层用细集料必须用水洗法筛分。当细集料中含有粗集料时，可参照此方法用水洗法筛分，但需特别注意保护标准面不遭损坏。

1　目的与任务

根据《公路工程集料试验规程》（JTG E42—2005），测定细集料（天然砂、人工砂、石屑）的颗粒级配及粗细程度，同时完成检测记录表的填写。

2　仪器设备

(1)标准筛。
(2)天平：称量1 000 g，感量不大于0.5 g。
(3)摇筛机。
(4)烘箱：能控温在(105±5)℃。
(5)其他：浅盘和硬、软毛刷等。

3　试验准备

3.1　取样

取样方法同任务1.5。

3.2　取样数量

试验的最少取样数量应符合表1-21的规定。

表1-21　试验最少取样数量

试验项目	最少取样数量(kg)
颗粒级配	4.4

3.3 试样处理

根据样品中最大粒径的大小，选用适宜的标准筛，通常为9.5 mm筛（水泥混凝土用天然砂）或4.75 mm筛（沥青路面及基层用的天然砂、石屑、机制砂等）筛除其中的超粒径材料。然后在潮湿状态下将样品充分拌匀，用分料器法或四分法缩分至每份不少于550 g的试样两份，在(105 ± 5)℃的烘箱中烘干至恒重，冷却至室温后备用。

注意：恒重是指相邻两次称量间隔时间大于3 h（通常不少于6 h）的情况下，前后两次称量之差小于该项试验所要求的称量精密度，下同。

4 试验步骤

4.1 干筛法试验步骤

(1)准确称取烘干试样约500 g（m_1），精确至0.5 g。置于套筛的最上面一只筛，即4.75 mm筛，将套筛放入摇筛机，摇筛约10 min，然后取出套筛再按筛孔大小顺序，从最大的筛号开始，在清洁的浅盘上逐个进行手筛，直到每分钟的筛出量不超过筛上剩余量的0.1%时为止，将筛出通过的颗粒并入下一号筛，和下一号筛中的试样一起过筛，以此顺序进行至各号筛全部筛完。

注意：①试样如为特细砂，试样质量可减少到100 g；

②如试样含泥量超过5%，不宜采用干筛法；

③无摇筛机时，可直接用手筛。

(2)称量各筛筛余试样的质量，精确至0.5 g。所有各筛的分计筛余量和底盘中剩余量的总量与筛分前的试样总量，相差不得超过后者的1%。

4.2 水洗法试验步骤

(1)准确称取烘干试样约500 g（m_1），精确至0.5 g。

(2)将试样置于一洁净容器中，加入足够数量的洁净水，将集料全部淹没。

(3)用搅棒充分搅动集料，使集料表面洗涤干净，使细粉悬浮在水中，但不得有集料从水中溅出。

(4)用1.18 mm筛及0.075 mm筛组成套筛。仔细将容器中混有细粉的悬浮液徐徐倒出，经过套筛流入另一容器，但不得将集料倒出。

注意：不可直接倒至0.075 mm筛上，以免集料掉出损坏筛面。

(5)重复步骤(2)～(4)，直至倒出的水洁净且将粒径小于0.075 mm的颗粒全部倒出。

(6)将容器中的集料倒入搪瓷盘中，用少量水冲洗，使容器上黏附的集料颗粒全部进入搪瓷盘中。将筛子反扣过来，用少量的水将筛上的集料冲洗入搪瓷盘中。操作过程中不得有集料散失。

(7)将搪瓷盘连同集料一起置于(105 ± 5)℃的烘箱中烘干至恒重，称取干燥集料试样的总质量（m_2），精确至0.5 g。m_1与m_2之差即为通过0.075 mm筛部分。

(8)将全部要求筛孔筛组成套筛(但不需0.075 mm筛),将已经洗去小于0.075 mm部分的干燥集料置于套筛上(通常为4.75 mm筛),将套筛装入摇筛机,摇筛约10 min,然后取出套筛,再按筛孔大小顺序,从最大的筛号开始,在清洁的浅盘上逐个进行手筛,直至每分钟的筛出量不超过筛上剩余量的0.1%时,将筛出通过的颗粒并入下一号筛,和下一号筛中的试样一起过筛。按这样顺序进行,直至各号筛全部筛完。

注意:如为含有粗集料的集料混合料,应根据需要选择套筛筛孔。

(9)称量各筛筛余试样的质量,精确至0.5 g。所有各筛的分计筛余量和底盘中剩余量的总质量与筛分前试样总质量(m_2)的差值不得超过后者的1%。

5　结果整理

(1)计算分计筛余百分率。

各号筛的分计筛余百分率为各号筛上的筛余量除以试样总质量(m_1)的百分率,精确至0.1%。对沥青路面细集料而言,0.15 mm筛下部分即为0.075 mm的分计筛余,由步骤(7)测得的 m_1 与 m_2 之差即为小于0.075 mm的筛底部分。

(2)计算累计筛余百分率。

各号筛的分计筛余百分率为该号筛及大于该号筛的各号筛的分计筛余百分率之和,精确至0.1%。

(3)计算质量通过百分率。

各号筛的质量通过百分率等于100减去该号筛的分计筛余百分率之和,精确至0.1%。

(4)根据各号筛的累计筛余百分率或通过百分率,绘制级配曲线。

(5)天然砂的细度模数按式(1-43)计算,精确至0.01。

$$M_X = \frac{A_{0.15} + A_{0.3} + A_{0.6} + A_{1.18} + A_{2.36} - 5A_{4.75}}{100 - A_{4.75}} \tag{1-43}$$

式中　M_X ——砂的细度模数;

$A_{0.15}$、$A_{0.3}$、…、$A_{4.75}$ ——0.15 mm、0.3 mm、…、4.75 mm各筛上的累计筛余百分率(%)。

(6)应进行两次平行试验,以试验结果的算术平均值作为测定值。如两次试验所得的细度模数之差大于0.2,应重新进行试验。

6　填表

填写细集料筛分试验记录表,见表1-22、表1-23。

表1-22　细集料筛分试验记录表(干筛法)

<table>
<tr><td colspan="2">样品名称</td><td colspan="4"></td><td colspan="2">检测依据</td><td colspan="3"></td></tr>
<tr><td colspan="2">环境条件</td><td colspan="4"></td><td colspan="2">检测地点</td><td colspan="3"></td></tr>
<tr><td colspan="2">试验日期</td><td colspan="4"></td><td colspan="2">试验员</td><td colspan="3"></td></tr>
<tr><td colspan="2">主要仪器</td><td colspan="9"></td></tr>
<tr><td rowspan="2">筛孔尺寸(mm)</td><td colspan="4">干燥试样总质量 m_0(g)</td><td colspan="4">干燥试样总质量 m_0(g)</td><td rowspan="2">平均通过百分率(%)</td><td rowspan="2">颗粒级配区标准通过百分率(%)</td></tr>
<tr><td>筛上质量(g)</td><td>分计筛余百分率(%)</td><td>累计筛余百分率(%)</td><td>通过百分率(%)</td><td>筛上质量(%)</td><td>分计筛余百分率(%)</td><td>累计筛余百分率(%)</td><td>通过百分率(%)</td></tr>
<tr><td>9.5</td><td></td><td></td><td></td><td></td><td></td><td></td><td></td><td></td><td></td><td></td></tr>
<tr><td>4.75</td><td></td><td></td><td></td><td></td><td></td><td></td><td></td><td></td><td></td><td></td></tr>
<tr><td>2.36</td><td></td><td></td><td></td><td></td><td></td><td></td><td></td><td></td><td></td><td></td></tr>
<tr><td>1.18</td><td></td><td></td><td></td><td></td><td></td><td></td><td></td><td></td><td></td><td></td></tr>
<tr><td>0.6</td><td></td><td></td><td></td><td></td><td></td><td></td><td></td><td></td><td></td><td></td></tr>
<tr><td>0.3</td><td></td><td></td><td></td><td></td><td></td><td></td><td></td><td></td><td></td><td></td></tr>
<tr><td>0.15</td><td></td><td></td><td></td><td></td><td></td><td></td><td></td><td></td><td></td><td></td></tr>
<tr><td><0.15</td><td></td><td></td><td></td><td></td><td></td><td></td><td></td><td></td><td></td><td></td></tr>
<tr><td colspan="3">筛分后总质量 $\sum m_i$(g)</td><td colspan="3"></td><td colspan="3">筛分后总质量 $\sum m_i$(g)</td><td colspan="2"></td></tr>
<tr><td>损耗质量(g)</td><td></td><td>损耗率(%)</td><td></td><td>损耗质量(g)</td><td></td><td>损耗率(%)</td><td colspan="4"></td></tr>
<tr><td rowspan="2">细度模数</td><td colspan="3">1</td><td colspan="3">2</td><td colspan="4">平均值</td></tr>
<tr><td colspan="3"></td><td colspan="3"></td><td colspan="4"></td></tr>
<tr><td colspan="11">级配曲线绘制</td></tr>
<tr><td colspan="11">备注：</td></tr>
</table>

记录：　　　　　　　计算：　　　　　　审核：

表 1-23　细集料筛分试验记录表(水洗法)

样品名称					检测依据					
环境条件					检测地点					
试验日期					试验员					
主要仪器										
试验次数	试验前总质量 m_1 (g)				洗净后烘干总质量 m_2 (g)			<0.075 mm 质量 (g)		
1										
2										
筛孔尺寸(mm)	筛上质量(g)	分计筛余百分率(%)	累计筛余百分率(%)	通过百分率(%)	筛上质量(%)	分计筛余百分率(%)	累计筛余百分率(%)	通过百分率(%)	平均通过百分率(%)	标准通过百分率(%)
9.5										
4.75										
2.36										
1.18										
0.6										
0.3										
0.15										
0.075										
<0.075										
筛分后总质量 $\sum m_i$ (g)					筛分后总质量 $\sum m_i$ (g)					
损耗质量(g)		损耗率(%)			损耗质量(g)		损耗率(%)			
备注:										

记录:　　　　　　　　　　计算:　　　　　　　　　　审核:

思考与讨论：

简述用 Excel 绘制级配曲线图的步骤，并进行演示。

【知识拓展】

一、冶金矿渣集料

冶金矿渣是在冶金生产过程中由矿石、燃料及助溶剂中易溶硅酸盐化合而成的副产品。冶金矿渣分为黑色金属冶金矿渣与有色金属冶金矿渣两大类。黑色金属冶金矿渣又分为高炉重矿渣和钢渣两类。这些冶金矿渣从熔炉排出后，在空气中自然冷却，形成坚硬材料，是种很好的路用材料。它可作为基层材料，又可作为修筑水泥混凝土或沥青混凝土路面用的集料。

矿渣的化学成分随着矿物成分、燃料、助溶剂及熔化金属的化学成分的不同而变化。其主要化学成分为 SiO_2、Al_2O_3、CaO 及少量 MgO、CaO、FeO、MnO 等，根据化学成分采用碱度（或酸度）作为矿渣分类基础。

碱性氧化物：CaO、MgO、FeO、MnO；

酸性氧化物：SiO_2、P_2O_5、TiO_2；

中性成分：FeS、MnS；

两面性氧化物：Al_2O_3，此氧化物遇碱时呈弱酸性，而遇酸则呈弱碱性。

矿渣中常见矿物成分有黄长石、辉石、橄榄石及少量的硫化物。路用矿渣中一般 CaO、Al_2O_3 含量较高，而 SiO_2 含量较低者活性较大，质量较好。

二、道砟

道砟是用来铺公路或铁路路基的粗砂砾或碎石，石质为特级花岗岩。道砟主要是铁路基床所用。道砟是铁路运输系统中，用作承托轨道枕木的碎石，是常见的轨道道床结构。工程会在铺设路轨之前，先在路基铺上一层碎石，再加以压实，然后才铺上枕木及路轨。这种用散体材料碎石组成道床的传统轨道形式，称作有砟轨道（见图 1-14）。

图 1-14　有砟轨道

使用道砟可以使到排水容易及容易调校路轨位置，同时由于道砟把列车及路轨重量分散在路基上，故此能够减低列车经过时所带来的震动及噪声，增加乘客的乘坐舒适程度。

碎石同时可分散列车驶经时产生的震动及高热，保持钢轨的轨距不变，不致发生出轨事故，并可减少噪声，石头之间的罅隙更可迅速排去雨水。但道砟路轨不如混凝土坚固，碎石又会因列车压力而移位，需定期校正路轨位置，并要补充碎石；而道砟的高排水力亦会令路轨杂草丛生，保养成本较高。

铁道道砟主要包括碎石道砟、筛选卵石道砟、天然级配卵石道砟、砂子道砟和熔炉矿渣道砟等，其中最常用的是碎石道砟。碎石道砟按材质指标可分为特级道砟、一级道砟和二级道砟。

根据《铁道碎石道砟》(TB/T 2140—2008)和《铁路碎石道床底碴》(TB/T 2897—98),道砟生产质量管理有严格的程序。碎石道砟的性质可以根据《铁路碎石道砟 第2部分:试验方法》(TBT 2140.2—2018)的规定进行检测。

世界很多国家的高速铁路都是无砟轨道(见图1-15)。可是,法国高速铁路都是用碎石做道砟的。关键是列车高速行驶时会对周围产生强大的气流冲击,车底的基石(道砟)也是如此。

图1-15　无砟轨道

一般的铁路基石会到处飞溅撞击车辆,所以高速铁路一般用混凝土单元代替基石,可是法国高速铁路仍然用的是基石,而且即使速度574.8 km/h的高速列车行驶过去,基石都安然无恙,因为道砟要经过胶粘过后才能使用。

小　结

砂石材料是工程建设中用量最大的一类材料。岩石制品可直接用于砌筑结构物或用于道路铺面;集料可以直接用于铁路道路、路面基层或垫层,但更多的是制成水泥混凝土或沥青混合料。

岩石的力学性质主要有抗压强度和冲击韧性、耐磨率等。岩石的主要物理常数为密度和吸水率。集料是不同粒径矿物颗粒的混合物。集料最主要的物理常数是密度和级配。密度可分为真实密度、表观密度、毛体积密度和堆积密度等。本项目基于集料性质的检测工作进行了任务安排。通过知识拓展,了解冶金矿渣集料和铁路用道砟,以及道砟的检测试验规程。

练习题

一、单选题

1. 下列粗集料的密度中最小的是(　　)。

A. 表观密度　　B. 毛体积密度

C. 堆积密度　　D. 无法确定

2. 粗集料压碎值较小,说明该粗集料有(　　)。

A. 较好的耐磨性　　B. 较差的耐磨性

C. 较好的承载力　　D. 较差的承载力

3. 碎石或卵石吸水率测定时烘箱的温度控制在(　　)℃。

A. 100 ±5　　B. 105 ±5

C. 110 ±5　　D. 120 ±5

4. 粗集料的公称粒径通常比最大粒径(　　)。

A. 小一个粒级　　B. 大一个粒级

C. 相等　　D. 无法确定

5. 沥青混合料中的集料优先采用(　　)。

A. 碱性集料　　B. 酸性集料

C. 中性集料　　D. 都可以

6. 岩石的化学性质主要以岩石化学组成中(　　)的含量来划分。

A. Si　　B. SiO

C. SiO_2　　D. SiO_3

7. 石材的抗压强度试验的标准试件是尺寸为(　　)mm 的立方体。

A. 50　　B. 70

C. 70.7　　D. 80

8. 砌体所用的石材表示抗压强度等级符号是(　　)。

A. MU　　B. MV

C. MC　　D. MO

9. 细度模数的大小表示砂颗粒的粗细程度,是采用筛分中得到的(　　)计算出的。

A. 各筛上的筛余量　　B. 各筛的分计筛余百分率

C. 各筛上的累计筛余百分率　　D. 通过量

10. 随着粗集料粒径增大,空隙率及总表面积则随之(　　)。

A. 都增大　　B. 都减小

C. 前者增大,后者减小　　D. 前者减小,后者增大

二、判断题

1. 在沥青混合料中,随着二氧化硅(SiO_2)含量的增加,沥青与岩石的黏附性也随之减弱。(　　)

2. 为保证沥青混合料的强度,在选择岩石时必须优先采用碱性岩石。(　　)

3. 细度是评价砂粗细程度的一种指标,通常用细度模数表示。(　　)

4. 粗集料密度试验时的环境温度应为 10～25 ℃。(　　)

5. 砌体所用的石材根据抗压强度分为 8 个强度等级。(　　)

6. 集料的磨耗率越低,沥青路面的抗滑性越好。(　　)

7. 集料的吸水率就是含水率。(　　)

8. 粗集料粒径越大,其总表面积越小,需要水泥浆的数量越少。(　　)

9. 根据通过量计算得到的砂的细度模数越大,则砂的颗粒越粗。(　　)

10. 用筛分法进行颗粒分析,计算小于某粒径的通过百分率时,试样总质量是试验前试样总重。(　　)

三、多选题

1. 岩石的毛体积密度是单位毛体积的质量,毛体积包括(　　)。

A. 实体体积　　B. 开口孔隙

C. 闭口孔隙　　D. 空隙

2. 粗集料的空隙率可以由(　　)计算得出。

A. 真实密度　　B. 表观密度

C. 毛体积密度　　D. 堆积密度

3. 砂的细度模数计算不应包括的颗粒是(　　)。

A. 4.75 mm 颗粒　　B. 0.075 mm 颗粒

C. 底盘上的颗粒　　D. 0.15 mm 颗粒

4. 限制集料中的含泥量是因为含量过高会影响(　　)。

A. 混凝土的凝结时间　　B. 集料与水泥的黏附

C. 混凝土的需水量　　D. 混凝土的强度

5. 我国现行标准《建设用砂》(GB/T 14684—2011)规定,砂的粗度按细度模数可分为(　　)。

A. 粗砂　　B. 中砂

C. 细砂　　D. 特细砂

四、简答题

1. 影响岩石抗压强度的主要因素(内因和外因)有哪些?

2. 集料的主要物理常数有哪几项? 与岩石的物理常数有何区别?

3. 岩石的吸水率和饱和吸水率有何不同?

五、计算题

取集料试样 500 g 进行筛分试验,各号筛上的筛余质量见表 1-24,分析某水泥混凝土用细集料的级配组成并计算细度模数。

表 1-24　细集料筛分试验的数据结果

筛孔尺寸(mm)	9.5	4.75	2.36	1.18	0.6	0.3	0.15	底盘
筛余质量(g)	0	15	63	99	105	115	75	38
分计筛余百分率(%)								
累计筛余百分率(%)								
通过百分率(%)								

(1)分别计算分计筛余百分率、累计筛余百分率、通过百分率,将结果填入表 1-24 中。

(2)计算细度模数。

项目2　水泥的检测

知识目标

1. 掌握硅酸盐水泥的技术性质、技术标准。
2. 掌握硅酸盐水泥主要技术指标的测定方法。

能力目标

1. 能够根据现行国家及行业标准正确评价硅酸盐水泥的技术性质。
2. 能够根据不同的工程环境,合理选用水泥。

【项目导入】

水泥与工程建设紧密相连,没有水泥,工程建设将无法进行,宏伟的跨海大桥、海底隧道、高速公路、高速铁路、城轨交通、地下管网等工程都离不开水泥,但是是否清楚在工程建设中常用的是哪种类型的水泥?它又有哪些特性、如何正确选用呢?

【知识储备】

水泥是一种粉末状材料,与水拌和后,在常温下通过一定的物理化学变化,由浆体变成坚硬的固体,并能将散粒状的材料胶结成为整体,而且其浆体不仅能在空气中硬化,还能在水中硬化,保持其强度增长,因此水泥是一种良好的水硬性胶凝材料。

目前,在建设工程中常用的是通用硅酸盐水泥,其中以硅酸盐水泥和普通硅酸盐水泥为主,下面对硅酸盐水泥的成分及技术性质予以阐述。

一、硅酸盐水泥

硅酸盐水泥(国外通称的波特兰水泥)是通用硅酸盐水泥品种之一,是以硅酸盐水泥熟料和适量的石膏,以及规定的混合料制成的水硬性凝胶材料。根据我国现行《通用硅酸盐水泥》(GB 175—2007)的规定,硅酸盐水泥分两种类型:一种是不掺加混合料,全部用硅酸盐水泥熟料和石膏磨细制成的水硬性胶凝材料,称Ⅰ型硅酸盐水泥,代号为P·Ⅰ;另一种是掺加不大于5%的粒化高炉矿渣或石灰石,与硅酸盐水泥熟料和石膏磨细制成的水硬性胶凝材料,称Ⅱ型硅酸盐水泥,代号为P·Ⅱ。

(一)硅酸盐水泥生产工艺概述

1. 硅酸盐水泥生产原料

生产硅酸盐水泥的原料,主要是石灰质原料和黏土质原料两类。石灰质原料,如石灰石、白垩、石灰质凝灰岩等,主要为生产水泥提供CaO;黏土质原料,如黏土、黏土质页岩、黄土等,主要为生产水泥提供CaO、SiO_2、Al_2O_3和Fe_2O_3,若遇到两种原料的化学组成不能满足要求,还要加入少量校正原料(如铁质校正原料、硅质校正原料等)调整。硅酸盐水泥生产原料的化学组成列于表2-1。

表2-1　硅酸盐水泥生产原料的化学组成

氧化物名称	化学成分	缩写	大致含量(%)
氧化钙	CaO	C	62～67
氧化硅	SiO_2	S	19～24
氧化铝	Al_2O_3	A	4～7
氧化铁	Fe_2O_3	F	2～5

2. 硅酸盐水泥的生产过程

(1)把原材料按一定比例配料,在研磨机中磨细成符合要求的生料。

(2)将制备好的生料入窑进行煅烧至1 450 ℃左右,熔融生成以硅酸钙为主要成分的硅酸盐水泥熟料。

(3)为调节水泥的凝结速度,在烧成的熟料中加入适量石膏共同磨细,生成硅酸盐水泥。

硅酸盐水泥生产工艺概括起来为"两磨一烧",生料在窑内经历过程为干燥—预热—分解—烧成—冷却。

硅酸盐水泥生产过程见图2-1。

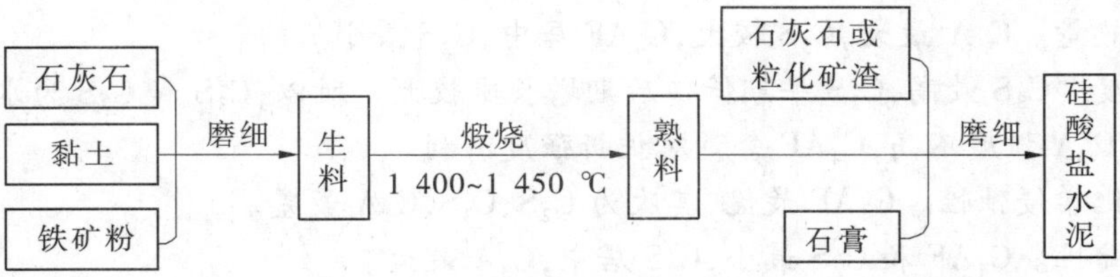

图2-1　硅酸盐水泥生产过程

(二)硅酸盐水泥熟料

1. 硅酸盐水泥熟料主要矿物组成

硅酸盐水泥熟料是由主要含CaO、SiO_2、Al_2O_3和Fe_2O_3的原料,按适当比例磨成细粉烧至部分熔融所得的以硅酸钙为主要矿物成分的水硬性胶凝物质。其中,硅酸钙矿物含量(质量分数)不小于66%,氧化钙和氧化硅质量比不小于2.0。熟料的主要矿物组成有4种,其名称和含量如表2-2所示。

表2-2　硅酸盐水泥熟料主要矿物组成

名称	化学式	常用缩写	在熟料中含量(%)
硅酸三钙	$3CaO \cdot SiO_2$	C_3S	37～60
硅酸二钙	$2CaO \cdot SiO_2$	C_2S	15～37
铝酸三钙	$3CaO \cdot Al_2O_3$	C_3A	7～15
铁铝酸四钙	$4CaO \cdot Al_2O_3 \cdot Fe_2O_3$	C_4AF	10～18

2. 硅酸盐水泥熟料主要矿物组成的性质

1)硅酸三钙

硅酸三钙是硅酸盐水泥中最主要的矿物组分,其含量通常在37%～60%,水化反应速度较快，水化热较大，且早期强度最高，28 d强度可达一年强度的70%～80%，是决定水泥强度的最主要矿物。

2）硅酸二钙

硅酸二钙在硅酸盐水泥中的含量为15%～37%，水化反应速度最慢，水化热最小，早期强度较低而后期强度高，耐化学侵蚀性良好和干缩性较小。

3）铝酸三钙

铝酸三钙在硅酸盐水泥中的含量通常为7%～15%。它是四种组分中水化反应速度最快、水化热最大的组分；硬化时体积收缩也大，早期强度增长很快，但强度低，后期几乎不再生长；通常为调节水泥凝结速度，需掺加石膏或硅酸三钙与石膏形成的水化产物，该水化产物对提高水泥早期强度起一定作用；耐化学侵蚀性最差，干缩性最大。

4）铁铝酸四钙

铁铝酸四钙在硅酸盐水泥中的含量通常为10%～18%。它水化反应较快，水化热中等；强度较低，但对水泥抗折强度起重要作用；耐化学侵蚀性最优，干缩性小。

3. 水泥熟料主要矿物组成的性质比较

硅酸盐水泥熟料中这四种矿物组成的主要特性是：

（1）反应速度。C_3A 最快，C_3S 较快，C_4AF 也较快，C_2S 最慢。

（2）释热量。C_3A 最大，C_3S 较大，C_4AF 居中，C_2S 最小。

（3）强度。C_3S 最高，C_2S 早期低但后期增长率较大。所以，C_3S 和 C_2S 为水泥强度的主要来源。C_3A 强度不高，C_4AF 含量对抗折强度有利。

（4）耐化学侵蚀性。C_4AF 最优，其次为 C_2S、C_3S，C_3A 最差。

（5）干缩性。C_4AF 和 C_2S 最小，C_3S 居中，C_3A 最大。

硅酸盐水泥的主要矿物组成与特性见表2-3。

表2-3　硅酸盐水泥的主要矿物组成与特性

矿物组成		硅酸三钙（C_3S）	硅酸二钙（C_2S）	铝酸三钙（C_3A）	铁铝酸四钙（C_4AF）
水化反应速度		较快	最慢	最快	较快
水化热		较大	最小	最大	中
对强度的作用	早期	最高	低	低	中
	后期	低	高	低	低
耐化学侵蚀性		中	良	最差	最优
干缩性		中	小	最大	小

4. 矿物组成对水泥性能的影响

水泥是由多种矿物组分组成的，改变各矿物组分的含量比例以及它们之间的匹配，则可生产性能各异的水泥。根据需要，若要制得高强度水泥，可提高 C_3S 含量；若要制得热大坝水泥，可降低 C_3S、C_3A 含量，提高 C_2S 含量；若要制得较高抗折强度的道路水泥，可提高 C_4AF 和 C_3S 含量。

(三)硅酸盐水泥的水化、凝结和硬化

水泥加水拌和后成为可塑的水泥浆,由于水泥的水化作用,水泥浆逐渐变稠失去流动性和可塑性而具有强度的过程,称为水泥的凝结;随后强度逐渐发展成为坚硬的人造石的过程称为水泥的硬化。凝结和硬化是人为划分的两个阶段,实际是一个连续而复杂的物理化学变化过程。

1. 硅酸盐水泥的水化

水泥加水拌和后,水泥颗粒立即分散于水中,并与水发生化学反应。水泥的水化过程是水泥各种熟料矿物及石膏与水发生反应的过程。反应过程复杂,需历经多级反应,生成多种中间产物,最终生成比较稳定的水化产物,并放出一定的热量。

1)硅酸三钙水化

硅酸三钙在常温下的水化反应生成水化硅酸钙和氢氧化钙。

2)硅酸二钙水化

硅酸二钙的水化反应与硅酸三钙相似,生成水化硅酸钙和氢氧化钙。

3)铝酸三钙水化

硅酸三钙的水化产物组成和结构受液相CaO浓度和温度的影响很大,最终生成介稳状态的水化铝酸钙(C_3AH_6)。在有石膏的情况下,C_3A 水化的最终产物与其石膏掺入量有关。最终形成的三硫型水化硫铝酸钙,简称钙矾石(AFt)。若石膏在 C_3A 完全水化前耗尽,则钙矾石与 C_3A 作用转化为单硫型水化硫铝酸钙(AFm)。

4)铁铝酸四钙水化

铁铝酸四钙水化反应速度比 C_3A 略慢,水化热较小,即使单独水化也不会引起快凝,其水化产物为水化铁酸钙。

5)石膏的作用

掺入石膏的目的是延缓水泥的凝结硬化速度,石膏与水泥中 C_3A 发生反应,生成难溶的钙矾石晶体,一方面减少了溶液中铝离子的含量;另一方面形成的钙矾石覆盖在水泥颗粒的表面,形成屏蔽膜,延缓了水化反应的进一步进行,从而延缓了水泥浆体的凝结速度。石膏掺入量必须适量,过量石膏不仅对延缓凝结作用不大,同时生成的过多钙矾石使体积膨胀,引起水泥体积安定性不良。

综上所述,硅酸盐水泥水化后主要有表2-4所列的水化产物。

表2-4 硅酸盐水泥水化产物的化学组成

水化产物名称	化学组成	常用缩写
水化硅酸钙	$x\mathrm{CaO}\cdot\mathrm{SiO_2}\cdot y\mathrm{H_2O}$	C-S-H
氢氧化钙	$Ca(OH)_2$	CH
三硫型水化硫铝酸钙(钙矾石)	$3CaO\cdot Al_2O_3\cdot 3CaSO_4\cdot 32H_2O$	$C_3A_3CS\cdot H_{32}$(或AFt)
单硫型水化硫铝酸钙(单硫盐)	$3CaO\cdot Al_2O_3\cdot CaSO_4\cdot 12H_2O$	$C_3ACS\cdot H_{12}$(或AFm)
三硫型水化铁铝酸钙	$3CaO(Al_2O_3,Fe_2O_3)\cdot 3CaSO_4\cdot 32H_2O$	$C_3(A,F)3CSH_{32}$
单硫型水化铁铝酸钙	$3CaO(Al_2O_3,Fe_2O_3)\cdot CaSO_4\cdot 12H_2O$	$C_3(A,F)CSH_2$

充分水化的水泥浆体中,主要水化产物为水化硅酸钙(C－S－H)凝胶,约占70%,氢氧化钙(CH)结晶约占20%,钙矾石(AFt)和单硫盐(AFm)约占7%,其余是未水化的水泥和次要组分。

2. 硅酸盐水泥的凝结和硬化

随着水泥水化反应的进行,水泥浆体由可塑态逐渐失去塑性,进而硬化产生强度,这个物理化学过程,可分为以下四个阶段。

1)初始反应期

水泥与水接触后立即发生水化反应,生成相应的水化产物,组成水泥－水－水化产物混合体系。

2)诱导期

水化初期生成的产物迅速扩散到水中,逐渐形成水化产物的饱和溶液,并在水泥颗粒表面和周围析出,形成水化物膜层,使水化反应进行缓慢,此时水泥颗粒仍然分散,水泥浆体基本保持良好的可塑性。

3)凝结期

由于渗透压的作用,包裹在水泥微粒表面的渗透膜破裂,水泥微粒进一步水化,除继续生成$Ca(OH)_2$及钙矾石外,还生成了大量的C－S－H凝胶。水泥水化产物不断填充了水泥颗粒之间的空隙,随着接触点的增多,结构趋向密实,使水泥浆体逐渐失去塑性。

4)硬化期

水泥继续水化,除已生成的水化产物的数量继续增加外,C_4AF的水化物也开始形成,硅酸钙继续进行水化。水化生成物以凝胶与结晶状态进一步填充空隙,水泥浆体逐渐产生强度,进入硬化阶段。只要温度、湿度合适,而且无外界腐蚀,水泥强度在几年甚至几十年后还能继续增长。

二、硅酸盐水泥的技术性质

(一)物理性质

1. 细度(选择性指标)

细度是指水泥颗粒粗细的程度。细度越小,水泥与水起反应的面积越大,水化反应速度越快,水化越完全,但是与之相对应的硬化收缩也越大。所以,相同矿物组成的水泥,细度越大,早期强度越高,凝结速度越快,析水量越少。实践表明,细度提高,可使水泥混凝土的强度提高,工作性得到改善。但是水泥细度提高,在空气中的硬化收缩也较大,使水泥发生裂缝的可能性增加,因此对水泥细度必须予以合理控制。水泥细度有以下两种表示方法:

(1)筛析法。以80 μm方孔筛上的筛余量百分率表示。筛析法有负压筛法和水筛法两种,有争议时,以负压筛法为准。

(2)比表面积法。细度以每千克水泥总表面积(m^2/kg)表示,其测定采用勃氏法。我国现行标准《通用硅酸盐水泥》(GB 175—2007)规定:硅酸盐水泥和普通硅酸盐水泥的细度以比表面积表示,不小于300 m^2/kg。

2. 水泥净浆标准稠度

为使水泥凝结时间和安定性的测定结果具有可比性，在此两项测定时必须采用标准稠度的水泥砂浆，我国现行标准《水泥标准稠度用水量、凝结时间、安定性检验方法》(GB/T 1346—2011)规定，水泥净浆标准稠度的标准测定方法为试杆法，以标准试杆沉入净浆，并距离底板(6±1)mm的水泥净浆为标准稠度净浆，其拌和用水量为该水泥标准稠度用水量(P)，按水泥质量的百分比计；以试锥法(调整水量法和不变水量法)为代用法，采用调整水量法测定标准稠度用水量时，拌和水量应按经验确定加水量；采用不变水量法测定时，拌和水量为142.5 mL，水量精确至0.5 mL。当发生争议时，以调整水量法为准。

3. 凝结时间

水泥的凝结时间是从加水开始到水泥浆失去可塑性所需的时间，分为初凝时间和终凝时间。凝结时间采用维卡仪测定，以试针沉入标准稠度的水泥净浆一定深度所需要的时间表示。

国标规定：将标准稠度的水泥净浆装在试模中，以标准试针(初凝用试针和终凝用试针)测试。从加水搅拌水泥浆开始计时，至试针沉入净浆中，距底板(4±1)mm时所经历的时间为初凝时间；在终凝针上安装一个环形附件，在完成初凝时间测定后，立即将试模连同浆体以平移的方式从玻璃板上取下，翻转180°，直径大端向上、小端向下放在玻璃板上，再放入湿气养护箱中继续养护并测试，临近终凝时间时每隔15 min测定一次，当试针沉入试体0.5 mm时，即环形附件开始不能在试体上留下痕迹时的稠度状态，为水泥达到终凝状态，由水泥全部加入水中至终凝状态的时间为终凝时间，用min来表示。

水泥的凝结时间对水泥混凝土的施工有重要意义。初凝时间太短，将影响混凝土拌和料的运输和浇筑；终凝时间过长，则影响混凝土工程的施工进度。我国现行标准《通用硅酸盐水泥》(GB 175—2007)规定，硅酸盐水泥初凝时间不小于45 min，终凝时间不大于390 min 。

4. 体积安定性

水泥硬化后体积变化均匀性称为水泥的体积安定性。水泥的体积安定性是反映水泥浆在凝结、硬化过程中体积膨胀变形的均匀程度。各种水泥在凝结、硬化过程中，如果产生不均匀变形或变形太大，使构件产生膨胀裂缝，则说明水泥体积安定性不良，将影响工程质量。

影响体积安定性的因素主要为熟料中氧化镁含量、水泥中三氧化硫含量。

按现行标准《水泥标准稠度用水量、凝结时间、安定性检验方法》(GB/T 1346—2011)规定：检验水泥体积安定性的标准法为雷氏法，以试饼法为代用法，有矛盾时以标准法为准。

(1)雷氏法是将标准稠度的水泥净浆装于雷氏夹的环形试模中，经湿养24 h后，在沸煮箱中加热(30±5)min至沸，继续恒沸3 h±5 min。测定试件两指针尖端距离，两个试件在沸煮后，针尖端增加的距离平均值不大于5.0 mm时，即认为该水泥安定性合格。在有争议时，以雷氏法为准。

(2)试饼法是将制好的标准稠度净浆取出一部分分成两等份，使之成球形，放在预先准备好的玻璃板上，轻轻振动玻璃板并用湿布擦过的小刀由边缘向中央抹，制成直径70～

80 mm、中心厚约 10 mm 的试饼，在湿气养护箱中养护(24 ±2)h，然后在沸煮箱中加热(30 ±5)min 至沸，再恒沸(180 ±5)min，最后根据试饼有无弯曲、裂缝等外观变化，判断其安定性。

5. 强度

强度是水泥技术要求中最基本的指标，也是水泥的重要技术性质之一。水泥强度除与水泥本身的性质(熟料矿物成分、细度等)有关外，还与水灰比、试件制作方法、养护条件和时间有关。按国家标准《水泥胶砂强度检验方法(ISO 法)》(GB/T 17671—1999)，用水泥胶砂强度法作为水泥强度的标准检验方法。试件是由按质量计的一份水泥、三份中国 ISO 标准砂，用 0.5 的水灰比拌制的一组塑型胶砂制成的。

胶砂用全自动搅拌机搅拌，在振实台上成型，也可用频率 2 800 ~3 000 次/min、振幅 0.75 mm 的振动台成型。试体连模一起在湿气中养护 24 h，然后脱模在水中养护至强度试验，到试验龄期时将试体从水中取出，先进行抗折强度试验，折断后每截再进行抗压强度试验。

1)水泥型号

为提高水泥早期强度，我国现行标准将水泥分为普通型和早强型(或称 R 型)两个型号。早强型水泥 3 d 的抗压强度较同强度等级的普通型强度可提高 10% ~24%，早强型水泥的 3 d 抗压强度可达 28 d 抗压强度的 50%。水泥混凝土路面用水泥，在供应条件允许时，应尽量优先选用早强型水泥，以缩短混凝土养护时间，提早通车。

为了确保水泥在工程中的使用质量，生产厂在控制出厂水泥 28 d 的抗压强度时，均留有一定的富余强度。在设计混凝土强度时，可采用水泥实际强度。通常，富余强度系数为 1.0 ~1.13 。

2)水泥强度等级

按规定龄期抗压强度和抗折强度来划分，硅酸盐水泥各龄期强度，不低于表 2-5 数值。在规定各龄期的抗压强度和抗折强度均符合某一强度等级的最低强度要求时，以 28 d 抗压强度值(MPa)作为强度等级。硅酸盐水泥强度等级分为 42.5 、42.5R、52.5、52.5R、62.5、62.5R 六个强度等级。

表 2-5　硅酸盐水泥的强度指标

品种	强度等级	抗压强度(MPa)		抗折强度(MPa)	
		3 d	28 d	3 d	28 d
硅酸盐水泥	42.5	≥17.0	≥42.5	≥3.5	≥6.5
	42.5R	≥22.0		≥4.0	
	52.5	≥23.0	≥52.5	≥4.0	≥7.0
	52.5R	≥27.0		≥5.0	
	62.5	≥28.0	≥62.5	≥5.0	≥8.0
	62.5R	≥32.0		≥5.5	

(二)化学性质

水泥的化学指标主要是控制水泥中有害的化学成分含量,若超过最大允许限量,即意味着对水泥性能和质量可能产生有害或潜在的影响。

1.氧化镁含量

在水泥熟料中,常含有少量未与其他矿物结合的游离氧化镁,这种多余的氧化镁是高温形成的方镁石,它水化为氢氧化镁的速度很慢,常在水泥硬化以后才开始水化,产生体积膨胀,可导致水泥石结构产生裂缝甚至破坏,因此它是引起水泥安定性不良的原因之一。

我国现行标准《通用硅酸盐水泥》(GB 175—2007)规定,水泥中氧化镁的含量(质量分数)应不大于5.0%,如果水泥经压蒸安定性试验合格,则水泥中氧化镁的含量(质量分数)允许放宽到6.0%。

2.三氧化硫含量

水泥中的三氧化硫主要是在生产时为调节凝结时间而加入石膏产生的。石膏超过一定限量后,水泥性能会变坏,甚至引起硬化后水泥石体积膨胀,导致结构物破坏。

我国现行标准《通用硅酸盐水泥》(GB 175—2007)规定,水泥中三氧化硫的含量(质量分数)应不大于3.5%。

3.烧失量

水泥煅烧不佳或受潮后,均会导致烧失量增加。烧失量测定是以水泥试样在950～1 000 ℃下灼烧15～20 min冷却至室温称量的。如此反复灼烧,直至恒量,计算灼烧后质量损失百分率。

我国现行标准《通用硅酸盐水泥》(GB 175—2007)规定,Ⅰ型硅酸盐水泥中烧失量(质量分数)不得大于3.0%,Ⅱ型硅酸盐水泥中烧失量(质量分数)应不大于3.5%。普通硅酸盐水泥中烧失量(质量分数)应不大于5.0%。

4.不溶物

水泥中不溶物是用盐酸溶解滤去不溶残渣,经碳酸钠处理再用盐酸中和,高温灼烧至恒温后称量,灼烧后不溶物质量占试样总质量比例为不溶物。我国现行标准《通用硅酸盐水泥》(GB 175—2007)规定,Ⅰ型硅酸盐水泥中不溶物(质量分数)应不大于0.75%,Ⅱ型硅酸盐水泥中不溶物(质量分数)应不大于1.50%。

5.氯离子

水泥中的氯离子含量过高,其主要原因是掺加了混合材料和外加剂(如工业废渣、助磨剂等)。同时,氯离子又是混凝土中钢筋锈蚀的重要因素,所以我国现行标准《通用硅酸盐水泥》(GB 175—2007)规定:水泥生产中允许加入≤0.5%的助磨剂,水泥中的氯离子含量必须≤0.06%。

6.碱含量

水泥熟料中含有少量的碱性氧化物(Na_2O及K_2O)。若水泥中碱含量高,当选用含有活性的集料配制混凝土时,会产生碱－集料反应,引起水泥石胀裂。我国现行标准《通用硅酸盐水泥》(GB 175—2007)规定:水泥中的碱含量按$Na_2O+0.658K_2O$计算值表示。若使用活性集料,用户要求提供低碱水泥时,水泥中的碱含量应不大于0.60%或由买卖双方协商确定。

三、硅酸盐水泥技术标准

硅酸盐水泥的技术标准，按现行国家标准《通用硅酸盐水泥》(GB 175—2007)的有关规定，具体列于表2-6。

表2-6　硅酸盐水泥的技术标准

技术标准	细度[比表面积(m^2/kg)]	凝结时间(min)		安定法(沸煮法)	强度(MPa)	不溶物(质量分数)		MgO(质量分数)	SO_3(质量分数)	烧失量(质量分数)		碱含量(按Na_2O+0.658K_2O计)(质量分数)	氯离子(质量分数)
		初凝	终凝			P·Ⅰ	P·Ⅱ			P·Ⅰ	P·Ⅱ		
指标	≥300	≥45	≤390	必须合格	见表2-5	≤0.75	≤1.50	≤5.0	≤3.5	≤3.0	≤3.5	≤0.60	≤0.06
试验方法	GB/T 8074—2008)	GB/T 1346—2011		GB/T 1346—2011	GB/T 17671—1999	GB/T 176—2017							

注：1. 如果水泥经压蒸安定性试验合格，则水泥中MgO含量允许放宽到6.0%。

2. 水泥中碱含量为选择性指标，用Na_2O+0.658K_2O计算值来表示，若使用活性集料，用户要求低碱水泥时，水泥中碱含量不得大于0.60%或由供需双方商定。

3. 当有更低要求时，该指标由买卖双方确定。

《通用硅酸盐水泥》(GB 175—2007)规定：检验结果符合不溶物、烧失量、氧化镁、氧化硫、氯离子、初凝时间、终凝时间、安定性及强度的规定为合格品；检验结果不符合上述规定中的任何一项技术要求为不合格品。

任务2.1　水泥细度的检测

引例：

水泥细度是水泥的分散度，是水泥厂用来做日常检查和控制水泥质量的重要参数。合理地控制水泥细度，不仅直接影响到水泥的各种性能，而且对提高水泥的质量和节能具有重要意义。

1　目的与任务

根据《水泥细度检验方法 筛析法》(GB/T 1345—2005)测定水泥细度，同时完成检测记录表的填写。筛析法检验水泥细度适用于硅酸盐水泥、普通硅酸盐水泥、矿渣硅酸盐水泥、火山灰质硅酸盐水泥、粉煤灰硅酸盐水泥、复合硅酸盐水泥、道路硅酸盐水泥，以及指定采用标准的其他品种水泥。

2　仪器设备

(1)水筛。由圆形筛框和筛网组成,如图 2-2 所示。

(2)负压筛。由圆形框和筛网组成。负压筛应有透明筛盖,筛盖与筛上口应有良好的密封性。

(3)负压筛析仪。由筛座、负压筛、负压源及收尘器组成,见图 2-3。

图 2-2　水筛

图 2-3　负压筛析仪

(4)水筛架。用于支撑筛子,并带动筛子转动,转速约 50 r/min。

(5)喷头。直径为 55 mm,面上均匀分布 90 个孔,孔径为 0.5 ~ 0.7 mm。

(6)天平。最大称量为 100 g,最小分度值不大于 0.01 g。

3　试验准备

试验前所用试验筛应保持清洁,负压筛和手工筛应保持干燥。试验时,80 μm 筛析试验称取试样 25 g,45 μm 筛析试验称取试样 10 g。

4　试验步骤

4.1　负压筛法

(1)筛析试验前,应把负压筛放在筛座上,盖上筛盖,接通电源,检查控制系统,调节负压至 4 000 ~ 6 000 Pa 范围内。

(2)称取试样 25 g,置于洁净的负压筛中,盖上筛盖,接通电源,开动筛析仪连续筛析 2 min,在此期间如有试样附着在筛盖上,可轻轻地敲击筛盖使试样落下。筛毕,用天平称量全部筛余物。

(3)当工作负压小于 4 000 Pa 时,应清理吸尘器内水泥,使负压恢复正常。

4.2　水筛法

(1)筛析试验前,检查水中有无泥沙,调整好水压及水筛架的位置,使其能正常运转,并控制喷头底面和筛网之间距离为 35 ~ 75 mm。

(2)称取试样 25 g,置于洁净的水筛中,立即用淡水冲洗至大部分细粉通过后,放在水筛架上,用水压为(0.05 ± 0.02)MPa 的喷头连续冲洗 3 min。筛毕,用少量水把筛余物冲至蒸发皿中，等水泥颗粒全部沉淀后，小心倒出清水，烘干并用天平称量全部筛余物。

4.3　手工筛析法

(1)称取水泥试样 25 g，倒入手工筛内。

(2)用一只手持筛往复摇动，另一只手轻轻拍打，往复摇动和拍打过程应保持近于水平。拍打速度每分钟约 120 次，每 40 次向同一方向转动 60°，使试样均匀分布在筛网上，直至每分钟通过的试样量不超过 0.03 g，并称量全部筛余物。

4.4　试验筛的清洗

试验筛必须经常保持洁净，筛孔通畅，使用 10 次后要进行清洗。金属筛框、铜丝网筛清晰时应用专门的清洗剂，不可用弱酸浸泡。

5　结果计算及处理

水泥试样筛余百分数按式(2-1)计算：

$$F = \frac{R_t}{W} \times 100\% \tag{2-1}$$

式中　F——水泥试样的筛余百分数(%)；

R_t——水泥筛余物的质量，g；

W——水泥试样的质量，g。

结果计算精确至 0.1%。

注意：负压筛法与水洗法测定的结果不同时，以负压筛法为准。

6　填表

填写水泥细度试验记录表(见表 2-7)。

表 2-7　水泥细度试验记录表

<table>
<tr><td>样品名称</td><td colspan="2"></td><td colspan="2">检测依据</td><td colspan="2"></td></tr>
<tr><td>环境条件</td><td colspan="2"></td><td colspan="2">检测地点</td><td colspan="2"></td></tr>
<tr><td>试验日期</td><td colspan="2"></td><td colspan="2">试验员</td><td colspan="2"></td></tr>
<tr><td>主要仪器</td><td colspan="6"></td></tr>
<tr><td rowspan="2">试验次数</td><td rowspan="2">试样质量 W (g)</td><td rowspan="2">筛余物质量 R_t(g)</td><td colspan="2">筛余百分率(%) $F = \frac{R_t}{W} \times 100\%$</td><td rowspan="2">修正系数</td><td rowspan="2">修正后筛余百分率(%)</td></tr>
<tr><td>单值</td><td>平均值</td></tr>
<tr><td>1</td><td></td><td></td><td></td><td rowspan="2"></td><td rowspan="2"></td><td rowspan="2"></td></tr>
<tr><td>2</td><td></td><td></td><td></td></tr>
<tr><td colspan="7">备注：</td></tr>
</table>

记录：　　　　　　　计算：　　　　　　　审核：

思考与讨论：

水泥细度与水泥的性能有什么关系？

任务2.2 水泥标准稠度用水量的检测

引例：

水泥标准稠度是为使水泥凝结时间、体积安定性等的测定具有准确的可比性而规定的，通过试验可测定水泥净浆达到标准稠度时的用水量，作为水泥的凝结时间、安定性试验用水量的标准。

1 目的与任务

水泥标准稠度净浆对标准试杆（或试锥）的沉入具有一定阻力，根据《水泥标准稠度用水量、凝结时间、安定性检验方法》（GB/T 1346—2011），通过试验测不同含水率水泥净浆的穿透性，以确定水泥标准稠度净浆中所需加入的水量，同时完成检测记录表的填写。

2 仪器设备

（1）水泥净浆搅拌机（见图2-4）。由搅拌机、搅拌锅和搅拌叶片组成。搅拌机设定有自动控制程序和手动控制程序。搅拌锅深度（139 ±2）mm，搅拌锅内径（160 ±1）mm。搅拌叶片总长（165 ±1）mm；搅拌叶片有效长度（110 ±2）mm；搅拌叶片与锅底、锅壁的工作间隙（2 ±1）mm。搅拌叶片自转方向为顺时针，公转方向为逆时针。

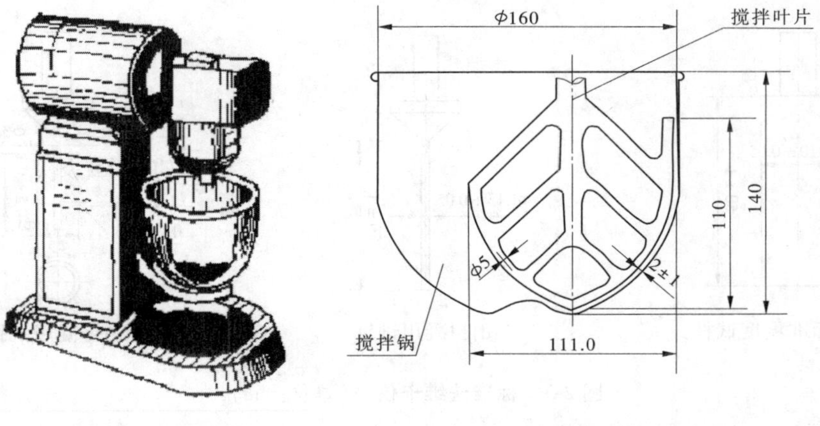

（a）水泥净浆搅拌机 （b）搅拌锅和搅拌叶片

图2-4 水泥净浆搅拌机示意 （单位：mm）

（2）标准法维卡仪（见图2-5）。

标准稠度试杆由有效长度为（50 ±1）mm、直径为（10 ±0.05）mm的圆柱形耐腐蚀金属制成，如图2-5（c）所示。初凝用试针由钢制成，其有效长度初凝针为（50 ±1）mm、终凝针为(30 ±1)mm,直径为(1.13 ±0.05)mm[见图 2-5(d)、(e)],滑动部分的总质量为(300 ±1)g,与试杆、试针联结的滑动杆表面应光滑,能靠重力自由下落,不得有紧涩和晃动现象。

盛装水泥净浆的试模[见图 2-5(a)]为深(40 ±0.2)mm、顶内径为(65 ±0.5)mm、底内径为(75 ±0.5)mm 的截顶圆锥体。每个试模应配备一个边长或直径约 100 mm、厚度 4 ~5 mm 的平板玻璃底板或金属底板。

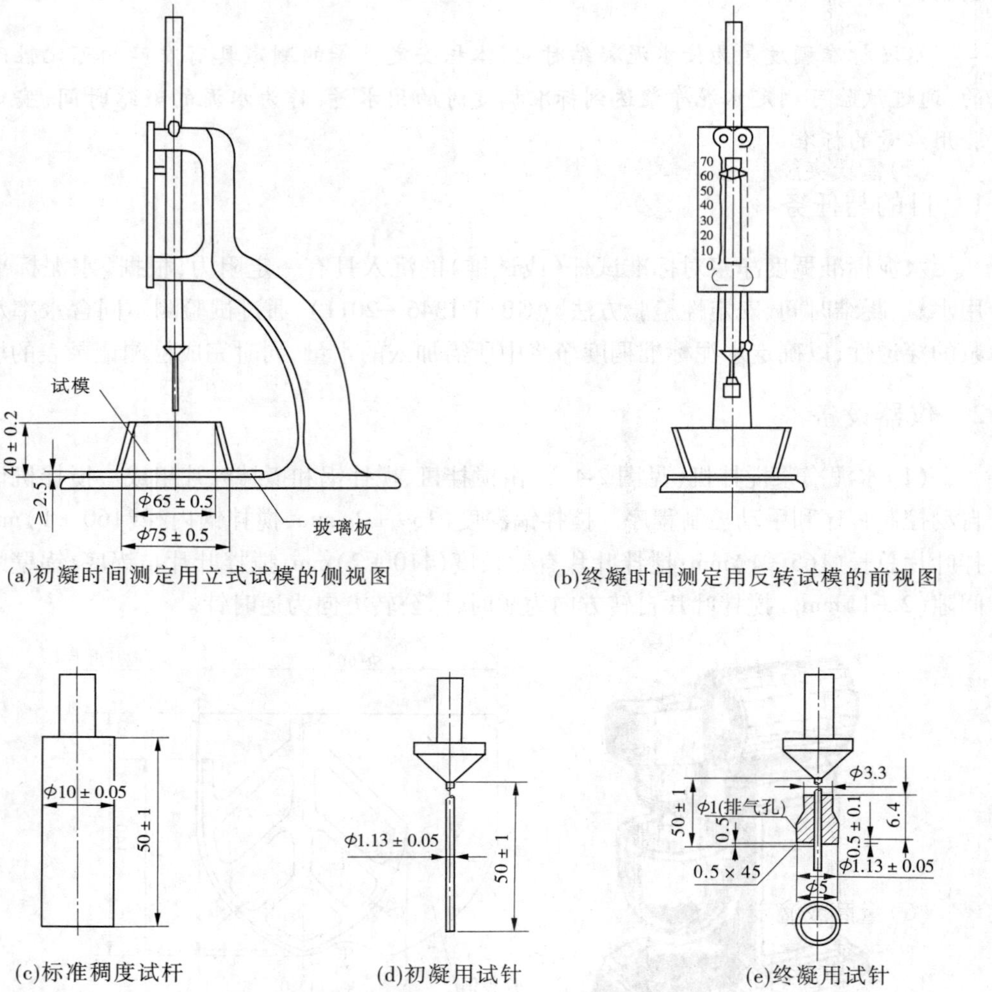

(a)初凝时间测定用立式试模的侧视图　(b)终凝时间测定用反转试模的前视图

(c)标准稠度试杆　(d)初凝用试针　(e)终凝用试针

图 2-5　标准法维卡仪　(单位:mm)

(3)沸煮箱。有效容积约为 410 mm ×240 mm ×310 mm,箅板与加热器之间的距离大于 50 mm。箱的内层由不易锈蚀的金属材料制成,能在(30 ±5)min 内将箱内的试验用水由室温升至沸腾并可保持沸腾状态(180 ±5)min 以上,整个过程中不需补充水量。

(4)雷氏夹(见图 2-6)。由铜质材料制成,当一根指针的根部先悬挂在一根金属丝或尼龙丝上,另一根指针的根部再挂上 300 g 质量的砝码时,两根指针针尖的距离增加应在

(17.5 ±2.5) mm 范围内，即 $2x = (17.5 \pm 2.5)$ mm，当去掉砝码后针尖的距离能恢复至挂砝码前的状态。

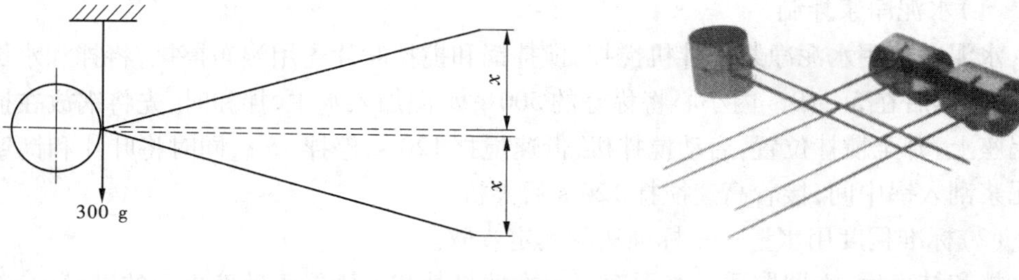

图 2-6　雷氏夹

(5) 雷氏夹膨胀值测定仪（见图 2-7）。标尺最小刻度为 0.5 mm。

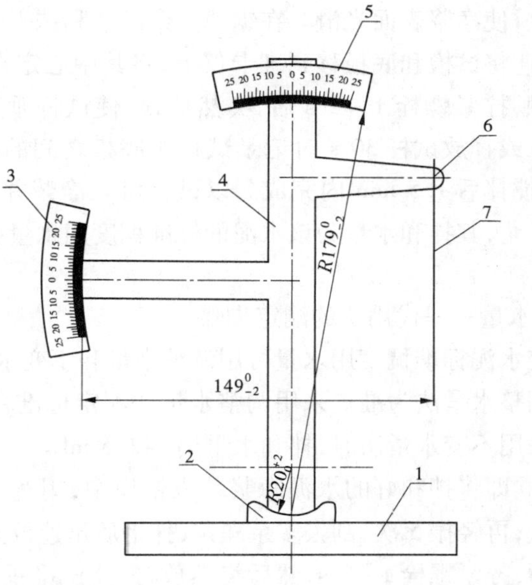

1—底座；2—模子座；3—测弹性标尺；4—立柱；5—测膨胀值标尺；6—悬臂；7—悬丝

图 2-7　雷氏夹膨胀值测定仪

(6) 量筒或滴定管，精度为 ±0.5 mL。

(7) 天平。最大称量不小于 1 000 g，分度值不大于 1 g。

(8) 试验用水。应是洁净的饮用水，如有争议也可用蒸馏水。

3　试验准备

(1) 维卡仪的滑动杆能自由滑动，试模和玻璃底板用湿布擦拭，将试模放在底板上。

(2) 调整至试杆触碰玻璃板时指针对准零点。

(3) 搅拌机运行正常。

4　试验步骤

(1)水泥净浆拌制。

水泥净浆用水泥净浆搅拌机搅拌,搅拌锅和搅拌叶片先用湿布擦拭,将拌和水倒入搅拌锅内,然后在5~10 s内小心将称好的500 g水泥加入水中,拌和时,先将锅放在搅拌机的锅座上,升至搅拌位置,启动搅拌机,低速搅拌120 s,停拌15 s,同时将叶片和锅壁上的水泥浆刮入锅中间,接着高速搅拌120 s后停机。

(2)标准稠度用水量——标准法的测定步骤。

拌和结束后,立即取适量水泥净浆一次性将其装入已置于玻璃板上的试模中,浆体超过试模上端,用宽约25 mm的直边刀轻轻拍打超出试模部分的浆体5次,以排除浆体中的孔隙,然后在试模上表面约1/3处,略倾斜于试模分别向外轻轻锯掉多余净浆,再从试模边沿轻抹顶部一次,使净浆表面光滑。在锯掉多余净浆和抹平的操作过程中,注意不要压实净浆;抹平后迅速将试模和底板移到维卡仪上,将其中心定在试杆下,降低试杆直至与水泥净浆表面接触,拧紧螺栓1~2 s后,突然放松,使试杆垂直自由地沉入水泥净浆中。在试杆停止沉入或释放试杆30 s时记录试杆距底板之间的距离,提起试杆后,立刻擦净;整个操作应在搅拌后1.5 min内完成。以试杆沉入净浆并距底板(6±1)mm的水泥净浆为标准稠度净浆,其拌和水量为该水泥的标准稠度用水量(P),按水泥质量的百分比计。

(3)标准稠度用水量——代用法的测定步骤。

采用代用法测定水泥标准稠度用水量可用调整水量和不变水量两种方法中的任一种测定,如有争议,以调整水量法为准。采用调整水量法测定标准稠度用水量时,拌和水量应根据经验确定。采用不变水量法时,拌和水量用142.5 mL。

①拌和结束后,立即将拌和好的水泥净浆装入锥模中,用宽约25 mm的直边刀在浆体表面轻轻插捣5次,再轻振5次,刮去多余净浆,抹平后迅速放到试锥下面固定位置上,将试锥降至净浆表面,拧紧螺栓1~2 s,然后突然放松,让试锥垂直自由地沉入水泥净浆中,到试锥停止下沉或释放试锥30 s时记录试锥下沉深度,整个操作应在搅拌后1.5 min内完成。

②用调整水量法测定时,以试锥下沉深度(30±1)mm时的净浆为标准稠度净浆,其拌和水量为该水泥的标准稠度用水量(P),按水泥质量比的百分比计。如下沉深度超出范围,需另称试样,调整水量,重新试验,直至达到(30±1)mm时。

③用不变水量法测定时,根据式(2-2)(或仪器上对应标尺)计算得到标准稠度用水量P。当试锥下沉深度小于13 mm时,应改用调整水量法测定。

$$P = 33.4 - 0.185S \tag{2-2}$$

式中　P——标准稠度用水量(%);

S——试锥下沉深度,mm。

5　填表

填写水泥标准稠度用水量检测记录表(见表2-8)。

表2-8　水泥标准稠度用水量试验(标准法)记录表

<table>
<tr><td>样品名称</td><td colspan="2"></td><td>检测依据</td><td></td></tr>
<tr><td>环境条件</td><td colspan="2"></td><td>检测地点</td><td></td></tr>
<tr><td>试验日期</td><td colspan="2"></td><td>试验员</td><td></td></tr>
<tr><td>主要仪器</td><td colspan="4"></td></tr>
<tr><td>检测次数</td><td>水泥用量(g)</td><td>用水量(mL)</td><td>试杆沉至距底板的距离(mm)</td><td>标准稠度用水量(%)</td></tr>
<tr><td></td><td></td><td></td><td></td><td></td></tr>
<tr><td></td><td></td><td></td><td></td><td></td></tr>
<tr><td></td><td></td><td></td><td></td><td></td></tr>
<tr><td></td><td></td><td></td><td></td><td></td></tr>
<tr><td colspan="5">备注:</td></tr>
</table>

记录:　　　　　　　　计算:　　　　　　　　审核:

思考与讨论:

测定水泥的标准稠度用水量时应注意哪些事项?

任务2.3　水泥凝结时间的检测

引例:

水泥是重要的建筑材料之一,水泥凝结时间是反映水泥质量的重要指标,准确、稳定地测定水泥凝结时间是水泥检验的重要内容。通过试验可测定水泥凝结时间是否在规定范围内,作为判定水泥是否合格的依据。

1　目的与任务

根据《水泥标准稠度用水量、凝结时间、安定性检验方法》(GB/T 1346—2011)的要求，通过试验测定水泥初凝时间、终凝时间，判定水泥凝结时间是否符合规范要求，同时完成试验检测记录表的填写。

2　仪器设备

水泥净浆搅拌机、标准法维卡仪、湿气养护箱、天平（相关仪器可参照“任务 2.2 水泥标准稠度用水量的检测”）。

3　试验准备

3.1　调零、涂油

玻璃板、圆模内涂上薄薄一层机油；调整凝结时间测定仪，使试针与玻璃板接触时，指针对准零点。

3.2　制备净浆

以标准稠度用水量按照水泥浆操作步骤，制成标准稠度净浆，记录水泥全部加入水中的时间作为凝结时间的起始时间。

3.3　装模、养护

通过装、插、振、刮、抹五步装模，将装好的圆模立即放入湿气养护箱中养护。

4　试验步骤

4.1　初凝时间测定

试件在湿气养护箱中养护至加水后 30 min 时，进行第一次测定。测定时从湿气养护箱中取出试模放到试针下，降低试针与水泥净浆表面接触，拧紧螺丝 1 ~ 2 s 后，突然放松，使试针垂直自由地沉入水泥净浆。观察试针停止下沉或释放试针 30 s 时指针的读数。

临近初凝时间时，每隔 5 min（或更短时间）测定一次，当试针沉至距底板（4 ± 1）mm 时，为水泥达到初凝状态；达到初凝时应立即重测一次，当两次结论相同时才能定为达到初凝状态。由水泥全部加入水中至初凝状态的时间为水泥的初凝时间，用 min 表示。

4.2　终凝时间测定

为了准确观测试针沉入的状况，在终凝针上安装了一个环形附件。在完成初凝时间测定后，立即将试模连同浆体以平移的方式从玻璃板取下，翻转 180°，直径大端向上、小端向下放在玻璃板上，再放入湿气养护箱中继续养护。

临近终凝时间每隔 15 min（或更短时间）测定一次，当试针沉入试体 0.5 mm 时，即环形附件开始不能在试体上留下痕迹时，为水泥达到终凝状态，达到终凝时，需要在试体另外两个不同点测试，确认结论相同才能确定达到终凝状态。由水泥全部加入水中至终凝状态的时间为水泥的终凝时间，用 min 表示。

5　填表

填写水泥凝结时间试验（标准法）记录表（见表 2-9）。

表 2-9　水泥凝结时间试验(标准法)记录表

<table>
<tr><td>样品名称</td><td colspan="2"></td><td>检测依据</td><td></td></tr>
<tr><td>环境条件</td><td colspan="2"></td><td>检测地点</td><td></td></tr>
<tr><td>试验日期</td><td colspan="2"></td><td>试验员</td><td></td></tr>
<tr><td>主要仪器</td><td colspan="4"></td></tr>
<tr><td>水泥加入水的时间 t_1 (h:min)</td><td>试针沉至距底板 (4 ± 1) mm 的时间 t_2 (h:min)</td><td>试针沉入试体 0.5 mm 时的时间 t_3 (h:min)</td><td>初凝时间 $t_4 = t_2 - t_1$ (h:min)</td><td>终凝时间 $t_5 = t_3 - t_1$ (h:min)</td></tr>
<tr><td></td><td></td><td></td><td></td><td></td></tr>
<tr><td colspan="5">备注:</td></tr>
</table>

记录:　　　　　　　计算:　　　　　　　审核:

思考与讨论:

影响水泥凝结时间测定的因素有哪些?

任务 2.4　水泥安定性的检测

引例:

水泥安定性是判定水泥质量是否合格的主要指标之一,其对工程质量的影响最大,出厂检验必须合格后方能用于工程建设中。通过试验可检测水泥安定性是否合格,作为判定水泥是否合格的依据。

1　目的与任务

根据《水泥标准稠度用水量、凝结时间、安定性检验方法》(GB/T 1346—2011)的要求,通过雷氏法或试饼法试验测定水泥安定性并判定检测数据,同时完成试验检测记录表的填写。

2　仪器准备

沸煮箱、玻璃板、雷氏夹、雷氏夹膨胀值测定仪、量水器、天平、湿气养护箱。

3　试件准备工作

每个试验需要两个试件,每个雷氏夹需配备两个边长或直径约为 80 mm、厚度 4 ~ 5

mm 的玻璃板，凡与水泥净浆接触的玻璃板和雷氏夹表面都要稍稍涂上一层油。有些油会影响凝结时间，而矿物油比较合适。

4 试验步骤

4.1 雷氏法——标准法

(1)雷氏夹试件的成型。将预先准备的雷氏夹放在已稍涂油的玻璃上，并立即将已制好的标准稠度净浆一次装满雷氏夹，装浆时一只手轻轻扶持雷氏夹，另一只手用宽约 25 mm 的直边刀在浆体表面轻轻插捣 3 次，然后抹平，盖上稍涂油的玻璃板，接着立刻将雷氏夹移至湿气养护箱内养护(24 ±2) h。

(2)沸煮。

①调整好沸煮箱内水位，使能保证在整个过程中都超过试件，不需中途添补试验用水，同时又能保证在(30 ±5) min 内升至沸腾。

②脱去玻璃板取下试件，先测量试件指针尖端间的距离(A)，精确至 0.5 mm，接着将试件放入沸煮箱水中的试件架上，使指针朝上，试件之间互不交叉，然后在(30 ±5) min 内加热水至沸腾，并恒沸(180 ±5) min。

③结果判别。沸煮结束后，立即放掉沸煮箱内的热水，打开箱盖，待箱体冷却至室温，取出试件进行判别。测量雷氏夹指针尖端间的距离(C)，精确至 0.5 mm。当两个试件沸煮后增加距离($C-A$)的平均值不大于 5.0 mm 时，即认为该水泥安全性合格；当两个试件沸煮后增加距离($C-A$)的平均值大于 5.0 mm 时，应用同一样品立即重做一次试验，以复检结果为准。

4.2 试饼法——代用法

试验前的准备工作：每个样品需准备两块边长约 10 mm 的玻璃板，凡与水泥净浆接触的玻璃板都要稍稍涂上一层油。

(1)试饼成型方法。将制好的净浆取出一部分，分成两等份，使之呈球形，放在预先准备好的玻璃板上，轻轻振动玻璃板并用湿布擦过的小刀由边缘向中央抹，做成直径为 70 ~80 mm、中心厚约 10 mm、边缘渐薄、表面光滑的试饼，接着将试饼放入湿气养护箱内养护(24 ±2) h。

(2)沸煮。调整好沸煮箱内的水位，使之在整个沸煮过程中都能没过试件，不需中途添补试验用水，同时又能保证在(30 ±5) min 内升至沸腾。脱去玻璃板取下试饼，在试饼无缺陷的情况下将试饼放在沸煮箱水中的箅板上，在(30 ±5) min 内加热至沸腾并恒沸(180 ±5) min。

(3)结果评定。沸煮结束后，立即放掉沸煮箱内的热水，打开箱盖，待箱体冷却至室温，取出试件进行判别。目测试饼未发现裂缝，用钢直尺检查也没有弯曲(使钢直尺和试饼底部紧靠以两者间不透光为准)的试饼为安定性合格；反之为不合格，当两个试饼判别结果有矛盾时，该水泥的安定性为不合格。

5 填表

填写水泥安定性试验(标准法)记录表(见表 2-10)。

表2-10　水泥安定性试验(标准法)记录表

<table>
<tr><td>样品名称</td><td colspan="2"></td><td colspan="2">检测依据</td><td></td></tr>
<tr><td>环境条件</td><td colspan="2"></td><td colspan="2">检测地点</td><td></td></tr>
<tr><td>试验日期</td><td colspan="2"></td><td colspan="2">试验员</td><td></td></tr>
<tr><td>主要仪器</td><td colspan="5"></td></tr>
<tr><td rowspan="2">试验次数</td><td rowspan="2">沸煮前雷氏夹指针尖端间的距离A(mm)</td><td rowspan="2">沸煮后雷氏夹指针尖端间的距离C(mm)</td><td colspan="2">试件沸煮后雷氏夹指针尖端增加距离(C－A)(mm)</td><td rowspan="2">单项判定</td></tr>
<tr><td>单值</td><td>平均值</td></tr>
<tr><td>1</td><td></td><td></td><td></td><td rowspan="2"></td><td rowspan="2"></td></tr>
<tr><td>2</td><td></td><td></td><td></td></tr>
<tr><td colspan="6">备注:</td></tr>
</table>

记录:　　　　　　　　计算:　　　　　　　　审核:

思考与讨论:

影响水泥安定性检测结果的因素有哪些?

任务2.5　水泥胶砂强度的检测

引例:

水泥强度对混凝土质量具有重要影响,对工程建设整体质量具有一定的限制作用。目前,主要通过制作水泥胶砂来实现对水泥强度的检测,通过试验测定水泥胶砂试件的抗折强度和抗压强度,评定水泥的强度等级。

1　目的与任务

根据《水泥胶砂强度检验方法(ISO)法》(GB/T 17671—1999)标准要求,制备试件,进行试件养护和强度试验,对试验结果进行分析,判定水泥的抗折强度和抗压强度。

2 仪器准备

(1)水泥胶砂搅拌机(见图2-8)。由胶砂搅拌锅和搅拌叶片及相应的机构组成,搅拌锅和搅拌叶片做相反运动。用多台搅拌机工作时,搅拌锅和搅拌叶片应保持配对使用。

(2)胶砂振实台(见图2-9)。胶砂振实台应安装在高度约400 mm的混凝土基座上,混凝土体积约0.25 m^3,重约600 kg。需防外部振动影响振实效果时,可在整个混凝土基座下放一层厚约5 mm的天然橡胶弹性衬垫。

图2-8　水泥胶砂搅拌机

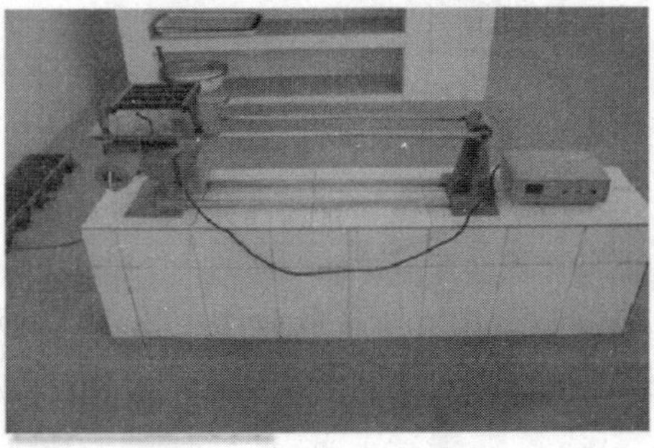

图2-9　胶砂振实台

将仪器用地脚螺丝固定在基座上,安装后设备成水平状态,仪器底座与基座之间要铺一层砂浆以保证它们的完全接触。

(3)胶砂试模(见图2-10)及下料漏斗。胶砂试模可同时成型三条40 mm×40 mm×160 mm的棱形试体,可拆卸试模,由隔板、端板、底座、紧固装置及定位销组成。

下料漏斗由漏斗和模套两部分组成。

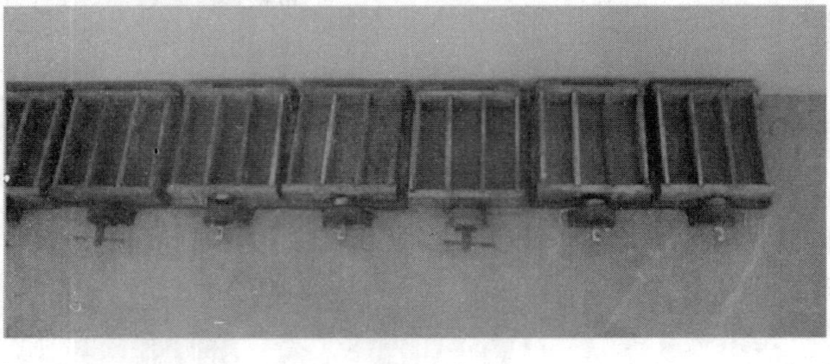

图2-10　胶砂试模

(4)抗折强度试验机(见图2-11)。

抗折强度试验机应符合《水泥胶砂电动抗折试验机》(JC/T 724—2005)的要求。通过三根圆柱轴的三个竖向平面应该平行,并在试验时继续保持平行和等距离垂直试体的方向,其中一根支撑圆柱和加荷圆柱能轻微地倾斜使圆柱与试体完全接触,以便荷载沿试体宽度方向均匀分布,同时不产生任务扭转应力。

(5)压力试验机(见图2-12)和抗压夹具。

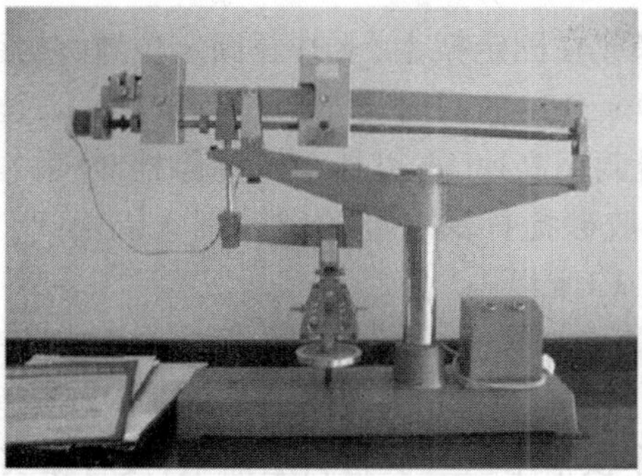

图2-11　抗折强度试验机

图2-12　压力试验机

①试验机的最大荷载以200~300 kN为准,在较大的4/5量程范围内使用时记录的荷载应有±1%精度,并具有按(2 400±200)N/s速率加荷的能力。

②试验机压板应由维氏硬度不低于HV600的硬质钢制成,最好为碳化钨,厚度不小于10 mm,宽为(40±0.1)mm,长不小于40 mm。

③抗压夹具受压面积为40 mm×40 mm,夹具要保持清洁,球座应能转动以使其上压板能从一开始就适应试体的形状并在试验中保持不变。

(6)天平:感量为1 g。

3　材料

(1)水泥试样从取样到试验要保持24 h以上时,应将其贮存在基本装满和气密的容器中,容器不能和水泥反应。

(2)IOS标准砂。中国ISO标准砂的水泥抗压强度结果必须与ISO基准砂相一致。

(3)试验用水为饮用水。仲裁试验时用蒸馏水。

4　温度与相对湿度

(1)试件成型试验室应保持试验室温度为(20±2)℃;相对湿度大于50%,水泥试样、ISO砂、拌和水及试模等的温度与室温相同。

(2)养护箱或雾室温度为(20±1)℃。相对湿度大于90%,养护水的温度为(20±1)℃。

(3)试件成型试验室的空气湿度和相对湿度在工作期间每天应至少记录一次,养护箱或雾室温度和相对湿度至少每4 h记录一次。

5　试验步骤

5.1　试件成型

(1)成型前将试模擦净,四周的模板与底座的接触面上应涂黄油,紧密装配,防止漏浆,内壁均匀地刷一层薄机油。

(2)水泥与ISO砂的质量比为1∶3,水灰比为0.5。每成型三条试件需称量的材料及用量为:水泥(450 ±2)g,ISO 砂(1 350 ±5)g,水(225 ±1)mL。

(3)搅拌。把水加入锅里,再加入水泥,把锅放在固定架上,上升至固定位置,然后立即开动机器,低速搅拌 30 s 后停拌,在第二个 30 s 开始的同时均匀地将砂子加入。当砂是分级装时,从最粗粒级开始,依次加入,把机器调至高速,再搅拌 30 s。停拌 90 s,在停办中的第一个 15 s 内用胶皮刮具将搅拌叶片和胶砂搅拌锅壁上的胶砂刮入锅中间。在高速下继续搅拌 60 s,各个搅拌阶段时间偏差在 ±1 s 以内。

(4)用振实台成型。胶砂制备后立即成型,将空试模和模套固定在振实台上,用一个适当大小的勺子直接从胶砂搅拌锅里将胶砂分两层装入试模,装第一层时,每个槽里约 300 g 胶砂,用大播料器垂直架在模套顶部沿每个模槽来回一次将料层播平,接着振实 60 次。再装入第二层胶砂,用小播料器播平,再振实 60 次,移走模套,从振实台上取下试模,用一金属直尺以近似 90°的角度在试模顶的一端,然后沿试模长度方向以横向锯割动作慢慢向另一端移动,一次将超过试模部分的胶砂刮去,并用同一直尺以近乎水平的状态将试体表面抹平。

(5)在试模上做标记或加字条标明的编号和试件相对于振实台的位置。两个龄期以上的试件,编号时应将同一试模中的三条试件分在两个以上的龄期内。

(6)试验前或更换水泥品种时,须将胶砂搅拌锅、搅拌叶片和下料漏斗等擦拭干净。

5.2　养护

(1)编号后,将试模放入养护箱养护,养护箱内算板必须水平。水平放置时,刮平面应朝上。对于 24 h 龄期的,应在破型试验前 20 min 内脱模,对于 24 h 以上龄期的,应在成型后 20 ~24 h 脱模。

(2)试件脱模后即放入水温(20 ±1)℃的水槽中养护,试件之间的间隔或试体上表面的水深不得小于 5 mm。每个养护池只养护同类型的水泥试件,并应随时加水,保持恒定水位,不允许养护期间全部换水。

(3)除 24 h 龄期或延迟 48 h 脱模的试件外,任何到龄期的试件应在试验(破型)前 15 min 从水中取出。抹去试件表面沉淀物,并用湿布覆盖至试验为止。

(4)龄期。试件龄期是从水泥加水搅拌开始试验时算起的,不同龄期强度试验在表 2-11所示的时间里进行。

表 2-11　不同龄期的试件试验时间

龄期	试验时间
24 h	24 h ±15 min
48 h	48 h ±30 min
72 h	72 h ±45 min
7 d	7 d ±2 h
28 d	28 d ±8 h

5.3　强度试验

(1)抗折强度试验(以中心加荷法测定)。

将试件成型侧面朝上放入抗折强度试验机内,试件放入后调整夹具,使杠杆在试件折断时尽可能地接近水平位置。抗折试验以(50 ± 10)N/s 的速度均匀地将荷载垂直地加在棱柱体相对侧面上,直至折断,保持两个半截棱柱体处于潮湿状态,直至抗压试验。

抗折强度按式(2-3)计算。

$$R_f = \frac{1.5F_fL}{b^3} \tag{2-3}$$

式中　R_f——抗折强度,MPa;

F_f——破坏荷载,N;

L——支撑圆柱中心距,mm,标准夹具 L 为 100 mm;

b——试件断面正方形的边长,为 40 mm。

抗折强度取 3 个试件平均值,精确至 0.1 MPa。当 3 个强度值中有超出平均值 ±10% 的,应剔除后再平均,以平均值作为抗折强度试验结果。

(2)抗压强度试验。

对经抗折强度试验后的两个断块应立即进行抗压试验。抗压试验必须用抗压夹具进行,试验体受压面为试件成型时的两个侧面,面积为 40 mm × 40 mm 的试体。试体的底面靠近夹具定位销,并使夹具对准压力机压板中心,半截棱柱体露在压板外的部分约为 10 mm。

压力试验机加荷速度应控制在(2 400 ± 200)N/s 的速率范围内,均匀加荷直至破坏。

抗压强度按式(2-4)计算。

$$R_c = \frac{F_c}{A} \tag{2-4}$$

式中　R_c——抗压强度,MPa;

F_c——破坏时的最大荷载,N;

A——受压部分面积,即 40 mm × 40 mm = 1 600 mm^2。

抗压强度结果为一组 6 个断块试件抗压强度测定值的算术平均值作为试验结果,精确至 0.1 MPa。若 6 个强度值中有一个超过平均值 ±10% 的,应剔除后以剩下的 5 个值的算术平均值作为最后结果。如果 5 个值中再有超过平均值 ±10% 的,则此组试件无效。

6　填表

填写水泥胶砂强度试验记录表(见表 2-12),并判定水泥的强度等级。

表 2-12　水泥胶砂强度试验记录表

样品名称		试验依据		
样品品种		环境条件		
强度等级		试验员		
主要仪器				
养护条件		成型日期		

	龄期（d）	试验日期	试件尺寸（mm）	试件编号	破坏荷载 F_f（kN）	抗折强度测值 $R_f=\frac{1.5F_f\times 100}{40^3}$（MPa）	抗折强度测定值（MPa）
抗折强度	3			1			
				2			
				3			
	28			1			
				2			
				3			
	龄期（d）	试验日期	受压面积（mm^2）	试件编号	破坏荷载 F_c（kN）	抗压强度测值 $R_c=\frac{F_c}{1\ 600}$（MPa）	抗压强度测定值（MPa）
抗压强度	3			1			
				2			
				3			
	28			1			
				2			
				3			
备注：							

记录：　　　　　　　　　　计算：　　　　　　　　　　审核：

思考与讨论：

测试水泥胶砂强度的试件养护时为什么要规定养护条件？

【知识拓展】

一、水泥的种类

水泥是一种水硬性胶凝材料，也是建筑工程中用量最大的建筑材料之一。水泥的品种很多，按其化学成分，分为硅酸盐水泥、铝酸盐水泥、硫铝酸盐水泥、铁铝酸盐水泥等；按其用途和性能，分为专用水泥、特性水泥及通用水泥。专用水泥是指专门用途的水泥，如道路硅酸盐水泥；特性水泥是指某种性能比较突出的水泥，如快硬硅酸盐水泥、低热水泥、抗硫酸盐水泥、膨胀水泥；通用水泥是指用于一般土木工程中的水泥，主要为通用硅酸盐水泥。

通用水泥是以硅酸盐水泥熟料和适量石膏，以及规定的混合材料制成的水硬性胶凝材料。按混合材料的品种和掺量，其分为硅酸盐水泥、普通硅酸盐水泥、矿渣硅酸盐水泥、火山灰质硅酸盐水泥、粉煤灰硅酸盐水泥和复合硅酸盐水泥。现将通用硅酸盐水泥的品种、代号与组分构成汇总于表2-13。

表2-13　通用硅酸盐水泥的品种、代号和组分

品种	代号	组分（质量分数）				
		熟料+石膏	粒化高炉矿渣	火山灰质混合材料	粉煤灰	石灰石
硅酸盐水泥	P·Ⅰ	100	—	—	—	—
	P·Ⅱ	≥95	≤5	—	—	—
		≥95	—	—	—	≤5
普通硅酸盐水泥	P·O	≥80且<95	>5且≤20			
矿渣硅酸盐水泥	P·S·A	≥50且<80	>20且≤50	—	—	—
	P·S·B	≥30且<50	>50且≤70	—	—	—
火山灰质硅酸盐水泥	P·P	≥60且<80	—	>20且≤40	—	—
粉煤灰硅酸盐水泥	P·F	≥60且<80	—	—	>20且≤40	—
复合硅酸盐水泥	P·C	≥50且<80	>20且≤50			

通用硅酸盐水泥在土建工程中应用最广，其特性及适用范围列于表2-14。

二、石灰

石灰又称白灰，根据成品加工方法的不同，可分为块状生石灰、生石灰粉、消石灰、石灰浆。块状生石灰指由原料煅烧而成的原产品，主要成分为 CaO。生石灰粉指由块状生石灰磨细而得到的细粉，其主要成分为 CaO。消石灰指将生石灰用适量的水消化而得到的粉末，亦称熟石灰，其主要成分为 $Ca(OH)_2$。石灰浆指将生石灰加多量的水（石灰体积的3~4倍）消化而得可塑性浆体，称为石灰膏，主要成分为 $Ca(OH)_2$ 和水。如果加水更多，则呈白色悬浊液，称为石灰乳。

表 2-14　通用硅酸盐水泥的主要特性及适用范围

名称	硅酸盐水泥		普通硅酸盐水泥	矿渣硅酸盐水泥	火山灰质硅酸盐水泥	粉煤灰硅酸盐水泥	复合硅酸盐水泥
简称	硅酸盐水泥		普通水泥	矿渣水泥	火山灰水泥	粉煤灰水泥	复合水泥
	Ⅰ型	Ⅱ型					
代号	P · Ⅰ	P · Ⅱ	P · O	P · S	P · P	P · F	P · C
特性：硬化	快		较快	慢	慢	慢	慢
特性：早期强度	高		较高	低	低	低	低
特性：水化热	大		大	小	小	小	小
特性：抗冻性	好		好	差	差	差	差
特性：耐热性	差		较差	好	较差	较差	好
特性：干缩性	较小		较小	较大	较大	较小	较小
特性：抗渗性	较好		较好	差	较好	较好	较好
特性：耐蚀性	较差		较差	较强	除混合材料含 Al_2O_3 较多者抗硫酸盐腐蚀性较弱外，一般均较强		较强
特性：泌水性	较小		较小	明显	小	小	小
适用条件	1. 一般地上工程，无腐蚀、无压力水作用的工程； 2. 要求早期强度和低温施工无蒸汽养护的工程； 3. 有抗冻性要求的工程			1. 一般地上、地下工程和水中工程； 2. 有硫酸盐侵蚀的工程； 3. 大体积混凝土工程； 4. 有耐热性要求的工程； 5. 有蒸汽养护的工程	除不适于有耐热性要求的工程外，其他与矿渣硅酸盐水泥相同	同火山灰水泥	1. 大体积混凝土结构； 2 普通气候环境中的混凝土； 3. 在高湿度或水下的混凝土； 4. 有抗渗要求的混凝土
不适用条件	1. 大体积混凝土工程； 2. 有腐蚀作用和压力水作用的工程			1. 要求早期强度高的工程； 2. 有耐冻性要求的工程	1. 与矿渣硅酸盐水泥各项相同； 2. 干热地区和耐磨要求较高的工程	1. 矿渣硅酸盐水泥各项相同； 2. 有抗碳化要求的工程	1. 要求快硬混凝土； 2. 有抗冻要求的混凝土工程

(一)石灰的生产工艺

将主要成分为碳酸钙和碳酸镁的岩石经高温煅烧(加热至 900 ℃以上),逸出二氧化碳(CO_2)气体,得到白色或灰白色的块状材料即为生石灰,其主要化学成分为氧化钙(CaO)和氧化镁(MgO)。

优质的石灰,色质洁白或略带灰色,质量较轻,其堆积密度为 800 ~ 1 000 kg/m^3。石灰在烧制过程中,往往由于石灰石原料尺寸过大或窑中温度不匀等,使得石灰中含有未烧透的内核,这种石灰即称为"欠火石灰"。"欠火石灰"的颜色发青且未消化残渣含量高,有效氧化钙和氧化镁含量低,使用时缺乏黏结力。另外,是由于煅烧温度过高、时间过长而使石灰表面出现裂缝或玻璃状的外壳;体积收缩明显,颜色呈灰黑色,块体密度大,消化缓慢,这种石灰称为"过火石灰"。"过火石灰"使用时则消解缓慢,甚至用于建筑结构物中仍能继续消化,以致引起体积膨胀,导致灰层表面剥落或产生裂缝等破坏现象,故危害极大。

(二)石灰的消化和硬化

1. 石灰的消化

生石灰在使用前一般都需加水消解,此过程称为消化或熟化。消化后的石灰称为"消石灰"或"熟石灰"。

此反应为放热反应,消化过程体积增大 1 ~2.5 倍。消解石灰的理论加水量为石灰质量的32%,但由于消化过程中水分的损失,实际加水量需达 70% 以上。在石灰的消解期间应严格控制加水量和加水速度。对消解速度快、活性大的石灰,消解时加水要快,水量要足,并加速搅拌,避免已消解的石灰颗粒包围于未消化颗粒周围,使内部石灰不易消解。对消解速度慢的石灰,则应采取相反措施,使生石灰充分消解,尽量减少未消化颗粒含量。石灰在消化时,为了消除"过火石灰"的危害,可在消化后"陈伏"半个月左右再使用。石灰浆在陈伏期间,在其表面应有一层水,使之与空气隔绝,以防止碳化。

2. 石灰的硬化

石灰的硬化过程包括干燥硬化和碳化两个部分:

(1)石灰浆的干燥硬化(结晶作用)。内部石灰浆在干燥过程中游离水逐渐蒸发,或被周围砌体吸收,氢氧化钙从饱和溶液中结晶析出,固体颗粒相靠拢贴紧,强度也随之提高。

(2)硬化石灰浆的碳化(碳化作用)。表面氢氧化钙与空气中的二氧化碳作用生成碳酸钙晶体。

石灰浆体的硬化包括上面两个同时进行的过程,即表层以碳化为主,内部则以干燥硬化为主。纯石灰浆硬化时发生收缩开裂,所以工程上常配制成石灰砂浆使用。

(三)石灰的应用和储存

1. 石灰的应用

(1)石灰砂浆。主要用于地面以上部分的砌筑工程,并可用于抹面等装饰工程。

(2)加固软土地基。在软土地基中打入生石灰桩,可利用生石灰吸水产生膨胀对桩周土起挤密作用,利用生石灰和黏土矿物间产生的胶凝反应使周围的土固结,从而达到提高地基承载力的目的。

(3)石灰和黏土按一定比例拌和制成石灰土,或与黏土、砂石、炉渣制成三合土,用于道路工程的垫层。

(4)在道路工程中,随着半刚性基层在高等级路面中的应用,石灰稳定土、石灰粉煤灰稳定土及石灰粉煤灰稳定碎石等广泛用于路面基层。在桥梁工程中,石灰砂浆、石灰水泥砂浆、石灰粉煤灰砂浆广泛用于圬工砌体。

2. 石灰的储存

(1)磨细的生石灰粉应储存于干燥仓库内,并采取严格的防水措施。

(2)如需较长时间储存生石灰,最好将其消解成石灰浆,并使其表面隔绝空气,以防碳化。

小　结

水泥是建筑工程中用量较大的建筑材料之一,它是一种粉状水硬性无机胶凝材料。加水搅拌后成浆体,能在空气中硬化或者在水中硬化,并能把砂、石等材料牢固地胶结在一起。

水泥品种很多,其中以硅酸盐水泥应用最为广泛,硅酸盐水泥是一种水硬性凝胶材料,是由硅酸三钙、硅酸二钙、铝酸三钙和铁铝酸四钙四种矿物组分组成的。水泥的凝结、硬化是一个复杂的物化过程,水泥水化后由可塑性的水泥浆体逐步凝结硬化成具有一定强度的水泥石。

水泥的主要技术指标有细度、凝结时间、安定性和强度。道路水泥还应具备一定的抗干缩性和耐磨性,并具有较高的抗折强度。

练习题

一、单选题

1. 硅酸盐水泥中不掺混合材料的代号为(　　)。

A. P·S·A　　B. P·S·B　　C. P·Ⅰ　　D. P·Ⅱ

2. 下列(　　)不属于通用硅酸盐水泥的物理指标。

A. 安定性　　B. 烧失量　　C. 强度　　D. 凝结时间

3. 国标规定:硅酸盐水泥的初凝时间(　　),终凝时间(　　)。

A. 不大于45 min,不小于390 min　　B. 不大于45 min,不小于600 min

C. 不小于45 min,不大于600 min　　D. 不小于45 min,不大于390 min

4. 水泥胶砂试体龄期是从(　　)算起的。

A. 水泥加水搅拌时　　B. 胶砂搅拌结束时

C. 装模并抹面结束时　　D. 试体放入湿气养护箱时

5. 硅酸盐水泥熟料中含量最高的是(　　)。

A. C_3S　　B. C_2S　　C. C_3A　　D. C_4AF

6. 进行水泥标准稠度用水量测定时,净浆拌和完毕后进行沉入深度的测量应在(　　)内完成。

A. 1.5 min　　B. 2 min　　C. 2.5 min　　D. 3 min

7. 水泥胶砂强度试验试体的龄期规定：当测 72 h 龄期强度时应在(　　)时间内进行。

A. ±15 min　　B. ±30 min　　C. ±45 min　　D. ±50 min

8. 水泥初凝时间测定时，试件在湿气养护箱中养护至加水后(　　)进行第一次测定。

A. 15 min　　B. 30 min　　C. 45 min　　D. 50 min

9. 细度检验中，当几种试验方法发生争议时，应以(　　)为准。

A. 手工筛析法　　B. 水筛法

C. 负压筛析法　　D. 水筛法和负压筛析法

10. 在进行水泥胶砂制备的各个搅拌阶段，时间误差应控制在(　　)内。

A. ±10 s　　B. ±2 s　　C. ±5 s　　D. ±1 s

二、判断题

1. 水泥抗压强度是在抗折试验折断后的棱柱体上进行的，受压面是试体成型时的两个侧面，面积为 40 mm×40 mm。(　　)

2. 水泥细度为选择性指标。(　　)

3. 用雷氏法测定并判定水泥安定性时，当两个试件沸煮后增加距离($C-A$)的平均值介于 4.0~5.0 mm 时，可认为该水泥安定性合格。(　　)

4. 通用硅酸盐水泥的初凝时间均不得早于 45 min，终凝时间均不得迟于 10 h。(　　)

5. 因水泥是水硬性胶凝材料，所以运输和储存时不怕受潮。(　　)

6. 在雷氏夹试件成型后，应立即将试件移至湿气养护箱内养护(24±2)h。(　　)

7. 水泥磨得越细，质量越好。(　　)

8. 水泥安定性进行沸煮时，雷氏夹应放置在沸煮箱中的试件架上，指针的朝向是朝下。(　　)

9. 水泥胶砂强度试验方法为基准法和代用法，当两种方法的结果发生争议时，以基准法为准。(　　)

10. 试验室内温、湿度至少每天记录一次，养护箱温、湿度至少每天记录一次。(　　)

三、多选题

1. 硅酸盐水泥熟料中含有(　　)矿物成分。

A. 硅酸二钙　　B. 硅酸三钙　　C. 铝酸三钙　　D. 铁铝酸四钙

2. 水泥的细度可用(　　)来表示。

A. 细度模数　　B. 比表面积　　C. 筛余　　D. 最大粒径

E. 颗粒级配

3. 水泥的凝结时间可分为(　　)。

A. 速凝　　B. 初凝　　C. 终凝　　D. 缓凝

4. 有关硅酸盐水泥的特性，以下说法正确的是(　　)。

A. 强度高　B. 抗冻性好　C. 耐腐蚀性好　D. 水化热低

5. 硅酸盐水泥的强度等级分为(　　)等级。

A. 32.5、32.5R　B. 42.5、42.5R

C. 52.5、52.5R　D. 62.5、62.5R

四、简答题

1. 标准稠度用水量测定前应做哪些准备工作？

2. 水泥成型和养护的温湿度有何要求？

3. 如何按技术性质来判定水泥为合格品还是不合格品？

五、计算题

某水泥凝结时间检测试验记录见表2-15，计算初凝时间和终凝时间。

表2-15　某水泥凝结时间检测试验记录表

	加水时间	9时20分				
	初凝测定	测定时间	距底板(mm)	终凝测定	测定时间	环形印记
凝结时间	1	9时50分	0	1	12时40分	有
	2	11时45分	1	2	12时55分	有
	3	11时50分	2	3	13时10分	无
	4	11时55分	4	4	13时10分	无
	5	11时55分	4	5	时　分	

项目3　沥青材料的检测

知识目标

1. 掌握石油沥青的组成结构、技术性质、技术标准和评价指标的测定方法。
2. 熟悉改性沥青与乳化沥青的组成、性质及应用。

能力目标

1. 能够根据国家及交通行业技术标准,针对不同的工程环境正确选择道路石油沥青。
2. 能够根据现行试验规程的要求,正确完成道路石油沥青的各项常规试验。

【项目导入】

沥青具有良好的憎水性、黏结性和塑性,因而广泛用于防水、防潮、道路和水利工程。石油沥青是应用最为广泛的沥青材料。那么石油沥青有哪些特点及技术性质?

【知识储备】

沥青是一种有机胶凝材料,是一些十分复杂的碳氢化合物及其非金属(氧、氮、硫)的衍生物的混合物。沥青在常温下一般呈固体或半固体,也有少数品种的沥青呈黏性液体状态,可溶于二硫化碳、四氯化碳、三氯甲烷和苯等有机溶剂,颜色为黑褐色或褐色。

按照来源的不同,沥青可分为地沥青和焦油沥青两大类。

(1)地沥青。

地沥青是指由地下原油演变或加工而得到的沥青,又可分为天然沥青和石油沥青。

①天然沥青。

石油是在自然界长期受地壳挤压、变化,并与空气、水接触逐渐变化而形成的,以天然状态存在的石油沥青即天然沥青,其中常混有一定比例的矿物质。天然沥青按形成的环境可以分为湖沥青、岩沥青、海底沥青、油页岩等。

②石油沥青。

石油沥青由石油经蒸馏、吹氧、调和等工艺加工得到,主要为可溶于二硫化碳的碳氢化合物的黏稠状物质。我国天然沥青很少,但石油资源丰富,故石油沥青在我国是使用量最大的一种沥青材料。

(2)焦油沥青。

焦油沥青是干馏有机燃料(煤、页岩、木材等)所收集的焦油再经加工而得到的一种沥青材料。按干馏原料的不同,焦油沥青可分为煤沥青、页岩沥青、木沥青和泥炭沥青。工程上常用的焦油沥青为煤沥青。

沥青具有良好的憎水性、黏结性和塑性,因而广泛用于防水、防潮、道路和水利工程。石油沥青是应用最为广泛的沥青材料。

一、石油沥青的生产和分类

(一)石油沥青生产工艺概述

从油井开采出来的石油,又称原油,它是多种分子量大小不等的烃类(烷烃、环烷烃和芳香烃等)的复杂混合物。炼油厂将原油分馏而提取汽油、煤油、柴油和润滑油等石油产品后,所剩残渣,再进行加工可制得各种石油沥青。其生产工艺流程见图3-1。

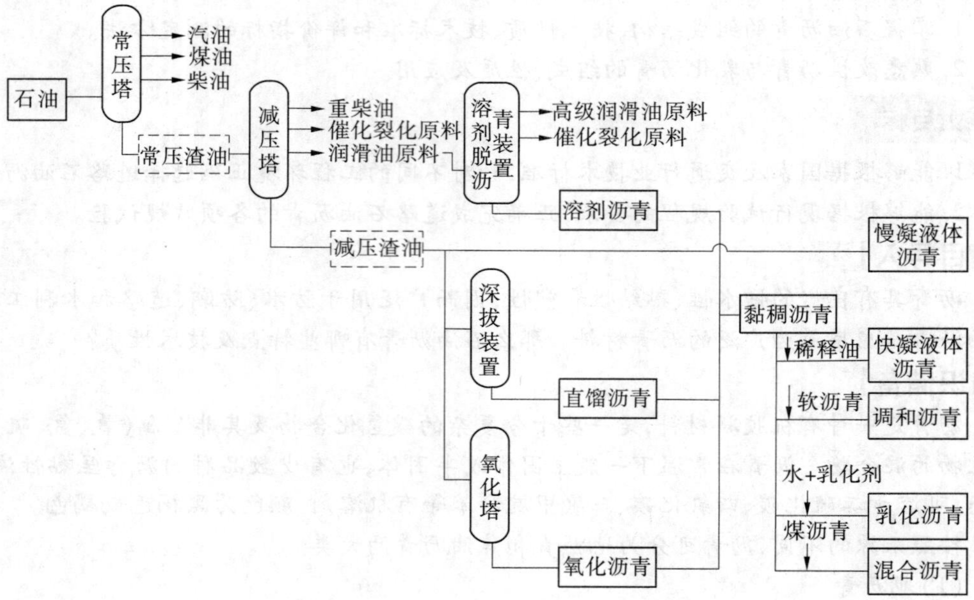

图3-1　石油沥青生产工艺流程

常用石油沥青主要是由氧化装置、溶剂脱沥青装置或深拔装置所生产的黏稠沥青。为了改变沥青的施工工艺,可将其配制成液体沥青和乳化沥青;为了改善沥青使用性能,可将其加工成调和沥青和改性沥青。

(二)石油沥青的分类

石油沥青可根据不同情况分类,具体情况如下。

1. 按原油成分分类

原油是生产石油沥青的原料。原油按其所含烃类成分和硫含量的不同可划分为几种基类别(称为基属),石油沥青的性质首先与石油沥青的基属有关。

原油的分类一般根据“关键馏分特性”和“含硫量”,可分为石蜡基原油、环烷基原油和中间基原油,以及高硫原油(含硫量>2%)、含硫原油(含硫量0.5%~2%)和低硫原油(含硫量<0.5%),由不同基属原油炼制的石油沥青分别为:

(1)石蜡基沥青。这种沥青因原油中含有大量烷烃,沥青中含蜡量一般大于5%,有的高达10%以上。蜡在常温下往往以结晶体存在,降低了沥青的黏结性和塑性。

(2)环烷基沥青。也称沥青基沥青,含有较多的环烷烃和芳香烃,所以此种沥青的芳香性高,含蜡量一般小于2%,沥青的黏结性和塑性均较高。

(3)中间基沥青。也称混合基沥青,其所含烃类成分和沥青的性质一般均介于石蜡基和环烷基沥青之间。

我国原油储量并不高,目前正在开采的油田中大部分为石蜡基原油,而进口油多为环烷基原油。

2. 按加工方法分类

(1)直馏沥青。原油经过常压蒸馏、减压蒸馏或深拔装置提取各种轻质及中质石油产品所余的可用作沥青的残渣,称为直馏沥青。一般情况下,低稠度原油生产的直馏沥青,其温度稳定性不足,还需要进行氧化才能达到黏稠石油沥青的性质指标。

(2)氧化沥青。将常压或减压原油,或低稠度直馏沥青在250~300 ℃的高温下吹入空气,经数小时氧化可获得常温下为半固体或固体状的沥青,称为氧化沥青。氧化沥青具有良好的温度稳定性。道路工程中使用的沥青的氧化程度不能太深,有时也称为半氧化沥青。

(3)溶剂沥青。这种沥青是对含蜡量较高的原油采用溶剂萃取工艺,提炼出润滑油原料后所余残渣。在溶剂萃取过程中,一些石蜡成分溶解在萃取溶剂中随之被提出,因此溶剂沥青中石蜡成分相对减少,其性质较之由石蜡基原油生产的渣油或氧化沥青有很大的改善。

(4)调和沥青。用调和法生产沥青通常先生产出软、硬两种沥青组分,然后根据需要调和出符合要求的沥青。调和的关键在于配合比正确并混合均匀。

二、石油沥青的组成和结构

(一)元素组成

石油沥青是由多种碳氢化合物及其非金属(氧、硫、氮)的衍生物组成的混合物,它的分子表达式为$C_nH_{2n+a}O_bS_cN_d$。化学组成主要是碳(80%~87%)、氢(10%~15%),其次是非烃元素,如氧、硫、氮等(<3%)。此外,还含有一些微量的金属元素,如镍、钒、铁、锰、钙、镁、钠等,但含量都很少。

由于石油沥青化学组成结构的复杂性,许多元素分析结果非常近似的石油沥青,它们的性质却相差很大。这主要是沥青中所含烃类基属的化学结构不同。

(二)石油沥青的化学组分

目前的分析技术尚难将沥青分离为纯粹的化合物单体。为了研究石油沥青化学组成与使用性能之间的关系,常将沥青所含烃类化合物中化学性质相近的成分归类分析,从而划分为若干“组”,称为沥青化学组分,简称组分。

将沥青分为不同组分的化学分析方法称为组分分析法,是利用沥青在不同有机溶剂中的选择性溶解或在不同吸附剂上的选择性吸附等性质。早年,丁·马尔库松(德国)就提出将石油沥青分离为沥青酸、沥青酸酐、油分、树脂、沥青质、沥青碳和似碳物等组分的方法。后来经过许多研究者的改进,美国的L. R. 哈巴尔德和K. E. 斯坦费尔德将其完善为三组分分析法。再后来,L. W. Corbete(美国)又提出四组分分析法。

1. 三组分分析法

石油沥青的三组分分析法是将石油沥青分离为油分、树脂和沥青质三个组分。因我国富产石蜡基或中间基沥青,在油分中往往含有蜡,故在分析时还应将油蜡分离,这种分析方法称为熔解—吸附法。按三组分分析法所得各组分的性状列于表3-1。

表3-1 石油沥青三组分分析法的各组分性状

组分	外观特征	平均分子量 M_w	碳氢比 C/H	物化特征
油分	淡黄色透明液体	200~700	0.5~0.7	几乎可溶于大部分有机溶液,具有光学活性,常发现有荧光,相对密度0.910~0.925
树脂	红褐色黏稠半固体	800~3 000	0.7~0.8	温度敏感性高,熔点低于100℃,相对密度大于1.000
沥青质	深褐色固体 粉末状微粒	1 000~5 000	0.8~1.0	加热不熔化,分解为硬焦炭,使沥青呈黑色

2. 四组分分析法

四组分分析法由科尔贝特(L. W. Corbete)首先提出,该法可将沥青分离为如下四种成分:

(1)沥青质。是沥青中不溶于正庚烷而溶于甲苯的物质,占沥青总量的5%~25%。沥青质对沥青的热稳定性、流变性和黏性有很大影响,其含量越高,沥青软化点越高,黏度也越大,沥青相应也就越硬、越脆。

(2)饱和酚。亦称饱和烃,是沥青中溶于正庚烷,吸附于Al_2O_3谱柱下,能为正庚烷或石油醚溶解脱附的物质,占沥青总量的5%~20%,随饱和酚含量的增加,沥青的稠度降低,温度感应性加大。

(3)芳香酚。亦称芳香烃,是沥青经上一步骤处理后,为甲苯所溶解脱附的物质,占沥青总量的20%~50%。为黏稠状液体,呈深棕色,对其他高分子烃类物质有较强的溶解能力。

(4)胶质。沥青经上一步骤处理后能为苯—乙醇或苯—甲醇所溶解脱附的物质,具有很强的黏附力。胶质和沥青质之间的比例决定了沥青的胶体结构类型。

对于多蜡沥青,还可将饱和酚和芳香酚用丁酮—苯混合溶液冷冻分离出蜡。

沥青的化学组分与沥青的物理力学性质有着密切的关系,这主要表现为沥青组分及其含量的不同将引起沥青性质趋向性的变化。一般认为,油分使沥青具有流动性;树脂使沥青具有塑性,树脂中含有少量的酸性树脂,是一种表面活性物质,能增强沥青与矿质材料表面的黏附性;沥青质能提高沥青的黏结性和热稳定性。

3. 沥青的含蜡量

沥青中的蜡是指沥青在除去沥青质和胶质之后,在油分中含有的、经冷冻能结晶析出的组分,与沥青中的其他组分相比,其组成和结构相对简单。蜡组分的存在对沥青性能的影响,是沥青性能研究的一个重要课题。特别是在我国富产石蜡基原油的情况下,更是众所关注。现有研究认为:蜡对沥青路用性能的影响,主要是由于沥青中蜡的存在,在高温时会使沥青容易变软,导致沥青路面的高温稳定性降低,出现车辙。同样,在低温时它会使沥青变得脆硬,导致路面低温抗裂性降低,出现裂缝。此外,蜡会使沥青与矿料黏附性降低,在水的作用下,会使路面石子与沥青产生剥落现象,造成路面破坏;更严重的是,含蜡沥青会使沥青路面的抗滑性降低,影响路面的行车安全性。对于沥青含蜡量的限制,由于世界各国测定方法不同,所以限值也不一致,我国现行规范《公路沥青路面施工技术规范》(JTG F40—2004)对沥青含蜡量有明确规定,参见表3-5。

(三)石油沥青的结构

1. 胶体理论

现代胶体学说认为,沥青中沥青质是分散相,饱和酚和芳香酚是分散介质,但沥青质不能直接分散在饱和酚和芳香酚中。而胶质作为一种"胶溶剂",沥青质吸附了胶质形成胶团,而后分散于芳香酚和饱和酚中。所以,沥青的胶体结构以沥青质为胶核,胶质被吸附于其表面,并逐渐向外扩散形成胶团,胶团再分散于芳香酚和饱和酚中。

2. 胶体的结构类型

根据沥青中各组分的化学组成和相对含量的不同,可以形成不同的胶体结构。沥青的胶体结构,可分为下列三个类型:

(1)溶胶型结构。沥青质含量较少,饱和酚和芳香酚、胶质足够多时,沥青质形成的胶团全部分散,胶团能在分散介质中运动自如,如图3-2(a)所示。这种结构沥青黏滞性小,流动性大,塑性好,温度稳定性较差,如直馏沥青。

(2)凝胶型结构。沥青质含量较多,并有相应数量的胶质来形成胶团,胶团间的相互吸引力增大,相互移动较困难,如图3-2(c)所示。这种结构的特点是弹性和黏性较高,温度敏感性较小,流动性、塑性较低,如氧化沥青。

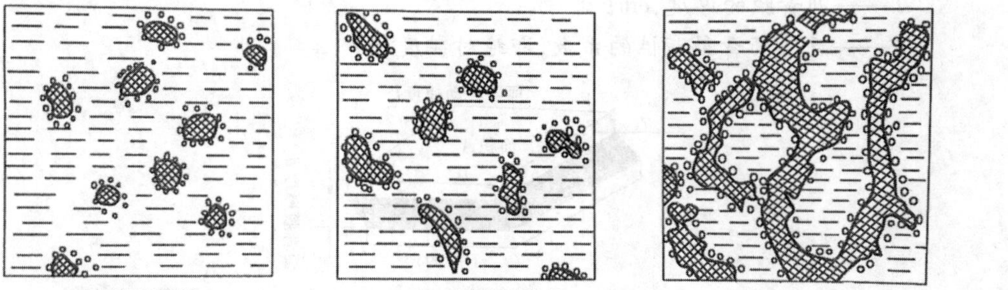

(a)溶胶型结构　(b)溶-凝胶型结构　(c)凝胶型结构

图3-2 沥青的胶体结构示意图

(3)溶-凝胶型结构。沥青质含量适当,有较多的胶质存在,胶团之间有一定的吸引力,如图3-2(b)所示。在常温下,这种结构的沥青性质介于上述两者之间。这种结构的特征是高温时具有较低的感温性,低温时又具有较好的形变能力。优质道路沥青多为溶-凝胶型结构。

沥青的胶体结构与其路用性能有密切的关系。为工程使用方便,通常采用针入度指数(PI)法等来评价胶体结构的类型及其稳定性。

三、石油沥青的技术性质

用于现代沥青路面的沥青材料,应具备下列主要技术性质。

(一)黏滞性(黏性)

黏滞性是指沥青在外力作用下抵抗变形的能力。沥青受到外力作用后表现的变形,是由于沥青中组分胶团发生形变或胶团之间产生相互位移。

各种石油沥青的黏滞性变化范围很大,黏滞性的大小与组分及温度有关。当沥青质含量较高,又含适量的树脂和少量的油分时,黏滞性较大。在一定温度范围内,当温度升高时,黏滞性随之降低;反之则增大。

黏滞性是与沥青路面力学性质联系最密切的一种性质。在现代交通条件下,为防止路面出现车辙,沥青的黏度是首要考虑的参数。沥青的黏滞性通常用黏度表示。

1. 沥青的绝对黏度(亦称动力黏度)

如果采用一种剪切变形的模型来描述沥青在沥青与矿质材料的混合料中的应用,可取一对互相平行的平面,在两平面之间分布有一沥青薄膜,薄膜与平面的吸附力远大于薄膜内部胶团之间的作用力。当下层平面固定,外力作用于顶层表面发生位移时(见图3-3),按牛顿定律则可得到如下方程:

$$F = \eta A \frac{v}{d} \tag{3-1}$$

式中 F——移动顶层平面的力(等于沥青薄膜内部胶团抵抗变形的能力);

A——沥青薄膜层的面积(接触平面的面积),cm;

v——顶层位移的速度,m/s;

d——沥青膜的厚度,cm;

η——反映沥青黏滞性的系数,即绝对黏度,Pa·s。

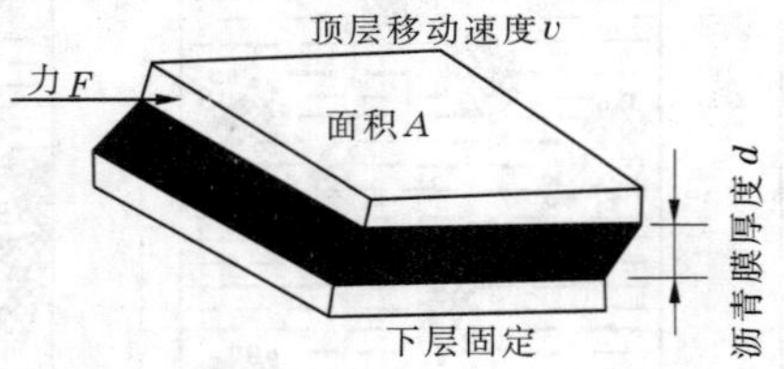

图3-3 沥青的绝对黏度概念图

我国现行行业标准《公路工程沥青及沥青混合料试验规程》(JTG E20—2011)规定,测定沥青60 ℃黏度分级用的动力黏度采用真空减压毛细管黏度计测定。

2. 沥青的相对黏度(亦称条件黏度)

由于绝对黏度的测定较为复杂,因此在实际应用中多测定沥青的相对黏度。

1)针入度

针入度是测定道路石油沥青黏滞性的常用技术指标,也是划分沥青标号的依据,采用针入度仪测定(见图3-4)。

沥青的针入度是在规定的温度和时间内,附加一定质量的标准针垂直贯入试样的深

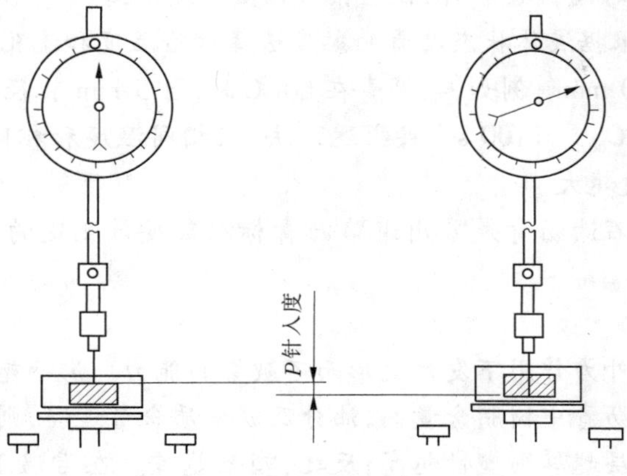

图3-4　针入度测定黏稠沥青针入度示意

度，以0.1 mm表示。试验条件以$P_{T,m,t}$表示，其中P为针入度，T为试验温度，m为荷重，t为贯入时间。

我国现行行业标准《公路工程沥青及沥青混合料试验规程》（JTG E20—2011）规定：标准试验温度为25 ℃，试验时总质量为(100 ±0.05)g[包括标准针和针连杆组合件，其总质量为(50 ±0.05)g，砝码质量为(50 ±0.05)g]，贯入时间为5 s。例如，某沥青在上述条件下测得针入度为65(0.1 mm)，可表示为

$$P_{(25\ ℃,100\ g,5\ s)} = 65(0.1\ mm) \tag{3-2}$$

我国现行的道路石油沥青技术标准中，采用针入度来划分技术等级。按上述方法测定的针入度值越大，表示沥青越软（稠度越小）。实质上，针入度是测量沥青稠度的一种指标，通常稠度高的沥青，其黏度亦高。

2）标准黏度

标准黏度是反映液体石油沥青、煤沥青、乳化沥青等材料黏滞性的常用技术指标，采用道路沥青标准黏度计测定（见图3-5）。

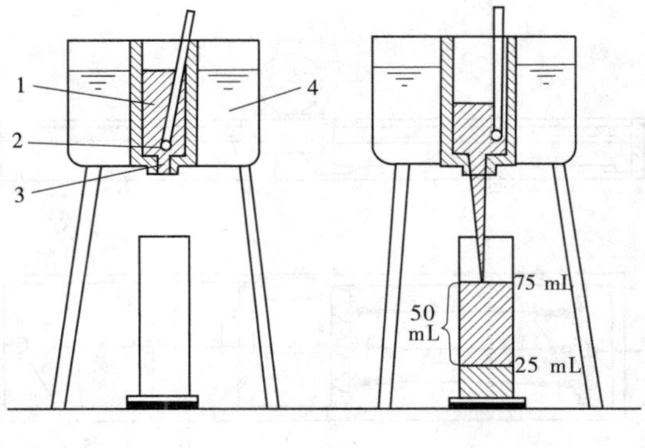

1—沥青试样；2—活动球杆；3—流孔；4—水

图3-5　标准黏度计测定液体沥青示意

我国现行行业标准《公路工程沥青及沥青混合料试验规程》（JTG E20—2011）规定：液体状态的沥青材料，在标准黏度计中，于规定的温度条件下，通过规定的流孔直径。流

出 50 mL 体积所需的时间，以“s”计，试验条件以 $C_{T,d}$ 表示，其中 C 为黏度，T 为试验温度，d 为流出直径。一般根据液体状态沥青的黏度选择试验温度和流孔直径，常用的孔径有 3 mm、4 mm、5 mm 和 10 mm。例如，某沥青在 60 ℃时，自 5 mm 孔径流出 50 mL 沥青所需时间为 100 s，表示为 $C_{60,5}$ =100 s。按上述方法，在相同温度和相同流孔条件下，流出时间越长，表示沥青黏度越大。

我国道路用液体石油沥青是采用道路沥青标准黏度计测定的黏度来划分技术等级的，详见表 3-5。

（二）塑性

塑性是指沥青在外力作用下发生变形而不破坏的能力。影响塑性大小的因素与沥青的组分及温度有关。沥青中树脂含量高，油分及沥青质含量适当，则塑性较大。当温度升高，塑性增大，沥青膜层越厚则塑性越高；反之，塑性越差。在常温下，塑性好的沥青不易产生缝，并可减少摩擦时的噪声。同时，它对于沥青在温度降低时抵抗开裂的性能有重要影响。

沥青的塑性通常用延度指标来表征。我国现行行业标准《公路工程沥青及沥青混合料试验规程》(JTG E20—2011) 中规定：延度是将沥青试样制成“∞”字形标准试模（中间最小截面面积为 1 cm^2）（见图 3-6），在规定拉伸速度和规定温度下拉断时的长度，以 cm

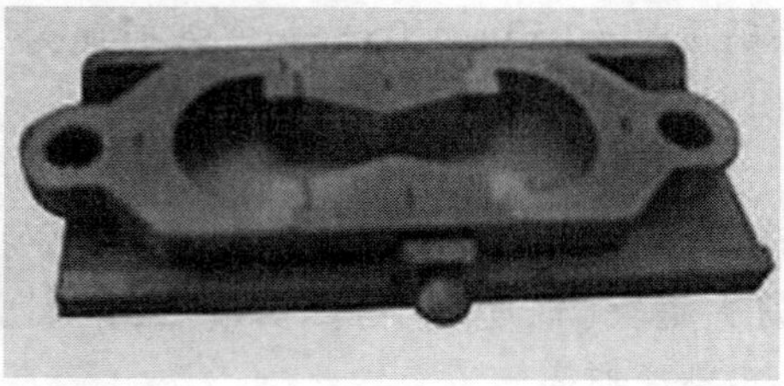

图 3-6　“∞”字形试模

表示。沥青的延度采用延度仪（见图 3-7）测定，在上述试验条件下，沥青的延度越大，塑性越好，柔性和抗断裂性也越好。

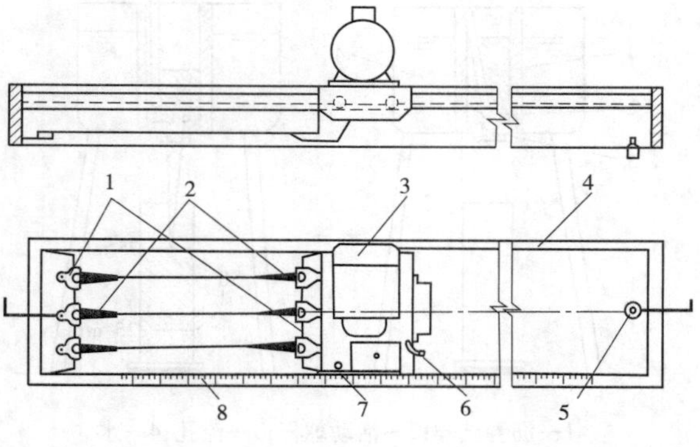

1—试模；2—试样；3—电机；4—水槽；5—泄水孔；
6—开关柄；7—指针；8—标尺

图 3-7　延度仪

拉伸速度为(5 ±0.25)cm/min,试验温度为25 ℃、15 ℃、10 ℃或5 ℃。《公路沥青路面施工技术规范》(JTG F40—2004)规定:道路石油沥青延度试验温度采用15 ℃、10 ℃,聚合物改性沥青延度试验温度采用5 ℃。

(三)温度稳定性(感温性)

温度稳定性是指沥青的黏结性和塑性随温度升降而变化的性能。当温度升高时,沥青由固态或半固态逐渐软化成黏流状态;当温度降低时,沥青由黏流态转变成固态至变脆。在工程上使用的沥青,要求有较好的温度稳定性。

1. 高温敏感性

沥青材料的高温敏感性用软化点表示。沥青材料在硬化点至滴落点之间的温度阶段时,是一种黏滞流动状态。在工程实际中,为保证沥青不致由于温度升高而产生流动的状态,所以取滴落点和硬化点之间温度间隔的87.21%为软化点。

我国现行行业标准《公路工程沥青及沥青混合料试验规程》(JTG E20—2011)规定:沥青软化点采用环球法测定,即将沥青试样装入软化点试验仪(见图3-8)的铜环内(内径为18.9 mm),试样上放置标准钢球(质量为3.5 g)浸入水或甘油中,以规定的升温速度(5 ℃/min)加热,使沥青软化下垂至规定距离时的温度,以℃表示。按上述方法测定的软化点越高,表明沥青的耐热性越好,即温度稳定性越好。

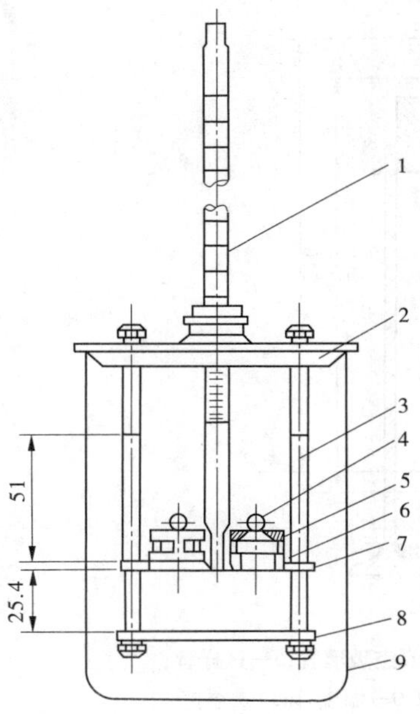

1—温度计;2—上盖板;3—立杆;4—钢球;5—钢球定位环;
6—金属环;7—中层板;8—下底板;9—烧杯

图3-8　软化点试验仪　(单位:mm)

针入度是在规定温度下沥青的条件黏度,而软化点则是沥青达到规定条件黏度时的温度。软化点既是反映沥青材料感温性的一个指标,也是对沥青黏度的一种量度。

以上所论及的针入度、延度、软化点是评价道路石油沥青路用性能最常用的经验指标,所以通称“三大指标”。

2. 低温抗裂性

沥青材料在低温时受到瞬时荷载作用时,常表现为脆性破坏,采用脆点表示。

脆点是指沥青材料由黏塑状态转变为固体状态达到条件脆裂时的温度。

现行规范《公路工程沥青及沥青混合料试验规程》(JTG E20—2011)规定:采用弗拉斯法测定沥青脆点。脆点试验是将沥青试样涂在金属片上,置于有冷却设备的脆点仪内,摇动脆点仪的曲柄,使涂有沥青的金属片产生弯曲,随着制冷剂温度降低,沥青薄膜温度逐渐降低,沥青薄膜在规定弯曲条件下产生断裂时的温度,即为脆点,见图 3-9、图 3-10。

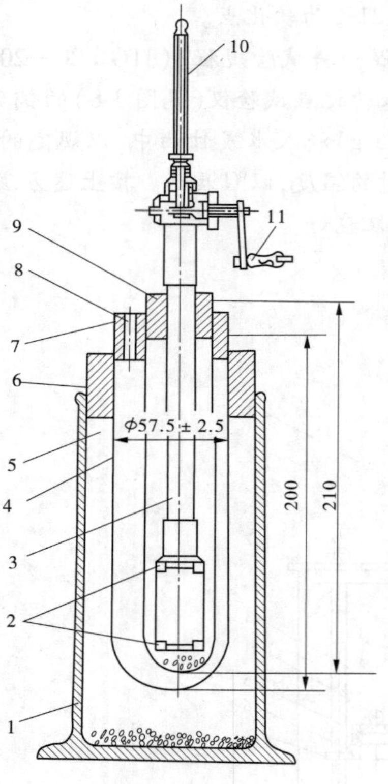

1—外筒;2—夹钳;3—硬塑料管;4—真空玻璃管;5—试样管;6、7、9—橡胶管;8—通冷却液管道;10—温度计;11—摇把

图 3-9　弗拉斯脆点仪　(单位:mm)

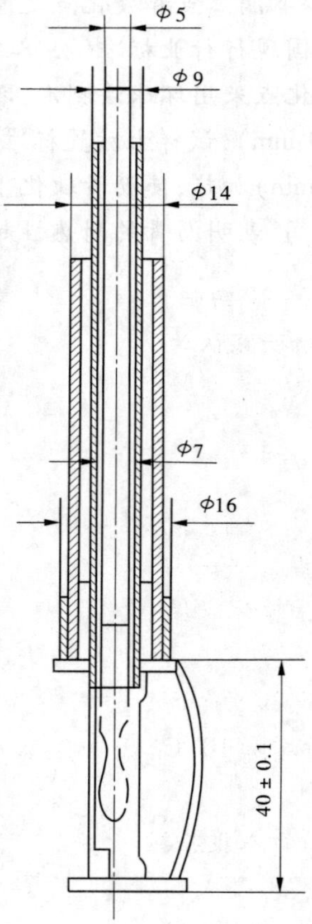

图 3-10　弯曲器　(单位:mm)

在工程实际应用中,要求沥青具有较高的软化点和较低的脆点,否则容易发生沥青材料夏季流淌或冬季变脆甚至开裂等现象。

3. 针入度指数(PI)

针入度指数(PI)是应用经验所得的针入度和软化点试验结果,提出一种能表征沥青的感温性和胶体结构的指标,同时也可采用针入度指数(PI)值来判别沥青的胶体结构状态。

(1)针入度温度感应性系数 A。

费普等经过大量试验发现,若以对数为纵坐标表示针入度,以横坐标表示温度,可得如图3-11所示沥青在不同温度下的针入度值的直线关系,用式(3-3)表示。

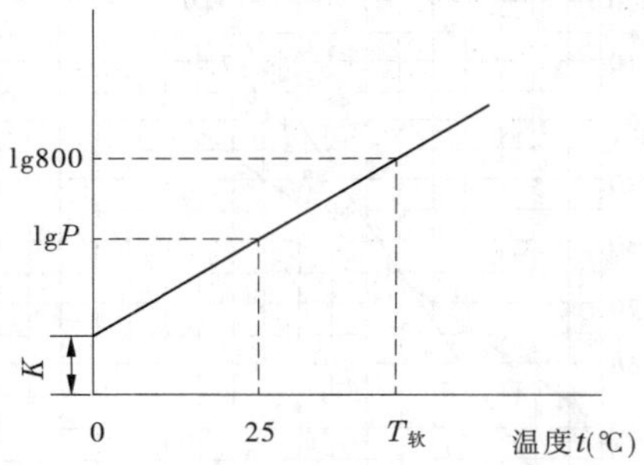

图3-11　针入度—温度关系

$$\lg P = A \times T + K \tag{3-3}$$

式中　P——沥青针入度,0.1 mm;

A——针入度温度感应性系数,由针入度和软化点确定;

K——回归系数。

试验研究认为,沥青达到软化点时,此时的针入度在600~1 000(0.1 mm),由此,针入度—温度感应性系数 A 的关系可由式(3-4)表示:

$$A = \frac{\lg 800 - \lg P_{(25\ ℃,100\ g,5\ s)}}{T_{R\&B} - 25} \tag{3-4}$$

式中　$P_{(25\ ℃,100\ g,5\ s)}$——在25 ℃、100 g、5 s条件下测定的针入度值,0.1 mm;

$T_{R\&B}$——环球法测定的软化点,℃。

由于软化点温度时的针入度常与800(0.1 mm)相距甚大,因此针入度—温度感应性系数 A 应根据不同温度的针入度值确定,采用软化点温度计算时仅仅是简化或近似的。

测定针入度指数(PI)时,试验温度在15 ℃、25 ℃、30 ℃(或5 ℃)3个或3个以上(必要时增加10 ℃、20 ℃等)的条件下测定沥青的针入度,但用于仲裁试验的温度条件应为5个。

(2)针入度指数(PI)的确定。

①实用公式。针入度指数(PI)按式(3-5)计算:

$$PI = \frac{30}{1 + 50A} - 10 \tag{3-5}$$

②针入度指数(PI)亦可根据针入度指数诺模图(见图3-12)求得。

(3)按针入度指数(PI)值可将沥青划分为三种胶体结构类型(见表3-2)。

当 $PI < -2$ 时,沥青的温度敏感性强;当 $PI > +2$ 时,有明显的胶凝特征,耐久性差。一般认为,选用 PI 在 $-1 \sim +1$ 的溶-凝胶型沥青适宜修筑沥青路面。

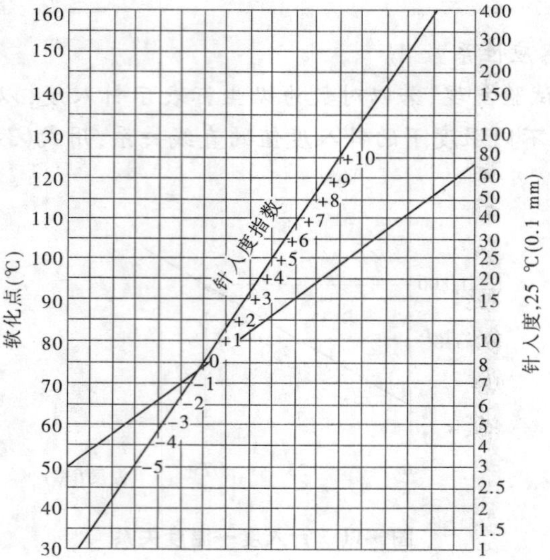

图 3-12　确定沥青针入度指数诺模图

表 3-2　沥青的针入度指数和胶体结构类型

沥青的针入度指数 *PI*	< −2	−2 ~ +2	> +2
沥青胶体结构类型	溶胶型结构	溶－凝胶型结构	凝胶型结构

(四)老化性

沥青在过热或过长时间加热过程中以及自然因素(热、氧、光和水)的作用下,会发生轻质馏分挥发、氧化、裂化、聚合等一系列物理及化学变化,导致路用性能劣化,通常称之为“老化”。

沥青老化后,在物理力学性质方面,表现为针入度减小,延度降低,软化点升高,绝对黏度提高,脆点降低等。在化学组分含量方面,表现为饱和酚变化甚少,芳香酚明显转变为胶质(速度较慢),而胶质又转变为沥青质(速度较快),由于芳香酚转变为胶质,不足以补偿胶质转变为沥青质,所以最终是胶质显著减少,而沥青质显著增加。

现行规范《公路工程沥青及沥青混合料试验规程》(JTG E20—2011)规定,要进行沥青的加热质量损失和加热后残渣性质的试验,对于道路沥青,采用沥青薄膜加热试验、沥青旋转薄膜加热试验,以评定沥青的耐老化性。

1. 沥青薄膜加热试验(简称 TFOT)

沥青薄膜加热试验是指一定厚度的试样在规定温度条件下,经规定时间加热,测定试验前后沥青质量和性质变化的试验。

该法是将一定质量的沥青试样装入盛样皿(内径为 140 mm,深 9.5 ~ 10 mm)内,使沥青成为厚约 3.2 mm 的薄膜,沥青薄膜在(163 ±1)℃的标准薄膜加热烘箱中加热 5 h 后,取出冷却,测定其质量损失,并按规定的方法测定薄膜加热后残留物的针入度、延度、软化点、黏度等性质的变化。

2. 沥青旋转薄膜加热试验(简称RTFOT)

沥青旋转薄膜加热试验是将沥青试样35 g装入高约140 mm、直径为64 mm的开口玻璃瓶中，盛样瓶插入旋转烘箱中，一边接受以4 000 mL/min流量吹入的热空气，一边在163 ℃的高温下以15 r/min的速度旋转，经过75 min的老化后，测定旋转薄膜加热后沥青残留物的针入度、黏度、延度及脆点等性质的变化。

(五)安全性

沥青材料在使用时必须加热，当加热至一定温度时，沥青材料中挥发的油分蒸气与周围空气组成混合气体，此混合气体遇火焰则发生闪火。若继续加热，油分蒸气的饱和度增加，由于此种蒸气与空气组成的混合气体遇火焰极易燃烧，而引起溶油车间发生火灾或导致沥青烧坏的损失，为此必须测定沥青的闪点和燃点。

闪点(闪火点)是指加热沥青挥发出的可燃气体与空气组成混合气体在规定条件下与火接触，产生闪光时的沥青温度。燃点(着火点)指沥青加热产生的混合气体与火接触能持续燃烧5 s以上时的沥青温度。闪点和燃点温度相差10 ℃左右。

我国现行规范《公路工程沥青及沥青混合料试验规程》(JTG E20—2011)规定，测定沥青的闪点与燃点采用克利夫兰开口杯法。

(六)黏弹性

大多数沥青在变形时呈现黏弹性。在低温(高黏度)瞬时荷载作用下，以弹性形变为主；反之，在高温(低黏度)长时间荷载作用下，以黏性形变为主。劲度模量是表示沥青的黏性和弹性联合效应的指标。

范·德·波尔在论述黏弹性材料(沥青)的抗变形能力时，以荷载作用时间(t)和温度(T)作为应力(σ)与应变(ε)之比的函数，即在规定荷载作用时间和温度条件下，应力与应变的比值称为劲度模量(简称劲度)，用S_b表示，故劲度模量可表示为

$$S_b = \left(\frac{\sigma}{\varepsilon}\right)_{t,T} \tag{3-6}$$

式中　σ——应力；

ε——应变；

T——欲求劲度时的路面温度与沥青软化点的差值，℃；

t——荷载作用时间，s。

(七)黏附性

沥青与粗集料的黏附性是路用沥青的重要性能之一，其直接影响沥青路面的使用质量和耐久性。粗集料表面被沥青薄膜裹覆后，可抵抗水侵蚀造成的剥落，这不仅与沥青的性质有密切关系，而且与集料的性质有关。当采用一种固定的沥青时，不同矿物成分的粗集料的剥落度也有所不同。从碱性、中性直至酸性集料，随着SiO_2含量的增加，剥落度亦随之增加。为保证沥青混合料的强度，在选择集料时应优先考虑利用碱性集料，当缺乏碱性集料必须采用酸性集料时，可掺加各种抗剥剂以提高沥青与粗集料的黏附性。

对沥青与粗集料的黏附性的试验方法，现行规范《公路工程沥青及沥青混合料试验规程》(JTG E20—2011)规定：对于最大粒径大于13.2 mm的集料应用水煮法；对于最大粒径小于或等于13.2 mm的集料应用水浸法。通过一定条件下考查集料表面的沥青膜

抵御水的剥离能力来界定黏附性的好坏，按照表3-3评定其黏附性等级。

表3-3　沥青与集料的黏附性等级

试验后集料表面沥青膜剥落情况	黏附性等级
沥青膜完全保存，剥离面积百分率接近0	5
沥青膜少部分为水所移动，厚度不均匀剥离面积百分率小于10%	4
沥青膜局部明显地为水所移动，基本保留在集料表面，剥离面积百分率小于30%	3
沥青膜大部分为水所移动，局部保留在集料表面，剥离面积百分率大于30%	2
沥青膜完全为水所移动，集料基本裸露，沥青全浮于水面上	1

四、道路石油沥青的技术标准

（一）道路石油沥青等级

根据当前沥青使用和生产水平，按技术性能将道路石油沥青分为A级、B级、C级三个等级，各自的适用范围应符合表3-4的规定。

表3-4　道路石油沥青的适用范围

沥青等级	适用范围
A级沥青	各个等级的公路，适用于任何场合和层次
B级沥青	高速公路、一级公路沥青下面及以下层次，二级及二级以下公路的各个层次；用作改性沥青、乳化沥青、改性乳化沥青、稀释沥青的基质沥青
C级沥青	三级及三级以下公路的各个层次

（二）道路石油沥青标号

根据现行标准《公路沥青路面施工技术规范》（JTG F40—2004）的规定，道路石油沥青按针入度划分为160号、130号、110号、90号、70号、50号、30号七个标号，同时对各标号沥青的延度、软化点、闪点、含蜡量、薄膜加热试验等技术指标也提出相应的要求。具体要求见表3-5。

（三）道路用液体石油沥青的技术标准

道路用液体石油沥青适用于透层、粘层及拌制冷拌沥青混合料。根据现行标准《公路沥青路面施工技术规范》（JTG F40—2004）的规定，按其凝结速度可分为快凝、中凝、慢凝三个等级，液体石油沥青的黏度采用道路沥青标准黏度计测定。除黏度外，对蒸馏的馏分及残留物性质，闪点和水分等亦提出相应的要求。技术要求见表3-6。

表 3-5　道路石油沥青技术要求

指标	单位	等级	沥青标号																	试验方法①
			160 号④	130 号④	110 号			90 号					70 号③					50 号	30 号④	
针入度(25 ℃,100 g,5 s)	0.1 mm		140 ~ 200	120 ~ 140	100 ~ 120			80 ~ 10					60 ~ 80					40 ~ 60	20 ~ 40	T0604
适用的气候分区⑥			注④	注④	2-1	2-2	3-2	1-1	1-2	1-3	2-2	2-3	1-3	1-4	2-2	2-3	2-4	1-4	注④	附 A⑤
针入度指数 PI②		A	−1.5 ~ +1.0																	T0604
		B	−1.8 ~ +1.0																	
软化点,不小于	℃	A	38	40	43			45			4,1		46		45			49	55	T0606
		B	36	39	42			43			42		44		43			46	53	
		C	35	37	41			42					13					45	50	
60 ℃动力黏度②,不小于	Pa·s	A	—	60	120			160			140		180		160			200	260	T0620
10 ℃延度②,不小于	cm	A	50	50	40			45	30	20	30	20	20	15	25	20	15	15	10	T0605
		B	30	30	30			30	20	15	20	15	15	10	20	15	10	10	8	
15 ℃延度,不小于	cm	A、B	100															80	50	
		C	80	80	60			50					40					30	20	
蜡含量(蒸馏法),不大于	%	A	2.2																	T0615
		B	3.0																	
		C	4.5																	
闪点,不小于	℃		230					245					260							T0611

续表 3-5

指标	单位	等级	沥青标号							试验方法①
			160 号④	130 号④	110 号	90 号	70 号③	50 号	30 号④	
溶解度，不小于	%		99.5							T0607
溶解度(15 ℃)	g/cm^3		实测记录							T0603
TFOT(或 RTFOT)后⑤										T0610 或 T0609
质量变化，不大于	%		±0.8							
残留针入度比，不小于	%	A	48	54	55	57	61	63	65	T0604
		B	45	50	52	54	58	60	62	
		C	40	45	48	50	54	58	60	
残留延度(10 ℃)，不小于	cm	A	12	12	10	8	6	4	—	T0605
		B	10	10	35	6	4	2	—	
残留延度(15 ℃)，不小于	cm	C	40	35	30	20	15	10	—	T0605

注：①试验方法按照现行《公路工程沥青及沥青混合料试验规程》(JTG E20—2011)规定的方法执行；用于仲裁试验求取 *PI* 时的 5 个温度的针入度关系的相关系数不得小于 0.997。

②经建设单位同意，表中 *PI* 值、60 ℃动力黏度、10 ℃延度可作为选择性指标，也可不作为施工质量检验指标。

③对于 70 号沥青，可根据需要要求供应商提供针入度范围为 60～70 或 70～80 的沥青；对于 50 号沥青，可要求提供针入度范围为 40～50 或 50～60 的沥青。

④30 号沥青仅适用于沥青稳定基层；130 号和 160 号沥青除寒冷地区可直接在中低级公路上直接应用外，通常用作乳化沥青、稀释沥青、改性沥青的基质沥青。

⑤老化试验以 TFOT 为准，也可用 RTFOT 代替。

⑥气候分区见表 6-2。

表 3-6　道路用液体石油沥青技术要求

序号	试验项目		快凝		中凝						慢凝						试验方法 JTG E20—2011
			AL(R)-1	AL(R)-2	AL(M)-1	AL(M)-2	AL(M)-3	AL(M)-4	AL(M)-5	AL(M)-6	AL(S)-1	AL(S)-2	AL(S)-3	AL(S)-4	AL(S)-5	AL(S)-6	
1	稠度(s)	$C_{25,5}$	<20	—	<20	—	—	—	—	—	<20	—	—	—	—	—	T0621
		$C_{60,5}$	—	5~15	—	5~15	16~25	26~40	41~100	101~200	—	5~15	16~25	26~40	41~100	101~200	
2	蒸馏体积(%)	225 ℃前	>20	>15	<10	<7	<3	<2	0	0	—	—	—	—	—	—	T0632
		315 ℃前	>35	>30	<35	<25	<17	<14	<8	<5	—	—	—	—	—	—	
		360 ℃前	>45	>35	<50	<35	<30	<25	<20	<15	<40	<35	<25	<20	<15	<5	
3	蒸馏后残留物性质	针入度(25 ℃)(0.1 mm)	60~200	60~200	100~300	100~300	100~300	100~300	100~300	100~300	—	—	—	—	—	—	T0604
		延度(25 ℃)(cm)	>60	>60	>60	>60	>60	>60	>60	>60	—	—	—	—	—	—	T0605
		浮漂度(5 ℃)(s)	—	—	—	—	—	—	—	—	<20	<20	<30	<40	<45	<50	T0631
4	闪点(TOC)(℃)		>30	>30	>65	>65	>65	>65	>65	>65	>70	>70	>100	>100	>120	>120	T0633
5	含水率(%),不大于		0.2	0.2	0.2	0.2	0.2	0.2	0.2	0.2	2.0	2.0	2.0	2.0	2.0	2.0	T0612

注:1. 本表根据中华人民共和国交通行业标准《公路沥青路面施工技术规范》(JTG F40—2004)。

2. 黏度使用道路沥青黏度计测定,$C_{T,d}$ 的脚本 T 代表温度(℃),d 代表孔径(mm)。

3. 闪点(TOC)为泰格开口杯(tag open cup)法。

任务3.1 沥青针入度的检测

引例：

针入度是在规定温度和时间内，附加一定质量的标准针垂直贯入沥青试样的深度，以0.1 mm计。沥青针入度试验能有效反映黏稠石油沥青的相对黏度，其指标作为划分沥青技术等级的主要指标。沥青的标号是用针入度来划分的。在相同试验条件下，针入度越大，表明沥青越软(稠度越小)。实质上，针入度是测量沥青稠度的一种指标，通常稠度高的沥青，其黏度也高。

1 目的与任务

根据《公路工程沥青及沥青混合料试验规程》(JTG E20—2011)测定沥青针入度，在15 ℃、25 ℃、30 ℃等3个或3个以上温度条件下测定针入度，完成检测记录表的填写。本方法适用于测定道路石油沥青、聚合物改性沥青针入度以及液体石油沥青蒸馏或乳化沥青蒸发后残留物的针入度，以0.1 mm计。其标准试验条件为25 ℃，荷重100 g，贯入时间5 s。

2 仪具与材料

(1)针入度仪(见图3-13)。为提高测试精度，针入度试验宜采用能够自动计时的针入度仪进行测定，要求针和针连杆必须在无明显摩擦下垂直运动，针的贯入深度必须精确至0.1 mm。针和针连杆组合件总质量为(50 ±0.05)g，另附砝码一只(50 ±0.05)g砝码，试验时总质量为(100 ±0.05)g。仪器应有放置平底玻璃保温皿的平台，并有调节水平的装置，针连杆应与平台相垂直。应有针连杆制动按钮，使针连杆可自由下落。针连杆应易于装拆，以便检查其质量。仪器还设有可自由转动与调节距离的悬臂，其端部有一面小镜或聚光灯泡，借以观察针尖与试样表面接触情况。同时应对自动装置的准确性经常校验。当采用其他试验条件时，应在试验结果中注明。

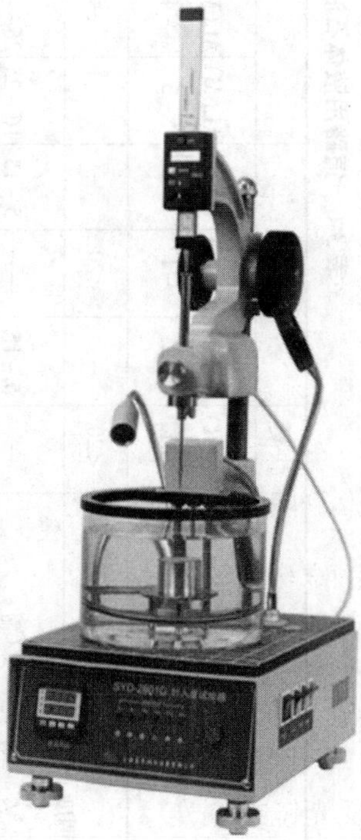

图3-13 针入度仪

(2)标准针。由硬化回火的不锈钢制成，针及针杆总质量(2.5 ±0.05)g。针杆上应打印有号码标志。针应设有固定用装置盒(筒)，以免碰撞针尖，每根针必须附有计量部门的检验单，并定期进行检验。

(3)盛样皿。金属制,圆柱形平底。小盛样皿的内径55 mm、深35 mm(适用于针入度小于200的试样);大盛样皿内径70 mm、深45 mm(适用于针入度为200~350的试样);对针入度大于350的试样需使用特殊盛样皿,其深度不小于60 mm,试样体积不小于125 mL。

(4)恒温水槽。容量不少于10 L,控温的精确度为0.1 ℃。水槽中应设有一带孔的搁架,位于水面下不得少于100 mm,距水槽底不得少于50 mm处。

(5)平底玻璃皿。容量不少于1 L,深度不小于80 mm。内设有一不锈钢三脚支架,能使盛样皿稳定。

(6)温度计或温度传感器。精度为0.1 ℃。

(7)计时器。精度为0.1 s。

(8)位移计或位移传感器。精度为0.1 mm。

(9)盛样皿盖。平板玻璃,直径不小于盛样皿开口尺寸。

(10)溶剂。三氯乙烯等。

(11)其他。电炉或砂浴、石棉网、金属锅或瓷把坩埚等。

3　准备工作

(1)按《公路工程沥青及沥青混合料试验规程》(JTG E20—2011)T0602的方法准备试样。

(2)按试验要求将恒温水槽调节到要求的试验温度25 ℃,或15 ℃、30 ℃(5 ℃),保持稳定。

(3)将试样注入盛样皿中,试样高度应超过预计针入度值10 mm,并盖上盛样皿,以防落入灰尘。盛有试样的盛样皿在15~30 ℃室温中冷却不少于1.5 h(小盛样皿)、2 h(大盛样皿)或3 h(特殊盛样皿)后,应移入保持规定试验温度±0.1 ℃的恒温水槽中,并应保温不少于1.5 h(小盛样皿)、2 h(大试样皿)或2.5 h(特殊盛样皿)。

(4)调整针入度仪使之水平。检查针连杆和导轨,以确认无水和其他外来物,无明显摩擦。用三氯乙烯或其他溶剂清洗标准针,并擦干。将标准针插入针连杆,用螺钉固紧。按试验条件,加上附加砝码。

4　试验步骤

(1)取出达到恒温的盛样皿,并移入水温控制在试验温度±0.1 ℃(可用恒温水槽中的水)的平底玻璃皿中的三脚支架上,试样表面以上的水层深度不小于10 mm。

(2)将盛有试样的平底玻璃皿置于针入度仪的平台上。慢慢放下针连杆,用适当位置的反光镜或灯光反射观察,使针尖恰好与试样表面接触,将位移计或刻度盘指针复位为零。

(3)开始试验,按下释放键,这时计时与标准针落下贯入试样同时开始,至5 s时自动停止。

(4)读取位移计或刻度盘指针的读数,精确至0.1 mm。

(5)同一试样平行试验至少3次,各测试点之间及与盛样皿边缘的距离应不小于10 mm。每次试验后应将盛有盛样皿的平底玻璃皿放入恒温水槽,使平底玻璃皿中水温保持试验温度。每次试验应换一根干净标准针或将标准针取下用蘸有三氯乙烯溶剂的棉花或布揩净,再用干棉花或布擦干。

(6)测定针入度大于200的沥青试样时,至少用3支标准针,每次试验后将针留在试样中,直至3次平行试验完成后,才能将标准针取出。

5　结果整理

(1)同一试样3次平行试验结果的最大值和最小值之差在表3-7中允许误差范围内时,计算3次试验结果的平均值,取整数作为针入度试验结果,以0.1 mm计。

表3-7　针入度试验结果允许误差范围

针入度(0.1 mm)	0～49	50～149	150～249	250～500
允许误差(0.1 mm)	2	4	12	20

当试验值不符合此要求时,应重新进行试验。

(2)允许误差。

①当试验结果小于50(0.1 mm)时,重复性试验的允许误差为2(0.1 mm),再现性试验的允许误差为4(0.1 mm)。

②当试验结果大于或等于50(0.1 mm)时,重复性试验的允许误差为平均值的4%,再现性试验的允许误差为平均值的8%。

注意:

重复性试验的允许误差是用同一试验方法在正常和正确操作情况下,由同一操作人员,在同一试验室内,使用同一仪器,并在短期内,对相同试样做多个单次测定,在95%概率水平两个独立测试结果的最大差值。[4个条件:相同环境、相同仪器(相同使用方法)、相同位置、短时间]

复现性试验的允许误差是在变化的测量条件下(如测量原理、测量方法、观测者、测量设备、参照标准、测量地点、使用条件、测量时间等),对同一测量对象(试样)进行测量时,其测量的最大变差率,表征了测量结果的一致程度。

6　填表

填写沥青针入度试验记录表(见表3-8)。

表 3-8　沥青针入度试验记录表

样品名称		检测依据	
环境条件		检测地点	
试验日期		试验员	
主要仪器			
针杆总质量(g)		入针时间(s)	
试验次数	针入度值(0.1 mm)	平均针入度值(0.1 mm)	
1			
2			
3			
备注:			

记录:　　　　　　　　　　计算:　　　　　　　　　　审核:

思考与讨论:

请叙述沥青的组分和结构,对针入度有何影响?

任务 3.2　沥青延度的检测

引例:

塑性是指石油沥青在外力作用时产生变形而不被破坏的性能,在常温下,沥青的塑性较好,对振动和冲击作用有一定的承受能力,因此常将沥青铺作路面。沥青的塑性用延度(延伸度)表示。延度越大,表明沥青的塑性越好。延度是评定沥青塑性的重要指标。沥青延度是将沥青做成"∞"字形标准试件。根据要求通常采用温度为 25 ℃、15 ℃、10 ℃、5 ℃,以(5 ±0.25)cm/min[低温时采用(1 ±0.5)cm/min]的速度拉伸至断裂时的长度(cm),即为延度。沥青路面之所以有良好的柔性,在很大程度上取决于这种性质。

1　目的与任务

根据《公路工程沥青及沥青混合料试验规程》(JTG E20—2011)测定沥青延度,同时完成检测记录表的填写。本方法适用于测定道路石油沥青、聚合物改性沥青、液体石油沥青蒸馏残留物和乳化沥青蒸发残留物等材料的延度。

2　仪具与材料

(1)延度仪。延度仪(见图 3-14)的测量长度不宜大于 150 cm,仪器应有自动控温、控速系统。应满足试件浸没于水中,能保持规定的试验温度及规定的拉伸速度拉伸试件,且试验时应无明显振动。

图 3-14　延度仪

(2)试模。黄铜制,由两个端模和两个侧模组成,其形状如图 3-6 所示。

(3)试模底板。玻璃板或磨光的铜板、不锈钢板。

(4)恒温水槽。容量不少于 10 L,控制温度的准确度为 0.1 ℃。水槽中应设有带孔搁架,搁架距水槽底不得少于 50 mm。试件浸入水中深度不小于 100 mm。

(5)温度计。量程 0 ~ 50 ℃,分度值 0.1 ℃。

(6)砂浴或其他加热炉具。

(7)甘油滑石粉隔离剂(甘油与滑石粉的质量比为 2∶1)。

(8)其他。平刮刀、石棉网、酒精、食盐等。

3　准备工作

(1)将隔离剂拌和均匀,涂于清洁干燥的试模底板和两个侧模的内侧表面,并将试模在试模底板上装妥。

(2)按《公路工程沥青及沥青混合料试验规程》(JTG E20—2011)T0602 的方法准备试样,然后将试样仔细自试模的一端至另一端往返数次缓缓注入模中,最后略高出试模。灌模时不得使气泡混入。

(3)试件在室温中冷却不少于 1.5 h,然后用热刮刀刮除高出试模的沥青,使沥青面与试模面齐平。沥青的刮法应自试模的中间刮向两端,且表面应刮得平滑。将试模连同底板再放入规定试验温度的水槽中保温 1.5 h。

(4)检查延度仪延伸速度是否符合规定要求,然后移动滑板使其指针正对标尺的零点。将延度仪注水,并保温达到试验温度 ±0.1 ℃。

4　试验步骤

(1)将保温后的试件连同底板移入延度仪的水槽中,然后将盛有试样的试模自玻璃板或不锈钢板上取下,将试模两端的孔分别套在滑板及槽端固定板的金属柱上,并取下侧模。水面距试件表面应不小于 25 mm。

（2）开动延度仪，并注意观察试样的延伸情况。此时应注意，在试验过程中，水温应始终保持在试验温度规定范围内，且仪器不得有振动，水面不得有晃动，当水槽采用循环水时，应暂时中断循环，停止水流。在试验中，当发现沥青细丝浮于水面或沉入槽底时，应在水中加入酒精或食盐，调整水的密度至与试样相近后，重新试验。

（3）试件拉断时，读取指针所指标尺上的读数，以 cm 计。在正常情况下，试件延伸时应成锥尖状，拉断时实际断面接近于零。如不能得到这种结果，则应在报告中注明。

5　结果整理

（1）同一样品，每次平行试验不少于 3 个。如 3 个测定结果均大于 100 cm，试验结果记作" >100 cm"；特殊需要也可分别记录实测值。3 个测定结果中，当有一个以上的测定值小于 100 cm 时，若最大值或最小值与平均值之差满足重复性试验要求，则取 3 个测定结果的平均值的整数作为延度试验结果，若平均值大于 100 cm，记作" >100 cm"；若最大值或最小值与平均值之差不符合重复性试验要求，试验应重新进行。

（2）当试验结果小于 100 cm 时，重复性试验的允许误差为平均值的 20%，再现性试验的允许误差为平均值的 30%。

6　填表

填写沥青延度试验记录表（见表 3-9）。

表 3-9　沥青延度试验记录表

样品名称		检测依据	
环境条件		检测地点	
试验日期		试验员	
主要仪器			
试验次数	延伸速度（cm/min）	延度（cm）	平均延度（cm）
1			
2			
3			
备注：			

记录：　　　　　　计算：　　　　　　审核：

思考与讨论：

影响延度试验结果的因素有哪些？

任务 3.3　沥青软化点的检测

引例：

沥青软化点是指沥青试件受热软化而下垂时的温度。不同沥青有不同的软化点，工程用沥青软化点不能太低或太高，否则夏季融化、冬季脆裂且不宜施工。

1　目的与任务

根据《公路工程沥青及沥青混合料试验规程》(JTG E20—2011)测定沥青软化点，同时完成检测记录表的填写。本方法适用于测定道路石油沥青、聚合物改性沥青的软化点，也适用于测定液体石油沥青、煤沥青蒸馏残留物或乳化沥青蒸发残留物的软化点。

2　仪具与材料

(1)软化点试验仪(见图 3-15)。由下列部件组成：

①钢球。直径 9.53 mm，质量(3.5 ± 0.05)g。

②试样环。由黄铜或不锈钢等制成。

③钢球定位环。由黄铜或不锈钢制成。

④金属支架。由两个主杆和三层平行的金属板组成。上层为一圆盘，直径略大于烧杯直径，中间有一圆孔，用以插放温度计。板上有两个孔，各放置金属环，中间有一小孔可支持温度计的测温端部。一侧立杆距环上面 51 mm 处刻有水高标记。环下面距下层底板为 25.4 mm，而下底板距烧杯底不小于 12.7 mm，也不得大于 19 mm。三层金属板和两个主杆由两螺母固定在一起。

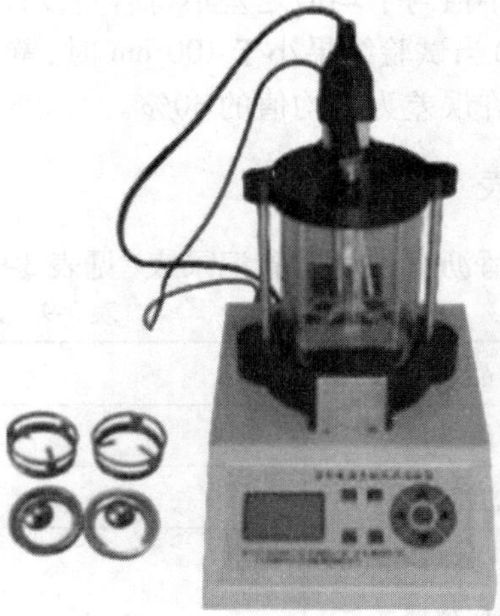

图 3-15　软化点试验仪

⑤耐热玻璃烧杯。容量 800 ~ 1 000 mL，直径不小于 86 mm，高不小于 120 mm。

⑥温度计。量程 0 ~ 100 ℃，分度值 0.5 ℃。

(2)装有温度调节器的电炉或其他加热炉具(液化石油气、天然气等)。应采用带有振荡搅拌器的加热电炉，振荡子置于烧杯底部。

(3)当采用自动软化点仪时，各项要求应与(1)及(2)相同，温度采用温度传感器测定，并能自动显示或记录，且应对自动装置的准确性经常校验。

(4)试样底板。金属板或玻璃板。

(5)恒温水槽。控温的准确度为 ±0.5 ℃。

(6)平直刮刀。

(7)甘油、滑石粉隔离剂(甘油与滑石粉的质量比为 2∶1)。

(8)蒸馏水或纯净水。

(9)其他。石棉网。

3 准备工作

(1)将试样环置于涂有甘油与滑石粉隔离剂的试样底板上。按《公路工程沥青及沥青混合料试验规程》(JTG E20—2011)T0602的方法准备试样,将准备好的沥青试样徐徐注入试样环内至略高出环面。

如估计试样软化点高于120 ℃,则试样环和试样底板(不用玻璃板)均应预热至80~100 ℃。

(2)试样在室温冷却30 min后,用热刮刀刮除环面上的试样,应使其与环面齐平。

4 试验步骤

4.1 试样软化点在80 ℃以下者

(1)将装有试样的试样环连同试样底板置于装有(5±0.5)℃水的恒温水槽中至少15 min;同时将金属支架、钢球、钢球定位环等亦置于相同水槽中。

(2)烧杯内注入新煮沸并冷却至5 ℃的蒸馏水或纯净水,水面略低于立杆上的深度标记。

(3)从恒温水槽中取出盛有试样的试样环放置在支架中层板的圆孔中,套上定位环;然后将整个环架放入烧杯中,调整水面至深度标记,并保持水温为(5±0.5)℃。环架上任何部分不得附有气泡。将0~100 ℃的温度计由上层板中心孔垂直插入,使端部测温头底部与试样环下面齐平。

(4)将盛有水和环架的烧杯移至放有石棉网的加热炉具上,然后将钢球放在定位环中间的试样中央,立即开动电磁振荡搅拌器,使水微微振荡,并开始加热,使杯中水温在3 min内调节至维持每分钟上升(5±0.5)℃。在加热过程中,应记录每分钟上升的温度值,如温度上升速度超出此范围,则试验应重做。

(5)试样受热软化逐渐下坠,至与下层底板表面接触时,立即读取温度,精确至0.5 ℃。

4.2 试样软化点在80 ℃以上者

(1)将装有试样的试样环连同试样底板置于装有(32±1)℃甘油的恒温槽中至少15 min;同时将金属支架、钢球、钢球定位环等亦置于甘油中。

(2)在烧杯内注入预先加热至32 ℃的甘油,其液面略低于立杆上的深度标记。

(3)从恒温槽中取出装有试样的试样环,按"4.1 试样软化点在80 ℃以下者"的方法进行测定,精确至1 ℃。

5 结果整理

(1)同一试样平行试验两次,当两次测定值的差值符合重复性试验允许误差要求时,取其平均值作为软化点试验结果,精确至0.5 ℃。

(2)允许误差。

①当试样软化点小于80 ℃时,重复性试验的允许误差为1 ℃,再现性试验的允许误

差为 4 ℃。

②当试样软化点大于或等于 80 ℃时，重复性试验的允许误差为 2 ℃，再现性试验的允许误差为 8 ℃。

6　填表

填写沥青软化点试验记录表（见表 3-10）。

表 3-10　沥青软化点试验记录表

<table>
<tr><td>样品名称</td><td colspan="2"></td><td colspan="2">检测依据</td><td colspan="2"></td></tr>
<tr><td>环境条件</td><td colspan="2"></td><td colspan="2">检测地点</td><td colspan="2"></td></tr>
<tr><td>试验日期</td><td colspan="2"></td><td colspan="2">试验员</td><td colspan="2"></td></tr>
<tr><td>主要仪器</td><td colspan="6"></td></tr>
<tr><td>加热介质</td><td></td><td>起始温度
（℃）</td><td></td><td colspan="2">温度上升速度
（℃/min）</td><td></td></tr>
<tr><td>试验次数</td><td colspan="2">软化点（℃）</td><td colspan="4">平均软化点（℃）</td></tr>
<tr><td>1</td><td colspan="2"></td><td colspan="4" rowspan="2"></td></tr>
<tr><td>2</td><td colspan="2"></td></tr>
<tr><td colspan="7">备注：</td></tr>
</table>

记录：　　　　　　　　计算：　　　　　　　　审核：

思考与讨论：

石油沥青除了黏滞性、塑性、温度稳定性外，还有哪些技术性质？

【知识拓展】

沥青材料是一种有机胶凝材料，是由多种有机化合物构成的复杂混合物。在常温下，呈固态、半固态或液态。颜色呈灰亮褐色以至黑色。

沥青材料与混凝土、砂浆、金属、木材、石料等材料间具有很好的黏结性能，具有良好的不透水性、抗腐蚀性和电绝缘性；能溶解于汽油、苯、二硫化碳、四氯化碳、三氯甲烷等有机溶剂；高温时易于加工处理，常温下又很快地变硬，并且具有一定的抵抗变形的能力，因此被广泛地应用于建筑、铁路、道路、桥梁及水利工程中。

沥青按其在自然界中获得的方式，可分为地沥青和焦油沥青两大类。地沥青按产源可分为：天然沥青（是石油在自然条件下，长时间经受地球物理因素作用而形成的产物）

和石油沥青。焦油沥青是各种有机物(煤、木材、页岩等)干馏加工得到的焦油,再经加工而得到的产品。

在工程中应用最为广泛的是石油沥青,其次是煤沥青,以及以沥青为原料通过加入表面活性物质而得到的乳化沥青,或以沥青为原料通过加入改性材料而得到的改性沥青。下面对煤沥青、乳化沥青、改性沥青做一简单介绍。

1. 煤沥青

煤沥青(俗称柏油)是炼焦厂和煤气厂生产的副产物。烟煤在干馏过程中的挥发物质,经冷凝而成的黑色黏稠液体称为煤焦油,煤焦油再经分馏加工提取出轻油、中油、重油、蒽油后,所得的残渣即为煤沥青。

煤沥青与石油沥青一样,其化学成分也非常复杂,主要是由芳香族碳氢化合物及其氧、氮和硫的衍生物构成的混合物。由于其化学成分非常复杂,为了便于分析和研究,对煤沥青化学组分的研究与石油沥青的方法相同,也是按性质相近,且与沥青路用性能有一定联系的组分划分为游离碳、树脂和油分三个组分。

油分是液态化合物,与石油沥青中的油分类似,使得煤沥青具有流动性。

树脂使煤沥青具有良好的塑性和黏结性能,类似于石油沥青中的树脂。

游离碳又称自由碳,是一种固态的碳质颗粒,其相对含量在煤沥青中增加时,可提高煤沥青的黏度和温度稳定性,但游离碳含量超过一定限度时,煤沥青会呈现出脆性,煤沥青中的游离碳相当于石油沥青中的沥青质,只是其颗粒比沥青质大得多。

煤沥青与石油沥青相比较,在技术性质上和外观上以及气味上都存在较大差异。技术性质上的差异:由于煤沥青中含有较多的不饱和碳氢化合物,因此其抗老化的能力较差,且温度稳定性较低。表现为受热易流淌,受冷易脆裂;但煤沥青与矿质集料的黏附性较好;煤沥青中还含有酚、蒽及萘等成分,具有较强的毒性和刺激性臭味,但它同时具有较好的抗微生物腐蚀的作用。

2. 乳化沥青

乳化沥青主要由沥青、乳化剂、稳定剂和水组成。乳化沥青是将黏稠沥青加热至流动状态,经机械作用,而形成细小颗粒(粒径为0.002~0.005 mm)分散在有乳化剂、稳定剂的水中,形成均匀稳定的乳状液。

乳化沥青有很多优点:稠度小,具有良好流动性,可在常温下进行冷施工,操作简便,节约能源;以水为溶剂,无毒、无嗅,施工中不污染环境,且对操作人员的健康无有害影响;可在潮湿的基层表面上使用,能直接与湿集料拌和,黏结力不降低。但乳化沥青存在缺点:存储稳定性较差,存储期一般不宜超过6个月;乳化沥青修筑道路的成型期较长,最初要控制车辆的行驶速度。

在乳化沥青中,水是分散介质,沥青是分散相,两者在乳化剂和稳定剂的作用下才能形成稳定的结构。乳化剂是一种表面活性剂,是乳化沥青形成的关键材料,从化学结构上看,它是一种“两亲性”分子,分子的一部分具有亲水性,而另一部分具有亲油性,具有定向排列、吸附的作用。我们都知道,有机的油与无机溶剂的水是不相溶的,但如果把表面活性剂加入其中,则油能通过表面活性剂的作用被分散在水中,有机的沥青也是依靠表面活性剂的作用才能被分散在无机溶剂的水中。稳定剂是为了使乳化沥青具有良好的储存稳定性以及在施工中所需的良好稳定性。

3. 改性沥青

通常,沥青的性能不一定能完全满足使用的要求,因此就需要采取不同措施对沥青的性能进行改善,改善后的沥青就称为改性沥青。改性沥青的方法有多种,可采用不同的生产工艺方式进行改性,也可采用掺入某种材料来进行改性。改性沥青的种类很多,主要有橡胶改性沥青、树脂改性沥青、橡胶－树脂改性沥青及矿物改性沥青。

1)橡胶改性沥青

橡胶改性沥青是在沥青中掺入适量橡胶后使其改性的产品。沥青与橡胶的相溶性较好,混溶后的改性沥青高温变形性能提高,同时低温时仍具有一定的塑性。由于橡胶品种不同,掺入的方法也不同,因而各种橡胶改性沥青的性能也存在差异。

(1)氯丁橡胶沥青是在沥青中掺入氯丁橡胶而制成的。其气密性、低温抗裂性、耐化学腐蚀性、耐老化性和耐燃性能均有较大的提高。

(2)丁基橡胶沥青具有优异的耐分解性和良好的低温抗裂性、耐热性。

(3)再生橡胶沥青是将废旧橡胶先加工成1.5 mm以下的颗粒,再与石油沥青混合,经加热脱硫而成,具有一定弹性、塑性,以及良好的黏结力。

2)树脂改性沥青

树脂掺入石油沥青后,可大大改进沥青的耐寒性、黏结性和不透气性。由于石油沥青中芳香化合物含量很少,因此与树脂的相溶性较差,可以用于改性的树脂品种也较少。常用的有聚乙烯树脂改性沥青、无规聚丙烯树脂改性沥青等。

3)橡胶－树脂改性沥青

橡胶和树脂同时用于沥青改性,可使沥青获得两者的优点,效果良好。橡胶、树脂和沥青在加热熔融状态下发生相互作用,形成具有网状结构的混合物。

4)矿物改性沥青

在沥青中掺入适量矿物或纤维,经混合均匀而成。矿物填料掺入沥青后,能被沥青包裹形成稳定的混合物,由于沥青对矿物填料的湿润和吸附作用,使得沥青能成单分子状排列在矿物颗粒的表面,形成“结构沥青”,从而提高沥青的黏滞性、高温稳定性和柔韧性。常用的矿物填料主要有滑石粉、石灰石粉、硅藻土和石棉等。

小　结

沥青是由不同分子量的碳氢化合物及其非金属衍生物组成的黑褐色复杂混合物,呈液态、半固态或固态,是一种防水、防潮和防腐的有机胶凝材料。

沥青针入度试验能有效反映黏稠石油沥青的相对稠度,其指标作为划分沥青技术等级的主要指标。

塑性是指石油沥青在外力作用时产生变形而不被破坏的性能,在常温下,沥青的塑性较好,对振动和冲击作用有一定的承受能力,因此常将沥青铺作路面。沥青的塑性用延度(延伸度)表示。延度越大,表明沥青的塑性越好。延度是评定沥青塑性的重要指标。

沥青软化点是指沥青试件受热软化而下垂时的温度。不同沥青有不同的软化点,工程用沥青软化点不能太低或太高，否则夏季融化、冬季脆裂且不宜施工。

练习题

一、单选题

1. 在15 ℃采用比重瓶测得的沥青密度是沥青的(　　)。

A. 表观密度　　B. 实际密度

C. 相对密度　　D. 毛体积密度

2. 沥青黏稠性较高，说明沥青(　　)。

A. 标号较低　　B. 高温时易软化

C. 针入度较大　　D. 更适用我国北方地区

3. 沥青针入度试验时不会用到的仪器是(　　)。

A. 恒温水浴箱　　B. 秒表

C. 台秤　　D. 针入度仪

4. 沥青针入度试验温度控制精度为(　　)℃。

A. ±1　　B. ±0.5

C. ±0.2　　D. ±0.1

5. 下列有关沥青与集料黏附性试验表述正确的是(　　)。

A. 偏粗的颗粒采用水浸法

B. 偏细的颗粒采用水煮法

C. 试验结果采用定量方法表达

D. Ⅰ级黏附性最差，Ⅴ级黏附性最好

6. 用(　　)的大小来评定沥青的塑性。

A. 延度　　B. 针入度

C. 黏滞度　　D. 黏度

7. 沥青的(　　)越大，表示沥青的感温性越低。

A. 软化点　　B. 延度

C. 脆点　　D. 针入度指数

8. 沥青试验时，试样加热的次数不能超过(　　)。

A. 1 次　　B. 2 次

C. 3 次　　D. 4 次

9. 沥青经过老化之后，沥青的(　　)。

A. 针入度增大　　B. 延度增加

C. 软化点升高　　D. 三大指标变化视情况而定

10. 可用于判断沥青胶体结构类型的指标是(　　)。

A. 针入度　　B. 延度

C. 软化点　　D. 针入度指数

二、判断题

1. 沥青软化点试验时,升温速度为(5 ±0.5)℃/min。（　）
2. 软化点能反映沥青材料的热稳定性,也是沥青黏度的一种表示方式。（　）
3. 老化前后沥青的针入度比有可能大于1。（　）
4. 沥青针入度越大,其温度稳定性越好。（　）
5. 沥青针入度越小,表示沥青越硬。（　）
6. 评价黏稠石油沥青路用性能最常用的三大技术指标为针入度、软化点及脆点。（　）
7. 沥青软化点试验时,当升温速度超过规定的升温速度时,试验结果将偏高。（　）
8. 沥青与集料的黏附等级越高,说明沥青与矿料的黏附性越好。（　）
9. 在水煮法测定石料的黏附性试验中,当沥青剥落面积小于30%时可将其黏附性等级评定为4级。（　）
10. 沥青的延度越大,塑性越好,柔性和抗断裂性越好。（　）

三、多选题

1. 软化点试验时,软化点在80 ℃以下和80 ℃以上的加热起始温度不同,分别是(　　)。

A. 室温　　B. 5 ℃
C. 22 ℃　　D. 32 ℃

2. 针入度试验属条件性试验,其条件主要有3项,即(　　)。

A. 时间　　B. 温度
C. 针质量　　D. 沥青试样数量

3. 沥青密度或相对密度的试验温度可选(　　)。

A. 20 ℃　　B. 25 ℃
C. 15 ℃　　D. 30 ℃

4. 沥青的延度试验条件有(　　)。

A. 拉伸速度　　B. 试验温度
C. 试件大小　　D. 拉断时间

5. 评价沥青与集料黏附性的常用方法是(　　)。

A. 水煮法　　B. 水浸法
C. 光电分光光度法　　D. 溶解—吸附法

四、简答题

1. 简述水煮法测定沥青与粗集料黏附性的试验步骤。
2. 简述沥青三大指标及其含义。
3. 简述石油沥青延度试验的试验条件及注意事项。
4. 简述沥青针入度试验操作方法。
5. 简述黏稠石油沥青密度的检测方法。

项目4　建筑钢材的检测

知识目标

1. 掌握钢筋材料的弯曲性能和拉伸性能。
2. 掌握测定金属材料性能的方法。

能力目标

1. 能够根据现行国家及行业标准正确评价建筑钢材的技术性质。
2. 能够根据现行国家及行业标准进行钢材性能测定的操作。

【项目导入】

建筑钢材是工程建设中必不可少的建筑材料之一,建筑钢材的种类也有很多,不同钢材的性能和用途也不一样。下面就一起走进钢材的世界,来认识一下有建筑骨架之称的钢材。

【知识储备】

建筑钢材是指用于钢结构的各种型材(如圆钢、角钢、槽钢、工字钢等)、钢板和用于钢筋混凝土的各种钢筋、钢丝等。

建筑钢材材质均匀、性能可靠、强度高,具有一定的塑性、韧性,能承受较大的冲击和振动荷载,可以焊接、铆接、螺栓连接,便于装配;安全性高,自重较轻。因此,建筑钢材在建筑结构工程中得到广泛使用,是建筑工程极其重要的材料之一。但钢材也存在着能耗大、成本高、易锈蚀、耐火性差等缺点。

一、钢材的分类

(一)按化学成分分类

1. 碳素钢

碳素钢亦称"碳钢",是含碳量低于2.0%的铁碳合金。除铁碳外,碳素钢常含有如锰、硅、硫、磷、氧、氮等杂质。碳素钢按含碳量可分为:

(1)低碳钢。含碳量小于0.25%。

(2)中碳钢。含碳量为0.25%~0.60%。

(3)高碳钢。含碳量大于0.60%。

2. 合金钢

合金钢是指为改善钢的性能,在钢中特意加入某些元素(如锰、硅、钒、钛等),使钢材具有特殊的力学性能。合金钢按合金元素含量可分为:

(1)低合金钢。合金元素总含量小于5%。

(2)中合金钢。合金元素总含量为5%~10%。

(3)高合金钢。合金元素总含量大于10%。

（二）按用途分类

钢材按用途的不同可分为：

（1）结构钢。用于建筑结构、机械制造等，一般为低中碳钢。

（2）工具钢。用于各种工具，一般为高碳钢。

（3）特殊钢。具有各种特殊物理化学性能的钢材，如不锈钢等。

（三）按冶炼时脱氧程度分类

在炼钢过程中，钢水里尚有大量以 FeO 形式存在的氧分，FeO 与碳作用生成 CO，以致在凝固钢锭内形成许多气泡，降低钢材的力学性能。为了除去钢液中的氧，必须加入脱氧剂锰铁、硅铁及铝锭使之与 FeO 反应，生成 MnO、SiO_2、Al_2O_3等钢渣而被除去，这一过程称为脱氧。根据脱氧程度不同，钢材分为以下几种：

（1）沸腾钢（F）。指属脱氧不完全的钢，浇铸后在钢液冷却时有大量 CO 逸出，引起钢液剧烈沸腾，称为沸腾钢。其代号为“F”。

（2）镇静钢（Z）。指浇铸时钢液平静地冷却凝固，是脱氧较完全的钢。其代号为“T”。

（3）半镇静钢（b）。指脱氧程度和质量介于上述两种钢之间的钢，其质量较好。其代号为“b”。

（4）特殊镇静钢（TZ）。指比镇静钢脱氧程度还要充分和彻底的钢，其质量最好，适用于特别重要的结构工程。其代号为“TZ”。

（四）按质量分类

碳素钢按照供应的钢材化学成分中有害杂质的含量不同，可划分为：

（1）普通碳素钢。含硫量≤0.050%，含磷量≤0.045%。

（2）优质碳素钢。含硫量≤0.040%，含磷量≤0.040%。

（3）高级优质碳素钢。含硫量≤0.030%，含磷量≤0.035%。高级优质碳素钢的钢号后加“高”字或“A”。

建筑上常用的主要钢种是普通碳素钢中的低碳钢和合金钢中的低合金高强度结构钢。

二、建筑钢材的主要技术性质

建筑钢材的技术性质主要包括力学性能（抗拉性能、塑性、冲击韧性和硬度等）和工艺性能（冷弯、焊接和冷加工等）两个方面。

（一）建筑钢材的力学性能

1. 抗拉性能

抗拉性能是建筑钢材的重要性能。将低碳钢（软钢）制成一定规格的试件，放在材料试验机上进行拉伸试验，可绘制出如图 4-1 的应力—应变关系曲线。从图 4-1 可以看出，低碳钢受拉过程分为弹性阶段（Ⅰ）、屈服阶段（Ⅱ）、强化阶段（Ⅲ）和颈缩阶段（Ⅳ）等四个阶段。

1）弹性阶段（*OA* 段）

应力与应变成正比关系，应力增加，应变也增大。如果卸去外力，试件则恢复原状，这

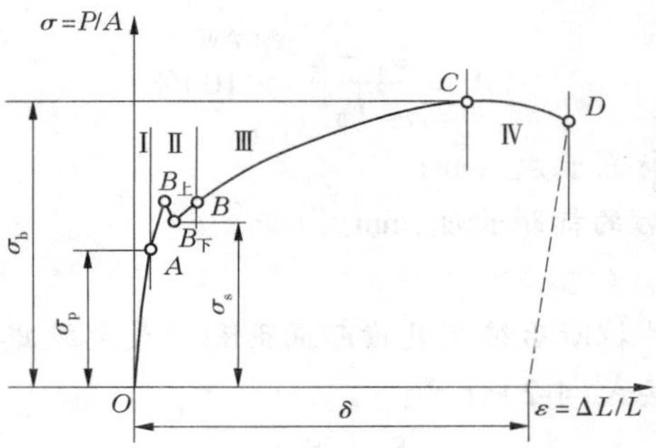

图 4-1　低碳钢受拉时的应力—应变关系曲线

种能恢复原状的性质叫作弹性,这个阶段称为弹性阶段。弹性阶段的最高点(图 4-1 中的 A 点)对应的应力称为比例极限或弹性极限,一般用 σ_p 表示。

2)屈服阶段(AB 段)

在应力超过比例极限后,应力和应变不再成正比关系。这一阶段开始时的图形接近直线,后应力增加很小,而应变急剧地增大,就好像钢材对外力屈服一样,所以称为屈服阶段,即图 4-1 中的 AB 段。此时,钢材的性质也由弹性转为塑性,如将拉力卸去,试件的变形不会全部恢复,不能恢复的变形称为塑性变形(残余变形)。这个阶段有两个应力极值点,即屈服上限($B_{上}$点对应的应力值)和屈服下限($B_{下}$点对应的应力值),由于$B_{下}$点对应的应力相对比较稳定,容易测定,因此将屈服下限$B_{下}$点称为屈服点,对应的应力值称为屈服强度,用 σ_s 表示。

3)强化阶段(BC 段)

钢材经历屈服阶段后,由于内部组织发生起了变化,抵抗外力的能力又重新提高了,应力与应变的关系成上升的曲线(图 4-1 中的 BC 段)。此阶段称为强化阶段,对应于最高点 C 的应力称为抗拉强度,用 σ_b 表示。抗拉强度是试件所能承受的最大应力。

4)颈缩阶段(CD 段)

在钢材强化达到最高点后,在试件薄弱处的截面将显著缩小,产生"颈缩现象",如图 4-2 所示。由于试件断面急剧缩小,塑性变形迅速增加,拉力也就随着下降,最后发生断裂。

图 4-2　钢材颈缩现象示意

2. 塑性

钢材在受力破坏前可以经受永久变形的性能称为塑性。在工程应用中,钢材的塑性指标通常用伸长率和断面收缩率表示。

1)伸长率

伸长率是指试件原始标距的伸长与原始标距之比。断后伸长率是指断后标距的残余伸长与原始标距之比的百分率。断后伸长率按

式(4-1)计算:

$$A = \frac{L_u - L_0}{L_0} \times 100\% \tag{4-1}$$

式中 L_0——试件的原标距长度,mm;

L_u——试件拉断后的标距长度,mm。

2)断面收缩率

断面收缩率是指试件拉断后缩颈处横断面面积的最大缩减量与原始横断面面积之比的百分率。断面收缩率按式(4-2)计算:

$$Z = \frac{S_0 - S_u}{S_0} \times 100\% \tag{4-2}$$

式中 S_0——试件的原横断面面积,mm^2;

S_u——试件裂断(缩颈)处的横断面面积,mm^2。

伸长率与断面收缩率都反映了钢材的变形性能。二者越大,表明钢材塑性越好,钢材越易加工,且易保证质量。

3. 冲击韧性

冲击韧性是指钢材抵抗冲击荷载而不被破坏的能力。钢材的冲击韧性指标是以试样缺口处单位横截面所吸收的功(J/cm^2)来表示的,即冲击韧性值,其符号为 α_k,采用标准试件的弯曲冲击韧性试验确定。试验的标准试件为 10 mm×10 mm×55 mm,并带有 V 形缺口。试验前,将带有 V 形缺口的金属试样以简支梁状态放于摆锤试验机上,以摆锤冲击试件刻槽的背面,使试件承受冲击弯曲而断裂,如图 4-3 所示。

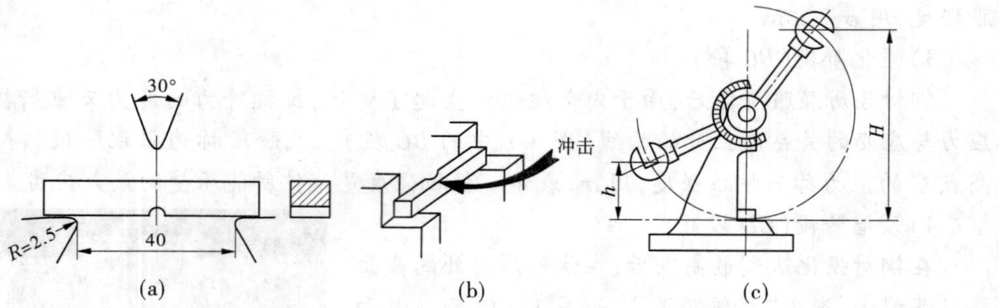

图 4-3 钢材的冲击韧性试验

冲击韧性值 α_k 等于冲击吸收功与试样缺口底部处横截面面积的比,即

$$\alpha_k = \frac{A_k}{A} \tag{4-3}$$

式中 A——试样缺口处的截面面积,cm^2;

A_k——冲击吸收功,具有一定形状和尺寸的金属试样在冲击荷载作用下折断时所吸收的功,J。

A_k(或 α_k)值越大,表示冲断时所吸收的功越多,钢材的冲击韧性越好。

影响钢材冲击韧性的因素很多，如钢材的化学成分、冶炼轧制质量、环境温度、冷加工及时效等，其中环境温度对钢材性能的影响较为明显。当温度降低至一定程度时，钢材的冲击韧性会突然显著下降且出现脆性，这种现象称为钢材的冷脆性，这时的温度称为脆性临界温度。它的数值越低，钢材耐低温冲击性能越好。

4. 硬度

钢材表面局部体积内抵抗更硬物体压入的能力称为硬度。我国现行国家标准测定金属硬度的方法有布氏硬度、洛氏硬度和维氏硬度三种。最常用的为布氏硬度和洛氏硬度。布氏硬度测定原理是用一直径为 D 的硬质钢球，在荷载 P(N)的作用下压入试件表面，经规定的时间后卸去荷载，用读数放大试件镜测出压痕直径 d，以荷载 P 除以压痕表面面积(mm^2)，即为布氏硬度值 HB。HB 值越大，表示钢材越硬。硬度值与强度指标和塑性指标有一定的相关性。钢材硬度值越高，表示它抵抗局部塑性变形的能力越大，钢材的强度也越高。

(二)建筑钢材的工艺性能

1. 冷弯性能

冷弯性能是指钢材在常温下承受弯曲变形的能力，是建筑钢材的重要工艺性能。钢材的冷弯性能一般用弯曲角度 α、弯心直径 d 与钢材厚度 a 的比值来表示。

冷弯性能试验是将试件置于冷弯机上弯曲至规定的角度(或 90°)，若其弯曲处不发生裂缝、裂断或起层，即认为冷弯性能合格，如图 4-4 所示。试验时采用的弯曲角度越大，弯心直径对试件厚度(或直径)的比值越小，表示对冷弯性能的要求越高。如图 4-5 所示。

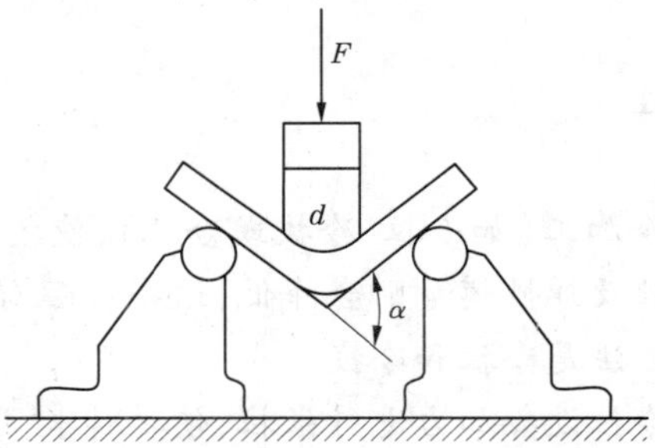

图 4-4　钢材的冷弯试验

钢材冷弯时的弯曲角度越大，弯心直径越小，则表示冷弯性能越好。冷弯试验能揭示钢材是否因内部组织不均匀，存在内应力和夹杂物等缺陷。

一般来说，钢材的塑性愈大，其冷弯性能愈好。伸长率反映的是钢材在均匀变形下的塑性，冷弯性能反映的是钢材处于不利变形条件下的塑性，可揭示钢材内部组织是否均匀，是否存在内应力和夹杂物等缺陷。而这些缺陷在拉伸试验中常因塑性变形导致应力重分布而得不到反映。

2. 焊接性能

在建筑工程中，各种型钢、钢板、钢筋及预埋件等需用焊接加工。钢结构有 90% 以上是焊接结构。焊接的质量取决于焊接工艺、焊接材料及钢的焊接性能。

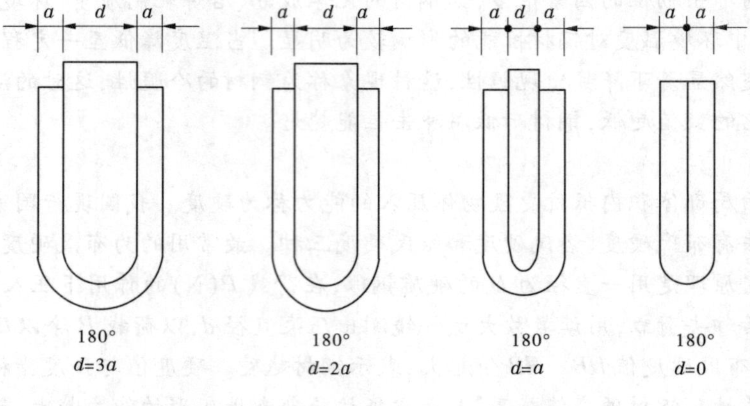

图 4-5　弯曲角度为 180°时的不同弯心直径钢材的冷弯试验

钢材的可焊性是指钢材是否适应通常的焊接方法与工艺的性能。可焊性好的钢材指易于用一般焊接方法和工艺施焊,焊口处不易形成裂纹、气孔、夹渣等缺陷;焊接后钢材的力学性能,特别是强度不低于原有钢材,硬脆倾向小。钢材可焊性能的好坏,主要取决于钢的化学成分。含碳量高将增加焊接接头的硬脆性,含碳量小于 0.25% 的碳素钢具有良好的可焊性。

钢筋焊接应注意的问题是:冷拉钢筋的焊接应在冷拉之前进行;钢筋焊接之前,焊接部位应清除铁锈、熔渣、油污等;应尽量避免不同国家的进口钢筋之间或进口钢与国产钢筋之间的焊接。

3. 冷加工性能及时效性

1)冷加工性能

将钢材在常温下进行冷加工(如冷拉、冷拔或冷轧),使之产生塑性变形,从而提高屈服强度,但钢材的塑性、韧性及弹性模量则会降低,这个过程称为冷加工强化处理。建筑工地或预制构件厂常用的方法是冷拉和冷拔。

冷拉是将热轧钢筋用冷拉设备加力进行张拉,使之伸长。钢材经冷拉后屈服强度可提高 20% ~30%,可节约钢材 10% ~20%,钢材经冷拉后屈服阶段缩短,伸长率降低,材质变硬。

冷拔是将光面圆钢筋通过硬质合金拔丝模孔强行拉拔,每次拉拔断面缩小应在 10% 以下。钢筋在冷拔过程中,不仅受拉,同时还受到挤压作用,因而冷拔的作用比纯冷拉作用强烈。经过一次或多次冷拔后的钢筋,表面光洁度高,屈服强度提高 40% ~60%,但塑性大大降低,具有硬钢的性质。

2)时效性

钢材经冷加工后,在常温下存放 15 ~20 d 或加热至 100 ~200 ℃,保持 2 h 左右,其屈服强度、抗拉强度及硬度进一步提高,而塑性及韧性继续降低,这种现象称为时效性。前者称为自然时效,后者称为人工时效。

三、化学成分对钢材性能的影响

钢的化学成分对钢材性能有显著影响。在普通碳素钢中，除含有碳、硅、锰主要元素外，还含有少量的硫、磷、氮、氧、氢等有害杂质。这些元素在钢中的含量是决定钢材质量和性能好坏的重要因素。

（一）碳（C）

碳是决定钢性能的重要元素。含碳量小于0.8%的碳素钢，随着含碳量的增加，钢的抗拉强度和硬度增加，而塑性和韧性则相应降低。当含碳量大于0.8%时，随着含碳量的增加，钢的抗拉强度反而下降。

（二）硅（Si）

炼钢时为了脱氧去硫而加入硅。少量的硅对钢是有益的。当含硅量小于1.0%时，能显著提高钢的强度，对钢的塑性和韧性影响不大，还可以提高钢的抗腐蚀能力，改善钢的质量。当含硅量大于1.0%时，可焊性变差，冷脆性增加。

（三）锰（Mn）

锰在钢中起脱氧和去硫作用。加入锰能显著提高钢材的强度和硬度，消除钢的热脆性，改善其热加工性，几乎不降低钢的塑性和韧性。当含锰量大于1.0%时，将降低钢的塑性、韧性和可焊性；含锰量达11%～14%时，称为高锰钢，具有较高的耐磨性。

（四）磷（P）

磷是钢中的有害元素。磷对钢材起强化作用，可使钢的屈服点和抗拉强度提高，但塑性和韧性显著降低，特别在低温下会增大钢的冷脆性，并降低钢的可焊性。因此，应严格控制磷的含量，一般不超过0.085%。但磷配合其他元素作为合金元素，可提高钢的耐磨性和耐蚀性。

（五）硫（S）

硫是钢中的有害元素。硫在热加工过程中会引起钢材断裂，形成热脆现象，称为热脆性。硫将大大降低钢的热加工性、可焊性、冲击韧性、疲劳强度和抗腐蚀性。硫是极有害的杂质，应严格控制其含量，一般不超过0.065%。

四、建筑用主要钢材简介

建筑工程用钢分为钢筋混凝土结构用钢材和结构用钢材两类。前者主要采用钢筋和钢丝，后者主要是应用型钢和钢板，两者多由碳素结构钢和低合金高强度结构钢加工而成。

（一）钢筋混凝土结构用钢材

钢筋混凝土结构用钢筋和钢丝，主要品种有热轧钢筋、冷轧带肋钢筋、预应力混凝土用钢丝及钢绞线等。

1. 热轧钢筋

钢筋混凝土用热轧钢筋按其表面的形状分为热轧光圆钢筋和热轧带肋钢筋。

1）热轧光圆钢筋

热轧光圆钢筋是指经热轧成型，横截面通常为圆形，表面光滑的成品钢筋。钢筋的公称直径为 6 ~ 22 mm。热轧光圆钢筋的牌号由 HPB 和屈服强度特征值构成,H、P、B 分别为热轧(hot rolled)、光圆(plain)、钢筋(bars)三个词的英文首位字母。热轧光圆钢筋的牌号为 HPB300。钢筋用碳素结构钢轧制,具有塑性好、伸长率高、便于弯折成型等特点,可用作中小型钢筋混凝土结构的受力钢筋或箍筋。

按照《钢筋混凝土用钢　第 1 部分:热轧光圆钢筋》(GB/T 1499.1—2017)的规定,热轧光圆钢筋的力学性能与工艺性能见表 4-1。

表 4-1　热轧光圆钢筋的力学性能与工艺性能

牌号	公称直径（mm）	下屈服强度（MPa）	抗拉强度（MPa）	断后伸长率（%）	最大力总延伸率（%）	冷弯试验 180°
		不小于				
HPB300	6 ~ 22	300	420	25	10.0	$d = a$

注:d 为弯心直径;a 为钢筋公称直径。

2)热轧带肋钢筋

热轧带肋钢筋是用低合金结构钢轧制,横截面通常为圆形,且表面带肋的混凝土结构用钢材。钢筋有两条纵肋和沿长度方向均匀分布的横肋,横肋的纵横面呈月牙形且与纵肋不相交的钢筋称为月牙肋钢筋;横肋的纵横面高度相等且与纵肋相交的钢筋称为等高肋钢筋,如图 4-6 所示。

图 4-6　热轧带肋钢筋

热轧带肋钢筋的公称直径为 6 ~ 50 mm,根据热轧工艺,热轧带肋钢筋又分为普通热轧钢筋 HRB 和细晶粒热轧钢筋 HRBF,H、R、B 分别为热轧(hot rolled)、带肋(ribbed)、钢筋(bars)三个词的英文首位字母;HRBF 中的 F 为细晶粒(fine)英文首位字母。

普通热轧钢筋牌号由 HRB + 屈服强度特征值构成,有 HRB400、HRB500、HRB600;由 HRB + 屈服强度特征值 + E 构成,有 HRB400E、HRB500E,其中 E 为地震(earthquake)的英文首位字母。

细晶粒热轧钢筋牌号由 HRBF + 屈服强度特征值构成,有 HRBF400、HRBF500;由 HRBF + 屈服强度特征值 + E 构成,有 HRBF400E、HRBF500E,其中 E 为“地震”(earthquake)的英文首位字母。HRB400 钢筋的强度、塑性及焊接的综合性能较好,可用于大中型(如桥梁、水坝等)构件中;HRB600 钢筋强度高,延性好,拥有良好的使用性能。

按照《钢筋混凝土用钢 第 2 部分:热轧带肋钢筋》(GB/T 1499.2—2018)的规定,热轧带肋钢筋的力学性能与工艺性能要求见表 4-2。

表 4-2　热轧带肋钢筋的力学性能与工艺性能

牌号	公称直径(mm)	弯曲压头直径(mm)	下屈服强度 R_{eL}(MPa)	抗拉强度 R_m(MPa)	断后伸长率 A(%)	最大力总延伸率 A_{gt}(%)	R_m^0/R_{eL}^0	R_{eL}^0/R_{eL}
			不小于					不大于
HRB400 HRBF400	6 ~ 25	4d	400	540	16	7.5	—	—
	28 ~ 40	5d						
	>40 ~ 50	6d						
HRB400E HRBF400E	6 ~ 25	4d			—	9.0	1.25	1.30
	28 ~ 40	5d						
	>40 ~ 50	6d						
HRB500 HRBF500	6 ~ 25	6d	500	630	15	7.5	—	—
	28 ~ 40	7d						
	>40 ~ 50	8d						
HRB500E HRBF500E	6 ~ 25	6d			—	9.0	1.25	1.30
	28 ~ 40	7d						
	>40 ~ 50	8d						
HRB600	6 ~ 25	6d	600	730	14	7.5	—	—
	28 ~ 40	7d						
	>40 ~ 50	8d						

注：R_m^0 为钢筋实测抗拉强度；R_{eL}^0 为钢筋实测下屈服强度；d 为钢筋公称直径。

2. 冷轧带肋钢筋

冷轧带肋钢筋是由热轧圆盘条经冷轧后，在其表面带有沿长度方向均匀分布的横肋的钢筋。二面肋和三面肋钢筋横肋呈月牙形，四面肋横肋的纵截面应为月牙状并且不应与横肋相交。钢筋的外形如图 4-7 所示。

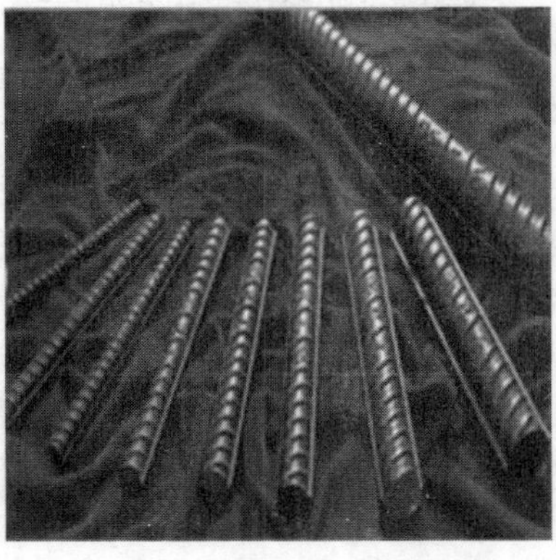

图 4-7　冷轧带肋钢筋示意图

根据《冷轧带肋钢筋》(GB/T 13788—2017)的规定，冷轧带肋钢筋按延性高低分为冷轧带肋钢筋、高延性冷轧带肋钢筋。钢筋的牌号由 CRB + 抗拉强度特征值、CRB + 抗拉强度特征值 + H 构成，分为 CRB550、CRB650、CRB800、CRB600H、CRB680H、CRB800H 六个牌号。C、R、B、H 为冷轧(cold)、带肋(ribbed)、钢筋(bars)、高延性(high elongation）四个词的英文首位字母。

CRB550、CRB600H、CRB680H 钢筋的公称直径为 4 ~ 12 mm，CRB650、CRB800、CRB800H 钢筋的公称直径为 4 mm、5 mm、6 mm。

冷轧带肋钢筋的力学性能和工艺性能应符合表 4-3 的要求。当进行弯曲试验时，受弯曲部位表面不得产生裂纹，反复弯曲试验的弯曲半径应符合表 4-4 的规定。

表 4-3　冷轧带肋钢筋的力学性能和工艺性能

分类	牌号	规定塑性延伸强度 $R_{P0.2}$（MPa），不小于	抗拉强度 R_m（MPa），不小于	$R_m/R_{P0.2}$，不小于	断后伸长率（%），不小于		最大总延伸率（%），不小于	弯曲试验 180°①	反复弯曲次数	应力松弛试验时，初始应力应相当于公称抗拉强度的 70% 1 000 h，松弛率（%），不大于
					A	$A_{100\ mm}$	A_{gt}			
普通钢筋混凝土用	CRB550	500	550	1.05	11.0	—	2.5	$D=3d$	—	—
	CRB600H	540	600	1.05	14.0	—	5.0	$D=3d$	—	—
	CRB680H②	600	680	1.05	14.0	—	5.0	$D=3d$	4	5
预应力混凝土用	CRB650	585	650	1.05	—	4.0	2.5	—	3	8
	CRB800	720	800	1.05	—	4.0	2.5	—	3	8
	CRB800H	720	800	1.05	—	7.0	4.0	—	4	5

注：①D 为弯心直径，d 为钢筋公称直径。

②当该牌号钢筋作为普通钢筋混凝土用钢筋使用时，对反复弯曲和应力松弛不做要求；当该牌号钢筋作为预应力混凝土用钢筋使用时，应进行反复弯曲试验代替 180°弯曲试验，并检测松弛率。

表 4-4　反复弯曲试验的弯曲半径

钢筋公称直径（mm）	4	5	6
弯曲半径（mm）	10	15	15

冷轧带肋钢筋具有强度高、塑性好、质量稳定、与混凝土黏结牢固等优点，广泛用于中小型预应力混凝土结构构件和普通混凝土结构构件中。CRB550、CRB600H 为普通钢筋混凝土用钢筋，CRB650、CRB800 、CRB800H 为预应力混凝土用钢筋，CRB680H 既可作为普通钢筋混凝土用钢筋，也可作为预应力混凝土用钢筋。

（二）预应力混凝土用钢丝和钢绞线

1. 预应力混凝土用钢丝

预应力高强度钢丝是用优质碳素结构钢盘条，经冷加工和热处理等工艺制成的。根据《预应力混凝土用钢丝》(GB/T 5223—2014)的规定,预应力钢丝按外形分为光圆钢丝(代号为P)、刻痕钢丝(代号为I)、螺旋肋钢丝(代号为H)三种;按加工状态分为冷拉钢丝(WCD)、消除应力钢丝两类。消除应力钢丝又分为低松弛钢丝(代号为WLR)。

预应力混凝土用钢丝产品标记为:预应力钢丝、公称直径、抗拉强度等级、加工状态代号、外形代号、标准编号。例如:直径为4.00 mm,抗拉强度为1 670 MPa的冷拉光圆钢丝,其标记为:预应力钢丝4.00－1670－WCD－P－GB/T 5223—2014。

2.预应力混凝土用钢绞线

根据《预应力混凝土用钢绞线》(GB/T 5224—2014)的规定,用于预应力混凝土的钢绞线按其结构分为8类,其结构代号见表4-5。产品标记为:预应力钢绞线、结构代号、公称直径、强度级别、标准编号。如:公称直径为15.20 mm,强度级别为1 860 MPa的七根钢丝捻制的标准型钢绞线,其标记为:预应力钢绞线1×7－15.20－1860－GB/T 5224—2014。

表4-5　钢绞线结构代号

钢绞线	结构代号
用两根钢丝捻制的钢绞线	1×2
用三根钢丝捻制的钢绞线	1×3
用三根刻痕钢丝捻制的钢绞线	1×3I
用七根钢丝捻制的标准型钢绞线	1×7
用六根刻痕钢丝和一根光圆中心钢丝捻制的钢绞线	1×7I
用七根钢丝捻制又经模拔的钢绞线	(1×7)C
用十九根钢丝捻制的1+9+9西鲁式钢绞线	1×19S
用十九根钢丝捻制的1+6+6/6瓦林吞式钢绞线	1×19W

预应力钢丝和钢绞线强度高,并具有较好的柔韧性,质量稳定,施工方便,使用时可根据要求的长度切断。它主要适用于大荷载、大跨度、曲线配筋的预应力钢筋混凝土结构。

(三)型钢

钢结构构件一般应直接选用各种型钢。型钢之间可直接连接或附加连接。连接方式可铆接、螺栓连接或焊接。钢结构所用钢主要是型钢和钢板。型钢有热轧(常用的有角钢、工字钢、槽钢、T型钢、H型钢、Z型钢等)及冷轧(常用的有角钢、槽钢及空心薄壁型)两种。钢板也有热轧和冷轧两种。

(四)碳素结构钢

根据国家标准《碳素结构钢》(GB/T 700—2006)的规定,钢的牌号由代表屈服强度的字母、屈服强度数值、质量等级符号、脱氧方法符号等四个部分按顺序组成。其中,屈服强度用“屈”的首字母“Q”表示;屈服强度有195 MPa、215 MPa、235 MPa和275 MPa四种;质量等级以硫、磷等杂质含量由多到少分4个等级,分别由A、B、C、D符号表示;脱氧方法符号有F、B、Z、TZ,分别表示沸腾钢、半镇静钢、镇静钢、特殊镇静钢,其中Z和TZ在钢的牌号中予以省略。例如Q235AF,表示屈服强度为235 MPa的A级沸腾钢。

牌号数值越大,含碳量越高,其强度、硬度也越高,但塑性、韧性降低,冷弯性能逐渐变差。同一钢材的质量等级越高,钢材的质量越好。

(五)低合金高强度结构钢

根据国家标准《低合金高强度结构钢》(GB/T 1591—2018)的规定,低合金高强度结构钢牌号由代表屈服强度的字母、规定的最小上屈服强度数值、交货状态代号、质量等级(B、C、D、E、F)四部分组成。低合金高强度结构钢牌号有 8 个牌号:Q355、Q390、Q420、Q460、Q500、Q550、Q620 和 Q690。交货状态为热轧时,交货状态代号 AR 或 WAR 可省略;交货状态为正火或正火轧制状态时,交货状态代号均用 N 表示;交货状态为热机械轧制状态时,交货状态代号为 M。例如 Q355ND,表示最小上屈服强度为 355 MPa 的正火(正火轧制)D 级低合金高强度结构钢。

当需方要求钢板具有厚度方向性能时,则在上述规定的牌号后加上代表厚度方向(Z 向)性能级别的符号,如 Q355NDZ25。

低合金高强度钢的含碳量一般都较低,以便于钢材的加工和焊接要求。其强度的提高主要是靠加入的合金元素结晶强化或固溶强化来达到的。采用低合金高强度钢的主要目的是减轻结构质量,延长使用寿命。这类钢具有较高的屈服强度和抗拉强度、良好的塑性和冲击韧性,具有耐锈蚀、耐低温性能,综合性好。

任务 4.1　钢筋弯曲性能的检测

引例:

钢筋的弯曲性能是钢筋质量判定的标准之一。弯曲性能对钢筋的适用工况有重要影响。钢筋弯曲性能的测定是钢材性能测定的重要组成部分。

1　目的与任务

根据《金属材料 弯曲试验方法》(GB/T 232—2010)对热轧带肋钢筋检验弯曲变形性能,并显示其缺陷,同时完成检测记录表的填写。

2　试验仪器

(1)支辊式弯曲装置(见图 4-8):支辊长度和弯曲压头的宽度应大于试样宽度或直径。弯曲压头的直径由产品标准规定。支辊和弯曲压头应具有足够的硬度。除非另有规定,支辊间距离应按照式(4-4)确定:

$$l = (d + 3a) \pm \frac{a}{2} \tag{4-4}$$

此距离在试验期间应保持不变。

注意:此距离在试验前期保持不变,对于 180°弯曲试样,此距离会发生变化。

(2)钢直尺:量程 50 cm,精度 0.1 mm。

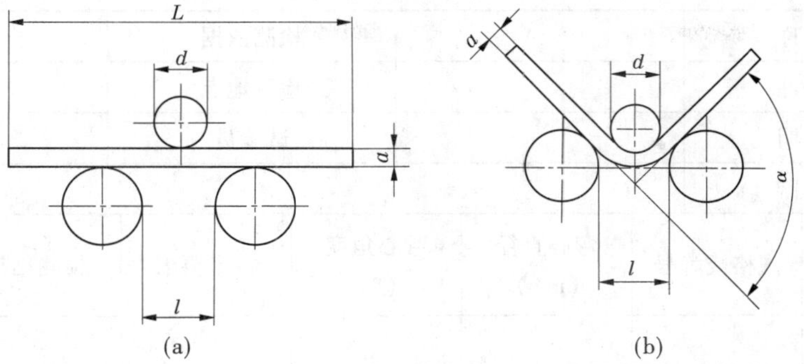

图4-8　支辊式弯曲装置

3　试验步骤

(1)试验室温度检查。

除非另有规定,试验一般在室温10～35 ℃内进行。对温度要求严格的试验,试验温度应为(23±5)℃。

(2)确定弯心直径。

根据《钢筋混凝土用钢 第2部分:热轧带肋钢筋》(GB/T 1499.2—2018)的具体要求,确定试验的弯心直径。

(3)试验设备开机。按规定的程序,开启试验机、计算机及试验程序,输入试样参数。

(4)更换与弯心直径一致的弯头,根据式(4-4)计算支辊间距,并对试验机的支辊间距调整为计算的间距。

(5)放置试样于支辊上,调整试样位置,确定弯头位于试样的中间位置。

(6)开始试验,单击试验软件中的开始键进行冷弯试验。此时试验机将按规定的方法对钢筋进行冷弯,并在计算机上实现出冷弯过程中的应力—应变曲线,直到试样压到规定角度(180°)为止,终止试验。

4　结果检验评定

4.1　评定标准

按规定的弯心直径弯曲180°后,钢筋受弯曲部位表面不得产生裂纹。

4.2　结果评定

冷弯试验后,弯曲外侧表面无裂纹、断裂或起层,即判为合格。做冷弯试验的两根试件中,如有一根试件不合格,可取双倍数量试件重新做冷弯试验。第二次冷弯试验中,如仍有一根不合格,即判定该批钢筋为不合格品。

5　填表

填写钢筋冷弯性能试验记录表(见表4-6)。

表 4-6 钢筋冷弯性能试验记录表

样品名称			检测依据			
环境条件			检测地点			
试验日期			试验员			
主要仪器						
试样编号	规格或牌号	弯心直径（mm）	弯心角度（°）	技术要求	检测结果	单项评定
1						
2						
3						
备注：						

记录： 计算： 审核：

思考与讨论：

钢筋中哪些化学元素影响钢筋的冷弯性能？

任务 4.2 钢筋室温拉伸性能的检测

引例：

钢筋的抗拉性能是钢筋质量判定的标准之一。拉伸性能对钢筋的适用工况有重要影响。钢筋拉伸性能的测定是钢材性能测定的重要组成部分。

1 目的与任务

(1)测定低碳钢的屈服强度 R_{Eh}、R_{eL} 及 R_e、抗拉强度 R_m、断后伸长率 A 和断面收缩率 Z。

(2)测定铸铁的抗拉强度 R_m 和断后伸长率 A。

(3)观察并分析两种材料在拉伸过程中的各种现象(包括屈服、强化、冷作硬化和颈缩等现象)，并绘制拉伸图。

(4)比较低碳钢(塑性材料)与铸铁(脆性材料)拉伸机械性能的特点。

2 试验仪器

试验仪器有万能试验机、游标卡尺、试样分划器或钢筋标距仪。

3　试验准备

本试验采用经机加工的直径 $d=10$ mm 的圆形截面比例试样，它是根据国家试验规范的规定进行加工的。它由夹持、过渡和平行三部分组成（见图 4-9），它的夹持部分稍大，其形状和尺寸应根据试样大小、材料特性、试验目的以及试验机夹具的形状和结构设计，但必须保证轴向的拉伸力。其夹持部分的长度至少应为楔形夹具长度的 3/4（试验机配有各种夹头，对于圆形试样一般采用楔形夹板夹头，夹板表面制成凸纹，以便夹牢试样）。机加工带头试样的过渡部分是圆角，与平行部分光滑连接，以保证试样破坏时断口在平行部分。平行部分的长度 L_c 按现行国家标准中的规定取 L_0+d，L_0 是试样中部测量变形的长度，称为原始标距。

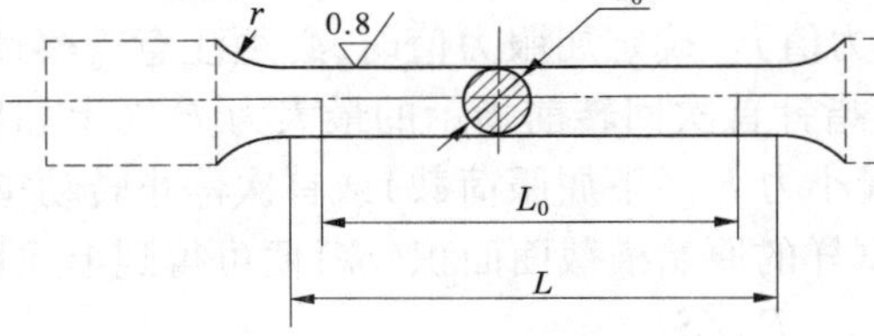

图 4-9　机加工的圆截面拉伸试样

4　试验原理

按我国现行标准《金属材料 试验方法 第 1 部分：室温试验方法》（GB/T 228.1—2010）的规定，在室温 10～35 ℃内进行试验。

将试样安装在试验机的夹头中，然后开动试验机，使试样受到缓慢增加的拉力（应根据材料性能和试验目的确定拉伸速度），直到拉断为止，并利用试验机的自动绘图装置绘出材料的拉伸图，如图 4-10 所示。

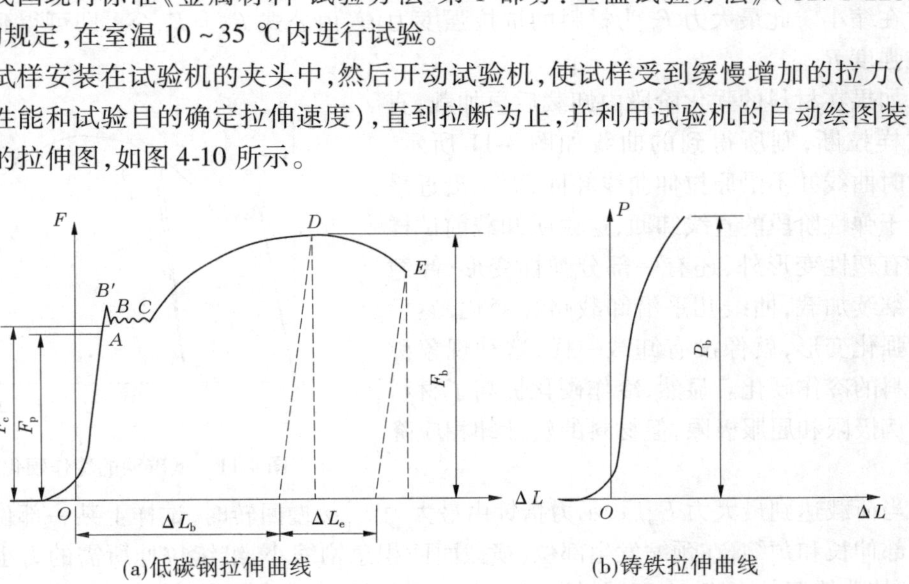

图 4-10　由试验机绘图装置绘出的拉伸曲线

应当指出，试验机自动绘图装置绘出的拉伸变形 ΔL 主要是整个试样（不只是标距部分）的伸长，还包括机器的弹性变形和试样在夹头中的滑动等因素。由于试样开始受力时，头部在夹头内的滑动较大，故绘出的拉伸图最初一段是曲线。

4.1　**低碳钢（典型的塑性材料）**

当拉力较小时，试样伸长量与力成正比增加，保持直线关系，拉力超过 F_p 后拉伸曲线将由直变曲。保持直线关系的最大拉力就是材料比例极限的力值 F_p。

在 F_p 的上方附近有一点是 F_c，若拉力小于 F_c 而卸载，则卸载后试样立刻恢复原状；若拉力大于 F_c 后再卸载，则试件只能部分恢复。保留的残余变形即为塑性变形，因而 F_c 是代表材料弹性极限的力值。

当拉力增加到一定程度时，试验机的示力指针（主动针）开始摆动或停止不动，拉伸图上出现锯齿状或平台，这说明此时试样所受的拉力几乎不变但变形却在继续，这种现象称为材料的屈服。低碳钢的屈服阶段常呈锯齿状，其上屈服点 B' 受变形速度及试样形式等因素的影响较大，而下屈服点 B 则比较稳定（因此工程上常以其下屈服点 B 所对应的力值 F_{eL} 作为材料屈服时的力值）。确定屈服力值时，必须注意观察读数表盘上测力指针的转动情况，读取测力度盘指针首次回转前指示的最大力 F_{eH}（上屈服荷载）和不计初始瞬时效应时屈服阶段中的最小力 F_{eL}（下屈服荷载）或首次停止转动指示的恒定力 F_{eL}（下屈服荷载），将其分别除以试样的原始横截面面积（S_0）便可得到上屈服强度 R_{eH} 和下屈服强度 R_{eL}，即 $R_{eH}=F_{eH}/S_0$，$R_{eL}=F_{eL}/S_0$。

屈服阶段过后，虽然变形仍继续增大，但力值也随之增加，拉伸曲线又继续上升，这说明材料又恢复了抵抗变形的能力，这种现象称为材料的强化。在强化阶段内，试样的变形主要是塑性变形，比弹性阶段内试样的变形大得多，在达到最大力 F_m 之前，试样标距范围内的变形是均匀的，拉伸曲线是一段平缓上升的曲线，这时可明显地看到整个试样的横向尺寸在缩小。此最大力 F_m 为材料的抗拉强度力值，由公式 $R_m=F_m/S_0$，即可得到材料的抗拉强度 R_m。

如果在材料的强化阶段内卸载后再加载，直到试样拉断，则所得到的曲线如图 4-11 所示。卸载时曲线并不沿原拉伸曲线卸回，而是沿近乎平行于弹性阶段的直线卸回，这说明卸载前试样中除有塑性变形外，还有一部分弹性变形；卸载后再继续加载，曲线几乎沿卸载路径变化，然后继续强化变形，就像没有卸载一样，这种现象称为材料的冷作硬化。显然，冷作硬化提高了材料的比例极限和屈服极限，但材料的塑性却相应降低。

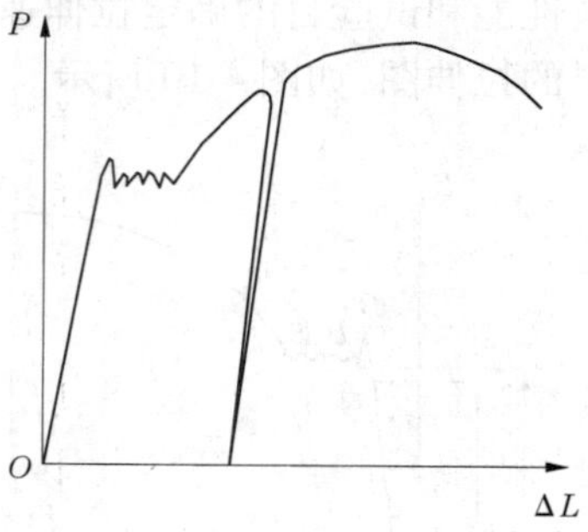

图 4-11　低碳钢的冷作硬化

当荷载达到最大力 F_m 后，示力指针由最大力 F_m 缓慢回转时，试样上某一部位开始产生局部伸长和颈缩，在颈缩发生部位，横截面面积急剧缩小，继续拉伸所需的力也迅速减小，拉伸曲线开始下降，直至试样断裂。此时通过测量试样断裂后的标距长度 L_u 和断口处最小直径 d_u，计算断后最小截面面积（S_u），由式（4-1）、式（4-2）即可得到试样的断后伸长率 A 和断面收缩率 Z。

4.2　铸铁(典型的脆性材料)

脆性材料是指断后伸长率 $A<5\%$ 的材料，其从开始承受拉力直至试样被拉断，变形都很小，而且大多数脆性材料在拉伸时的应力—应变曲线上都没有明显的直线段，几乎没有塑性变形，也不会出现屈服和颈缩等现象，如图4-10(b)所示，只有断裂时的应力值—强度极限。

铸铁试样在承受拉力、变形极小时，就达到最大力 F_m 而突然发生断裂，其抗拉强度也远小于低碳钢的抗拉强度。同样，由公式 $R_m=F_m/S_0$ 即可得到其抗拉强度 R_m，而由式(4-1)则可求得其断后伸长率 A。

5　试验步骤

5.1　低碳钢拉伸试验

5.1.1　试样准备

为了便于观察标距范围内沿轴向的变形情况，用试样分划器或标距仪在试样标距 L_0 范围内每隔5 mm刻画一标记点(注意标记刻画不应影响试样断裂)，将试样的标距段分成10等份。

用游标卡尺测量标距两端和中间三个横截面处的直径，在每一横截面处沿相互垂直的两个方向各测一次取其平均值，用三个平均值中最小者计算试样的原始横截面面积 S_0(计算时 S_0 应至少保留四位有效数字)。

5.1.2　试验机准备

根据低碳钢的抗拉强度 R_m 和试样的原始横截面面积 S_0 估计试验所需的最大荷载，并据此选择合适的量程，配上相应的砝码砣，做好试验机的调零(注意：应消除试验机工作平台的自重)、安装绘图纸笔等准备工作。

5.1.3　装夹试样

先将试样安装在试验机的上夹头内，再移动试验机的下夹头(或工作平台、试验机横梁)使其达到适当位置，并把试样下端夹紧。

注意：应尽量将试样的夹持段全部夹在夹头内，并且上下要对称。完成此步操作时切忌在装夹试样时对试样加上了荷载。

5.1.4　检查试车

检查以上步骤完成情况，然后启动试验机，预加少许荷载后(对应的应力不能超过材料的比例极限)，卸载回至零点，以检查试验机工作是否正常。同时消除试样在夹头中的滑移对绘制拉伸图曲线的影响。

5.1.5　进行试验

开动试验机使之缓慢匀速加载(依据规范要求，在屈服前以6～60 MPa/s的速率加载)，并注意观察示力指针的转动、自动绘图的情况和相应的试验现象。当主动针不动或倒退时说明材料开始屈服，记录上屈服点 F_{eH}(主动针首次回转前的最大力)和下屈服点 F_{eL}(屈服过程中不计初始瞬时效应时的最小力或主动针首次停止转动的恒定力)，具体情况如图4-12所示。

根据国标规定，材料屈服过后，试验机的速率应使试样平行长度内的应变速率不超过

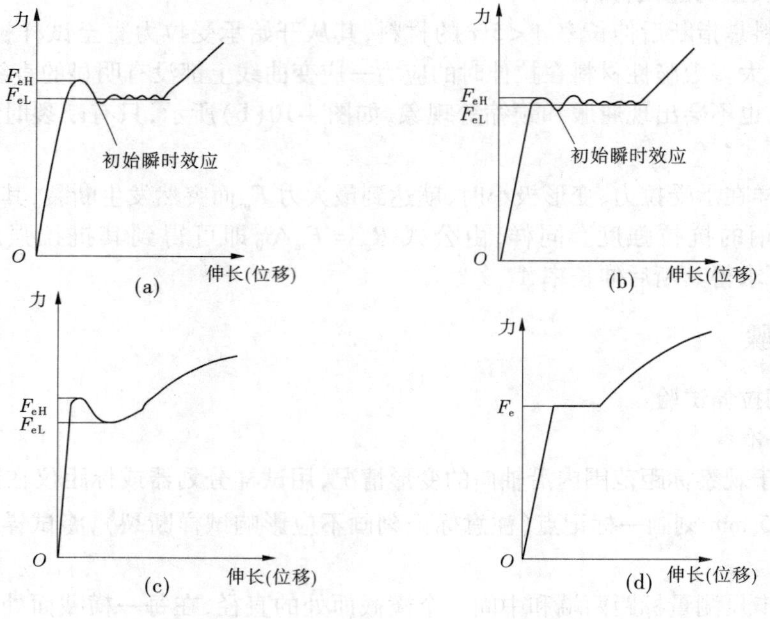

图 4-12　屈服荷载的确定

0.008/s。在此条件下继续加载,并注意观察主动针的转动、自动绘图的情况和相应的试验现象(强化、冷作硬化和颈缩等现象——在强化阶段的任一位置卸载后再加载进行冷作硬化现象的观察;此后,待主动针再次停止转动而缓慢回转时,材料进入颈缩阶段,注意观察试样的颈缩现象),直至试样断裂停车。记录所加的最大荷载 F_m(从动针最后停留的位置)。

5.1.6　试样断后尺寸测定

取出试样断体,观察断口情况和位置。将试样在断裂处紧密对接在一起,并尽量使其轴线处于同一直线上,测量断后标距 L_u 和颈缩处的最小直径 d_u(应沿相互垂直的两个方向各测一次取其平均值),计算断后最小横截面面积 S_u。

注意:在测定 L_u 时,若断口到最邻近标距端点的距离不小于 $1/3L_0$,则直接测量标距两端点的距离;若断口到最邻近标距端点的距离小于 $1/3L_0$,则按图 4-13 所示的移位法测定:符合图 4-13(a)情况的,$L_u = AC + BC$,符合图 4-13(b)情况的,$L_u = AC_1 + BC$;若断口非常靠近试样两端,而其到最邻近标距端点的距离还不足两等份,且测得的断后伸长率小于规定值,则试验结果无效,必须重做。此时应检查试样的质量和夹具的工作状况,以判断是否属于偶然情况。

5.1.7　归整试验设备

卸回油缸中的液压油,取下绘记录图纸,请教师检查试验记录,经认可后清理试验现场和所用仪器设备,并将所用的仪器设备全部恢复原状。

5.2　铸铁拉伸试验

(1)测量试样原始尺寸:测量方法要求同前,但只用快干墨水或带色涂料标出两标距

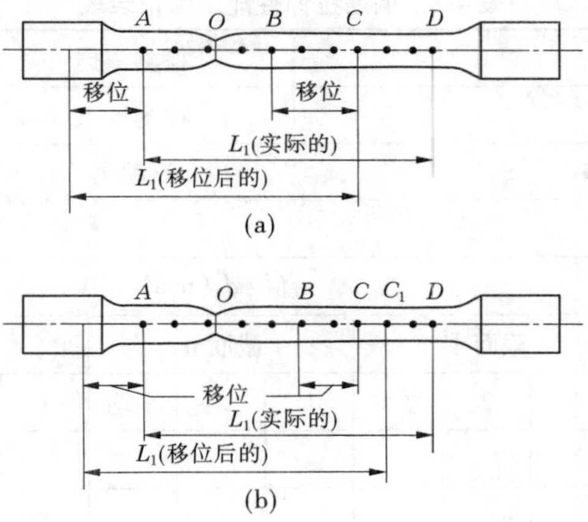

图4-13　移位法测量 L_u

端点，不用等分标距段。

(2)试验机准备(要求同前)。

(3)安装试样(方法同前)。

(4)检查试验机工作是否正常(检查同前，但无须试车)。

(5)进行试验。

开动试验机，保持试验机两夹头在力作用下的分离速率使试样平行长度内的应变速率不超过0.008/s的条件下对试样进行缓慢加载，直至试样断裂。停机并记录最大力 F_m。

(6)试样断后尺寸测定。

取出试样断体，观察断口情况。然后将试样在断裂处紧密对接在一起，并尽量使其轴线处于同一直线上，测量试样断后标距 L_u(直接用游标卡尺测量标距两端点的距离)。

(7)归整试验设备。

卸回油缸中的液压油，取下绘记录图纸，请教师检查试验记录，经认可后清理试验现场和所用仪器设备，并将所使用的仪器设备全部复原。

(8)结束试验。

完成全部测量后，将试验数据记录、试验机所绘的曲线图和试验卡片一并交教师检查验收、签字认可后方可离开试验室。

6　填表

填写钢筋拉伸性能试验记录表(见表4-7)。

表 4-7　钢筋拉伸性能试验记录表

样品名称		检测依据	
环境条件		检测地点	
试验日期		试验员	
主要仪器			

材料	标距 L_0(mm)	直径 d_0(mm)									原始横截面面积 S_0(mm^2)
		截面Ⅰ			截面Ⅱ			截面Ⅲ			
		1	2	平均	1	2	平均	1	2	平均	
低碳钢	50										
铸铁	50										

荷载(kN)	上屈服荷载 F_{eH}	下屈服荷载 F_{eL}	屈服荷载 F_e	最大荷载 F_m
低碳钢				
铸铁	/	/	/	

试样断后尺寸	标距 L_u(mm)	断后伸长 L_u-L_0(mm)	断后缩颈处最小直径 d_u(mm)			断后最小横截面面积 S_u(mm^2)
			1	2	平均	
低碳钢						
铸铁			/	/	/	/

数据处理	上屈服强度 R_{eH}(MPa)	下屈服强度 R_{eL}(MPa)	抗拉强度 R_m(MPa)	断后伸长率 A(%)	断面收缩率 Z(%)
低碳钢					
铸铁		/			/
备注:					

记录:　　　　　　　　计算:　　　　　　　　审核:

【知识拓展】

钢轨是铁路轨道的主要组成部件。它的功用在于引导机车车辆的车轮前进,承受车轮的巨大压力,并传递到轨枕上。钢轨必须为车轮提供连续、平顺和阻力最小的滚动表面。在电气化铁道或自动闭塞区段,钢轨还可兼作轨道电路之用。

1. 钢轨分类

钢轨按质量分有重轨和轻轨两种。每米公称质量大于 30 kg 的钢轨,属于重轨。重轨分为一般钢轨和起重机轨两种。一般钢轨指铺设铁路干线、专用线、弯道及隧道用轨。

起重机轨分为 QU120、QU100、QU80、QU70 四种,材质一般为锰钢,单重最大的是 QU120,可达 118 kg/m。

2. 钢轨类型

钢轨的规格类型是以每米长的钢轨质量千克数表示的。我国铁路上使用的钢轨有 75 kg/m、60 kg/m、50 kg/m、43 kg/m 和 38 kg/m 等几种。

钢轨的断面形状采用具有最佳抗弯性能的工字形断面,由轨头、轨腰及轨底三部分组成,如图 4-14 所示。为使钢轨更好地承受来自各方面的力,保证必要强度条件,钢轨应有足够的高度,其头部和底部应有足够的面积和高度,腰部和底部不宜太薄。

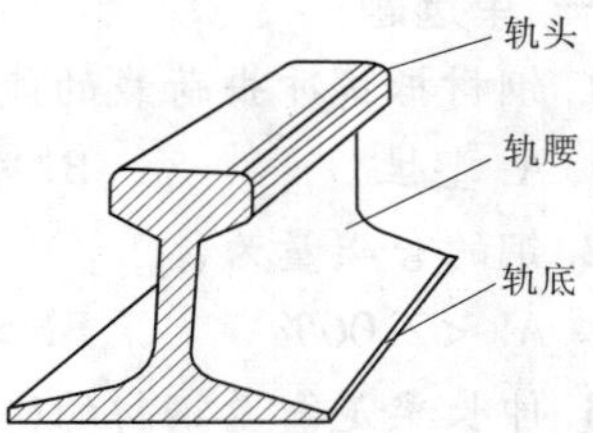

图 4-14　钢轨断面

以上各种类型的钢轨中,38 kg/m 钢轨现已停止生产,60 kg/m、50 kg/m 钢轨在主要干线上铺设,站线及专用线一般铺设 43 kg/m 钢轨。对于重载铁路和特别繁忙区段铁路,则铺设 75 kg/m 钢轨。

此外,为了适应道岔、特大桥和无缝线路等结构的需要,我国铁路还采用了特种断面(与中轴线不对称工字型)钢轨。现采用较多的为矮特种断面钢轨,简称 AT 轨。

3. 钢轨长度

我国钢轨的标准长度为 12.5 m 和 25.0 m 两种。特重型轨、重型轨采用 25.0 m 的标准长度钢轨,其他类型轨道可采用 12.5 m 和 25.0 m 标准长度钢轨。

《250 km/h 客运专线 60 kg/m 钢轨暂行技术条件》规定,250 km/h 客运专线(兼顾货运)钢轨标准轨定尺长度为 100 m。

曲线缩短轨长度有比 12.5 m 标准轨短 40 mm、80 mm、120 mm 的三种,有比 25.0 m 标准轨短 40 mm、80 mm、160 mm 的三种。

4. 外观质量

(1) 轧制后的钢轨应笔直,不得有显著弯曲与扭转。对于轻重轨的局部弯曲和扭转及其矫正变形量,轨端面的倾斜等,不得超出标准规定。

(2) 钢轨表面应洁净光滑,不得有裂纹、结疤、划痕等缺陷;其端面不得有缩孔痕迹和夹层等。对于轻重轨整体表面所允许存在的缺陷及其几何量的程度,均不得超过标准的规定。

小　结

钢材是建筑工程中最重要的金属材料。钢材具有强度高、塑性及韧性好、可焊可铆、易于加工、便于装配等优点,被广泛应用于各领域。建筑钢材的技术性能主要包括抗拉性能、塑性、冲击韧性、冷弯性能和硬度、钢材的冷加工与时效等。低碳钢的拉伸破坏过程分为弹性、屈服、强化和颈缩四个阶段。伸长率和冷弯性能是衡量钢材塑性的指标。钢材通过冷加工时效处理,可提高其强度,但塑性和韧性下降。

建筑钢材可分为结构用型钢和钢筋混凝土用钢筋、钢丝。钢筋混凝土用钢材包括热轧钢筋、冷轧带肋钢筋、预应力混凝土用钢丝和钢绞线等。这些钢筋强度高、塑性也好。在工程实际中应合理选用钢材规格和品种。

练习题

一、单选题

1. 钢材抵抗冲击荷载的能力称为(　　)。

A. 塑性　B. 冲击韧性　C. 弹性　D. 硬度

2. 钢的含碳量为(　　)。

A. <2.06%　B. >3.0%　C. >2.06%　D. <1.26%

3. 伸长率是衡量钢材的(　　)指标。

A. 弹性　B. 塑性　C. 脆性　D. 耐磨性

4. 普通碳塑结构钢随钢号的增加,钢材的(　　)。

A. 强度增加、塑性增加　B. 强度降低、塑性增加

C. 强度降低、塑性降低　D. 强度增加、塑性降低

5. 在低碳钢的应力—应变图中,有线性关系的是(　　)阶段。

A. 弹性阶段　B. 屈服阶段　C. 强化阶段　D. 颈缩阶段

6. 钢筋力学性能检验时,伸长率是(　　)。

A. 钢筋伸长长度/钢筋原长度　B. 标距伸长长度/钢筋原长度

C. 标距伸长长度/标距　D. 钢筋伸长长度/标距

7. 钢筋拉伸试验一般应在(　　)温度条件下进行。

A. (23±5)℃　B. 0~35 ℃　C. 5~40 ℃　D. 10~35 ℃

8. 钢筋经冷拉后,其屈服点、塑性和韧性(　　)。

A. 升高、降低　B. 升高、升高

C. 降低、降低　D. 降低、升高

9. 在热轧钢筋的冷弯试验中,弯心直径与钢筋直径指标(　　),弯心角度与钢筋直径(　　)。

A. 不变、无关　B. 变化、有关

C. 变化、无关　D. 不变、有关

10. 钢筋力学性能检验时,所对应的用来表征断裂伸长率的标距是(　　)长度。

A. 段后　B. 原始　C. 拉伸　D. 屈服

二、判断题

1. 一般来说,钢材硬度愈高,强度也愈大。(　　)

2. 屈强比愈小,钢材受力超过屈服点工作时的可靠性愈大,结构的安全性愈高。(　　)

3. 一般来说,钢材的含碳量增加,其塑性也增加。(　　)

4. 钢筋混凝土结构主要是利用混凝土受拉、钢筋受压的特点。(　　)

5. 钢筋牌号 HRB400 中 400 指钢筋的极限强度。(　　)

6. 钢筋的屈强比高,则表明该钢筋强度利用率高。（　）

7. 冷加工后的钢材随时间的延长,强度、硬度提高,塑性、韧性下降的现象称为时效强化。（　）

8. 冷弯性能是指钢材在零度时承受弯曲变形的能力。（　）

9. 一般来说,钢材的塑性愈大,其冷弯性能愈好。（　）

10. 碳素钢亦称“碳钢”,是含碳量低于1.0%的铁碳合金。（　）

三、多选题

1. 公称直径为16 mm的HRB400钢筋的冷弯性能试验中,弯心直径为(　　)倍的钢筋公称直径,冷弯角度为(　　)。

A. 3　　B. 90°　　C. 4　　D. 180°

2. 下列(　　)元素是钢材的有害元素。

A. 碳　　B. 硅　　C. 磷　　D. 硫

3. 试验时采用的弯曲角度(　　),弯心直径对试件厚度(或直径)的比值(　　),表示对冷弯性能的要求越高。

A. 越大　　B. 越小　　C. 不变　　D. 无关

4. 钢材的冷加工方式有(　　)。

A. 冷拉　　B. 冷拔　　C. 冷轧　　D. 冷压

5. (　　)是衡量钢材强度的两个重要指标。

A. 弹性极限强度　　B. 上屈服强度　　C. 屈服强度　　D. 抗拉强度

四、简答题

1. 为何说屈服点σ_s、抗拉强度σ_b和伸长率δ是建筑用钢材的重要技术性能指标。

2. 钢材的冷加工强化有何作用意义?

3. 什么是屈强比? 它在工程中的实际意义是什么?

4. 钢材的化学成分对性能有什么影响?

五、计算题

一钢材试件,直径为25 mm,原标距为125 mm,做拉伸试验,当屈服点荷载为201.0 kN,达到最大荷载为250.3 kN,拉断后测的标距长为138 mm。求该钢筋的屈服点、抗拉强度及拉断后的伸长率。

项目 5　水泥混凝土配合比的设计

知识目标

1. 掌握普通水泥混凝土的主要技术性质及其影响因素、评价方法与评价指标的测定。
2. 掌握普通水泥混凝土的组成材料的技术要求、普通混凝土的组成设计方法。
3. 了解其他功能混凝土的特性及应用。

能力目标

1. 能正确地选择配制普通水泥混凝土所用的原材料。
2. 能进行普通水泥混凝土的组成设计。

【项目导入】

受湖南某交通工程有限公司委托，拟对湖南某桥梁工程桥台用钢筋混凝土进行配合比设计。混凝土设计强度等级为 C30，无强度历史统计资料，要求混凝土拌和物坍落度为 30 ~ 50 mm，桥梁所在地区属寒冷地区。

【知识储备】

水泥混凝土是由水泥、水和粗、细集料按适当比例配合，必要时掺加适量的外加剂、掺合料等配制而成的。其中水泥起胶凝和填充作用，集料起骨架和密实作用。水泥与水发生水化反应生成具有胶凝作用的水化物，将集料颗粒牢固地黏结成整体，经过一定凝结硬化时间后形成的人造石材，简称水泥混凝土。

水泥混凝土用途广泛，是各种建筑物、构造物中用量最大的材料之一。它具有较高的抗压强度和较好的耐久性，可以浇筑成任意形状、不同强度、不同性能的建筑物，其原材料来源广泛，价格低廉。但水泥混凝土也存在着抗拉强度低、受拉时变形能力小、容易受温度和湿度变化而开裂、自重大等缺点。

一、普通混凝土的技术性质

普通混凝土的技术性质主要包括：新拌混凝土的工作性（和易性）、硬化后水泥混凝土的力学性质和耐久性。

（一）新拌混凝土的工作性（和易性）

水泥混凝土在尚未凝结硬化以前，称为新拌混凝土或混凝土拌和物。

1. 新拌混凝土工作性的概念

新拌混凝土的工作性，也称和易性，是指混凝土拌和物易于施工操作（拌和、运输、浇筑、振捣）且成型后质量均匀、密实的性能。实际上，混凝土拌和物的和易性是一项综合技术性质，包括流动性、黏聚性和保水性三方面含义。流动性是指混凝土拌和物在自重或机械振捣作用下，能产生流动，并均匀密实地填满模板的性能。黏聚性是指混凝土拌和物在施工过程中，其组成材料之间有一定的黏聚力，不致产生分层和离析的现象。保水性是指混凝土拌和物在施工过程中,具有一定的保水能力,不致产生严重的泌水现象。

2. 新拌混凝土工作性的测定方法

目前,国际上还没有一种能够全面表征新拌混凝土工作性的测定方法,通常是测定混凝土拌和物的流动性,辅以其他方法或根据直观经验综合评定混凝土拌和物的工作性。按我国行业标准《公路工程水泥及水泥混凝土试验规程》(JTG E30—2005)的规定,测定流动性的方法有坍落度试验和维勃稠度试验两种方法。

1)坍落度试验

坍落度试验适用于集料公称最大粒径不大于31.5 mm、坍落度值大于10 mm的新拌混凝土。其方法是将新拌混凝土按规定方法分三层装入标准坍落度筒内,每层装料高度为筒高的1/3,每层用弹头棒均匀地插捣25次,装满刮平后,立即将筒垂直提起。新拌水泥混凝土拌和物在自重作用下的下沉量(mm)即为坍落度,以此作为流动性指标,如图5-1所示。坍落度越大,表示混凝土拌和物的流动性越大。

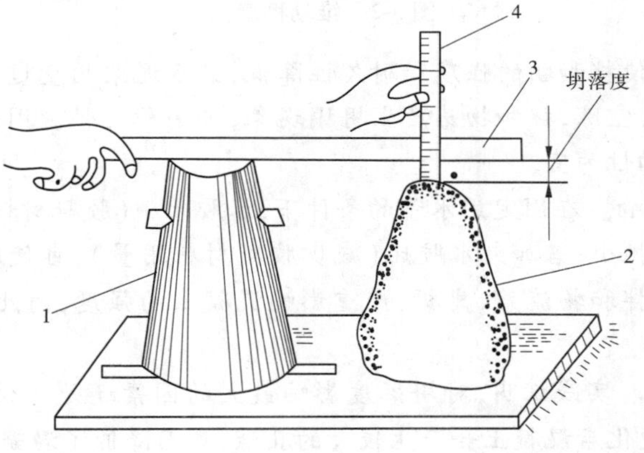

1—坍落度筒;2—拌和物试体;3—木尺;4—钢尺

图5-1　坍落度测定

做坍落度试验时,还需测定棍度、含砂情况、黏聚性、保水性,以评定新拌混凝土的工作性。

2)维勃稠度试验

对于集料公称最大粒径不大于31.5 mm的混凝土及维勃时间在5~30 s的干稠性水泥混凝土,可采用维勃稠度仪测定稠度。测定方法是将坍落度筒放在直径240 mm、高200 mm的圆筒中,圆筒安装在专用的振动台上,按坍落度试验的方法将新拌混凝土装于坍落度筒中,小心垂直提起坍落度筒,在新拌混凝土顶上置一透明圆盘,开动振动台并记录时间,从开始振动至透明圆盘底面被水泥浆布满的瞬间,所经历的时间(以s计)即为新拌混凝土的维勃稠度值,如图5-2所示。

3. 影响新拌混凝土工作性的主要因素

(1)水泥浆的数量。混凝土拌和物中的水泥浆,除填充集料间的空隙外,包裹在集料表面并略有富余,使拌和物具有一定的流动性。在水灰比一定的条件下,水泥浆愈多,流动性愈大,但如水泥浆过多,集料相对减少,则出现流浆现象,使拌和物的稳定性变差,不

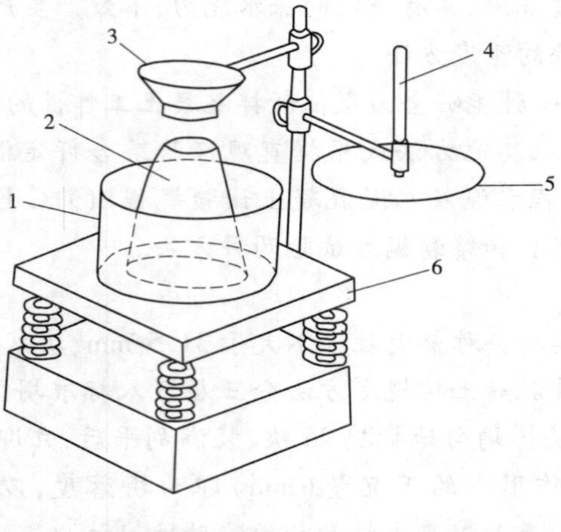

1—圆柱形容器;2—坍落度筒;3—漏斗;4—测杆;5—透明圆盘;6—振动台

图 5-2　维勃稠度仪

仅浪费水泥,而且会使拌和物的强度和耐久性降低;若水泥浆用量过少,则无法很好地包裹集料表面及填充其空隙,拌和物易产生坍塌现象,失去稳定性。因此,拌和物中水泥浆的数量应以满足流动性为宜。

(2)水胶比的影响。在固定用水量的条件下,水胶比小(胶凝材料用量多)时,会使浆体变稠,拌和物流动性小;若加大水胶比(减少胶凝材料用量),可使胶凝材料浆体变稀,流动性增大,但会使拌和物流浆、离析,严重影响混凝土的强度,因此应合理地选择水胶比。

(3)单位用水量。实践证明,对坍落度影响最大的因素还是单位用水量。增加用水量,流动性增大,但硬化后混凝土会产生较大的孔隙,从而降低了混凝土的强度和耐久性。另外,用水量过多,会使新拌混凝土产生离析、泌水现象,反而降低工作性。因此,在保证混凝土强度和耐久性的条件下,应根据流动性要求来确定单位用水量。

(4)砂率。指混凝土中砂(或细集料)用量占砂石(或粗、细集料)总用量的百分率。砂率反映了粗、细集料的相对比例,它影响混凝土集料的空隙和总表面积。当水泥浆用量一定时,砂率过大,则集料的总表面积增大,包裹砂的水泥浆层变薄,砂粒间的摩阻力加大,拌和物的流动性减小;砂率过小,虽然表面积减小,但由于砂浆量不足,水泥砂浆除填充石子空隙外,包裹在石子表面的水泥砂浆层薄,拌和物的流动性变小,同时由于砂量不足,也易导致离析、泌水现象,影响工作性。混凝土拌和物坍落度与砂率的关系如图 5-3 所示,因此砂率应有一个合理值。在水泥浆用量一定时,能使新拌混凝土获得最大流动性,又不离析、不泌水时的砂率,即合理砂率。

(5)水泥的品种和集料的性质。水泥品种不同,达到标准稠度用水量不同,在其他条件相同的情况下,标准稠度用水量小的水泥,其混凝土拌和物流动性较好。通常,普通水泥的混凝土拌和物比矿渣水泥和火山灰水泥的工作性好。矿渣水泥拌和物的流动性虽大,但黏聚性差,易泌水、离析,火山灰水泥流动性小,但黏聚性最好。

在单位用水量相同的条件下,集料表面光滑、形状较圆、少棱角的卵石,所拌制的混凝

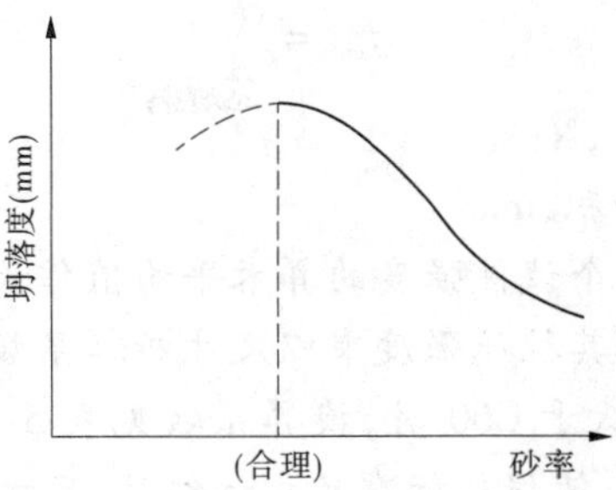

图5-3　砂率与坍落度的关系(水与水泥用量为一定)

土拌和物的流动性大于碎石混凝土拌和物。

(6)外加剂、矿物掺和料。外加剂也会影响混凝土拌和物的和易性,不同功能的外加剂对混凝土的影响不同。如加入少量的减水剂和引气剂,可在不增加用水量和水泥用量的情况下,有效地改善混凝土拌和物的工作性,同时可提高混凝土的强度和耐久性。

在混凝土拌和物中掺入矿物掺和料,能增加新拌混凝土的黏聚性,减少离析和泌水。当同时加入优质粉煤灰、硅灰等超细微粒掺和料时,还能增加新拌混凝土的流动性。

(7)温度与搅拌时间。混凝土拌和物的流动性随着温度的升高而减小,温度每升高10 ℃,坍落度减小20~40 mm,夏季施工必须注意这一点。新拌混凝土的流动性随时间的延长而逐渐减少,称为坍落度损失。坍落度损失主要是指由于拌和物中自由水随时间的蒸发、集料的吸收和水泥早期水化而造成的损失。

另外,搅拌时间的长短,也会影响混凝土拌和物的工作性,若搅拌时间不足,混凝土拌和物的工作性就差,质量也不均匀。规范规定,最小搅拌时间为1~3 min。

4.改善新拌混凝土工作性的主要措施

(1)调节混凝土的材料组成。在保证混凝土强度、耐久性和经济性的前提下,适当调整混凝土组成的配合比,以提高其工作性。

(2)掺加各种外加剂(如减水剂、流化剂等),提高混凝土拌和物的工作性,同时提高其强度和耐久性。

(3)提高振捣机械的效能。由于振捣效能的提高,可降低施工条件对混凝土拌和物工作性的要求,因而保持原有工作性,亦能达到捣实的性能。

(二)硬化后混凝土的强度特性

1.强度

硬化后的水泥混凝土在路面结构、桥梁构件以及建筑结构中,将受到复杂的应力作用,因此要求水泥混凝土材料必须具备各种力学强度,如立方体抗压强度、棱柱体抗压强度、劈裂抗拉强度、抗剪强度、抗弯拉强度等。

1)立方体抗压强度

(1)立方体抗压强度(f_{cu})。按照标准的制作方法制成150 mm×150 mm×150 mm的立方体试件,在标准养护条件[温度为(20±2)℃,相对湿度在95%以上]下,养护至28 d龄期,按照标准的测定方法测定其抗压强度值,即为混凝土立方体试件抗压强度(简称立方体抗压强度),以f_{cu}表示,按式(5-1)计算,以MPa计。

$$f_{cu} = \frac{F}{A} \tag{5-1}$$

式中　F——试件的破坏荷载,N;

A——试件的承压面面积,mm^2。

以3个试件为一组,取3个试件强度的算术平均值作为每组试件的强度代表值。

若采用非标准试件,应将其抗压强度乘以尺寸折算系数,折算为标准试件的立方体抗压强度。当混凝土强度等级低于C60时,换算系数见表5-1。当混凝土强度等级不低于C60时,宜采用标准尺寸试件;使用非标准尺寸试件时,尺寸折算系数应由试验确定,其试件数量不应少于30个对组。

表5-1　试件尺寸换算系数

试件尺寸(mm×mm×mm)	100×100×100	150×150×150	200×200×200
换算系数	0.95	1.00	1.05

(2)立方体抗压强度标准值($f_{cu,k}$)。混凝土立方体抗压强度标准值的定义是按照标准的方法制作和养护的边长为150 mm的立方体试件,在28 d龄期,用标准试验方法测得的具有95%保证率的抗压强度(强度低于该值的百分率不超过5%),以MPa计。立方体抗压强度标准值以$f_{cu,k}$表示。

(3)强度等级。混凝土强度等级是根据立方体抗压强度标准值来确定的。强度等级的表示方法,是用符号C和立方体抗压强度标准值表示的。例如"C30"即表示混凝土立方体抗压强度标准值$f_{cu,k}=30$ MPa。按照我国现行规范《混凝土结构设计规范》(GB 50010—2010)的规定,普通混凝土强度等级按立方体抗压强度标准值划分为C15、C20、C25、C30、C35、C40、C45、C50、C55、C60、C65、C70、C75、C80共14个强度等级。

2)抗弯拉强度(f_f)

道路路面或机场道面用水泥混凝土,以抗弯拉强度为主要强度指标,抗压强度为参考强度指标。

水泥混凝土抗弯拉强度是以标准操作方法制备成150 mm×150 mm×550 mm的棱柱体试件,在标准条件下,经养护28 d后,按三分点加荷方式(见图5-4),测定其抗弯拉强度(f_f),按式(5-2)计算,以MPa计。

$$f_f = \frac{FL}{bh^2} \tag{5-2}$$

式中　F——试件的破坏荷载,N;

L——支座的间距,mm;

b——试件的宽度,mm;

h——试件的高度,mm。

3)轴心抗压强度(f_{cp})

确定混凝土强度等级是采用立方体试件,但实际上钢筋混凝土结构形式极少是立方体的,大部分是棱柱体或圆柱体。为使测得的混凝土强度接近混凝土结构的实际情况,在钢筋混凝土结构计算中,计算轴心受压构件时,都是采用混凝土的轴心抗压强度(f_{cp})作

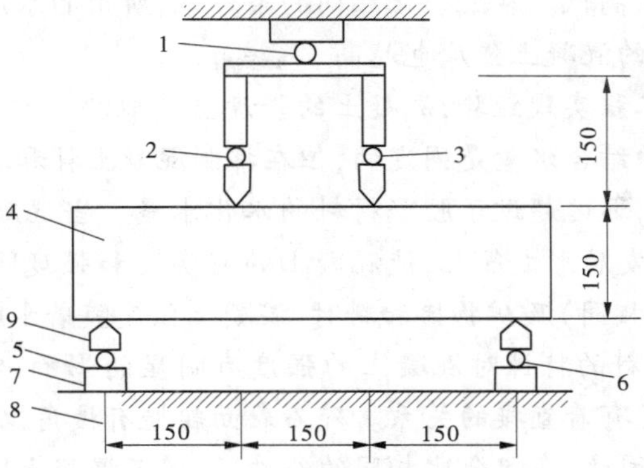

1、2、10——一个钢球;3、5—两个钢球;4—试件;6—固定支座;7—活动支座;8—机台;9—活动船形垫块

图5-4　抗弯拉试验装置　(单位:mm)

为依据的。

我国现行标准《公路工程水泥及水泥混凝土试验规程》(JTG E30—2005)规定,采用150 mm×150 mm×300 mm的棱柱体作为测定轴心抗压强度的标准试件,棱柱体轴心抗压强度(f_{cp})按式(5-3)计算,以MPa计。

$$f_{cp} = \frac{F}{A} \tag{5-3}$$

式中　F——试件的破坏荷载,N;

A——试件的承压面面积,mm^2。

4)立方体劈裂抗拉强度(f_{ts})

混凝土在直接受拉时,很小的变形就会开裂,是一种脆性破坏。混凝土的抗拉强度值较低,通常为抗压强度的1/20~1/10,且这个比值随着混凝土强度等级的增高而有所降低。因此,在使用混凝土时,虽然不依靠其抗拉强度,但抗拉强度对于开裂现象有重要意义,是确定混凝土抗裂度的重要指标。

我国现行标准《公路工程水泥及水泥混凝土试验规程》(JTG E30—2005)采用150 mm×150 mm×150 mm的立方体作为标准试件,在立方体试件中心面内用圆弧为垫条施加两个方向相反、均匀分布的压应力。当压力增大至一定程度时,试件就沿此平面劈裂破坏,这样测得的强度称为立方体劈裂抗拉强度,简称劈拉强度(f_{ts}),按式(5-4)计算,以MPa计。

$$f_{ts} = \frac{2F}{\pi A} = \frac{0.637F}{A} \tag{5-4}$$

式中　F——试件的破坏荷载,N;

A——试件的劈裂面面积,mm^2。

2.影响混凝土强度的因素

影响混凝土强度的因素很多,主要是组成原材料的影响,包括原材料的特征和各材料之间的组成比例等内因,以及养护条件和试验检测条件等外因。

1)材料组成对混凝土强度的影响

(1)胶凝材料的强度和水胶比。胶凝材料是混凝土中的活性组分,其强度的大小直接影响着混凝土强度的高低。在配合比相同的条件下，所用的水泥强度等级越高，胶凝材料的强度就越大，制成的混凝土强度也越高。

根据理论研究和工程实践经验，混凝土的强度主要取决于水胶比的大小。这是因为胶凝材料水化时所需的结合水量是固定的，但在拌制混凝土拌和物时，为了获得必要的流动性，常需要较多的水，远远超过了胶凝材料的水化水量。当混凝土硬化后，多余的水分就残留在混凝土中，蒸发后形成气孔，使混凝土的密实度和强度降低。因此，当采用同种水泥（品种及强度等级相同）及矿物掺和料时，混凝土强度随着水胶比的增大而降低。

(2)集料特性。集料的特性对混凝土的强度有明显的影响，特别是粗集料的形状和表面性质与混凝土强度有着直接的关系。碎石表面粗糙有棱角，黏结力较大；卵石表面光滑浑圆，黏结力较小。因此，在配合比相同的条件下，碎石混凝土比卵石混凝土的强度高。

集料的公称最大粒径对混凝土的强度也有影响，集料的公称最大粒径过大，就会降低界面强度，同时还会因振捣不密实而降低混凝土的强度。这种影响在水胶比较小时更为明显。

2)养护温度和湿度

混凝土拌和物浇捣完毕后，必须保持适当的温度和湿度，使水泥充分水化，以保证混凝土强度不断提高。

一般情况下，水泥的水化和混凝土强度发展的速度是随环境温度的高低而增减的，如图 5-5 所示。当温度降至 0 ℃时，混凝土中的水分大部分结冰，水泥几乎不再发生水化反应，混凝土强度不仅停止增长，严重时由于孔隙内水分结冰而引起膨胀，特别当水化初期，混凝土强度较低时，遭遇严寒会引起混凝土的崩溃。

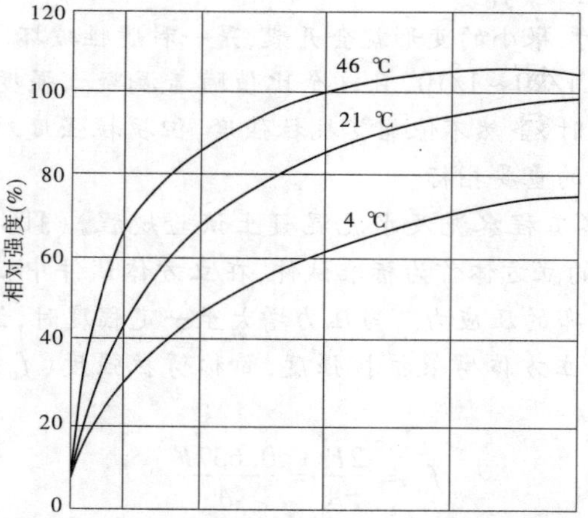

图 5-5　养护温度条件对混凝土强度的影响

混凝土浇筑后，必须有较长时间在潮湿环境中养护，如果湿度适当，水泥水化得以顺利进行，使混凝土强度得到充分发展；如果湿度不够，混凝土会失水干燥，影响水泥水化的正常进行，甚至停止水化。这不仅会严重降低混凝土的强度，而且因水泥水化作用未能完成，使混凝土结构疏松，渗水性增大，或形成干缩裂缝，从而影响混凝土的耐久性。

3)龄期

混凝土在正常养护条件下(保证一定温度和湿度)强度随龄期的增长而提高,初期增长较快,后期增长较缓慢,但在空气中养护时,其强度后期有所下降。

在标准养护条件下,混凝土强度与其龄期的对数大致成正比,如图5-6所示。工程中常常利用这一关系,根据混凝土早期强度,推算其后期强度,用式(5-5)表达。当混凝土早期强度不足时,可及时采取措施来保证混凝土的施工质量并避免损失。

$$f_{cu,n} = \frac{\lg n}{\lg a} f_{cu,a} \tag{5-5}$$

式中　$f_{cu,n}$——n天龄期的混凝土抗压强度,MPa;

$f_{cu,a}$——a天龄期的混凝土抗压强度,MPa。

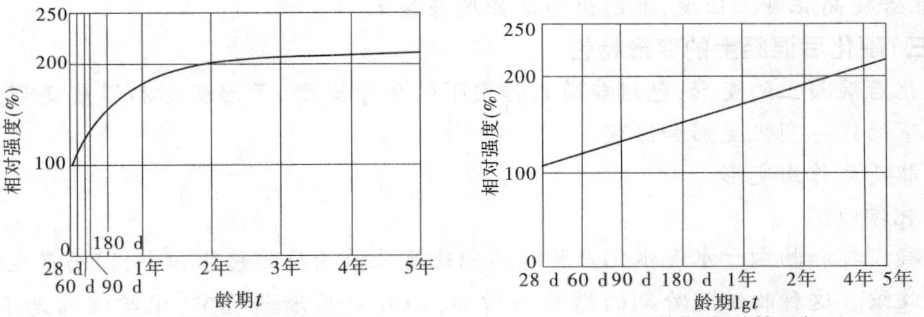

(a)龄期为常数坐标　(b)龄期为对数坐标

图5-6　水泥混凝土的强度随时间的增长

4)试验条件对混凝土强度的影响

相同材料组成、制备条件和养护条件制成的混凝土试件,其力学强度取决于试验条件。影响混凝土力学强度的试验条件主要有试件形状与尺寸、试件表面状态与含水程度、试件温度、支承条件和加荷速度等。

3. 提高混凝土强度的措施

1)采用高强度的水泥和早强型水泥

为了提高混凝土强度可采用强度等级高的水泥,对于紧急抢修工程、桥梁拼装接头、严寒下的冬季施工以及其他要求早期强度高的结构物,则可优先选用早强型水泥配制混凝土。

2)增加混凝土的密实度

降低水胶比,增加混凝土的密实度,则混凝土的强度明显提高。提高混凝土密实度的措施,可采用加压(0.07 MPa)脱水成型法或超声波振动法,以排除混凝土中的气泡,使混凝土更加密实。

3)蒸汽养护和蒸压养护

蒸汽养护是将混凝土放在温度低于100 ℃的常压蒸汽中养护,一般混凝土经过16~20 h蒸汽养护后,其强度可达正常养护条件下养护28 d强度的70%~80%。蒸汽养护最适宜的温度随水泥的品种而不同,用普通水泥时,最适宜的养护温度为80 ℃左右,而用矿渣水泥和火山灰水泥时,则为90 ℃左右。蒸汽养护方法主要是用来提高混凝土的早期强度。

蒸压养护是将浇筑完的混凝土构件静停 8 ~ 10 h 后，放入蒸压釜内，通入高压、高温（如大于或等于 8 个大气压，温度为 175 ℃以上）饱和蒸汽养护，使水泥水化加速、硬化加快，提高混凝土的强度。

蒸压养护是将混凝土置于 175 ℃、0.8 MPa 蒸压釜内进行养护，使水泥水化加速、硬化加快，明显提高混凝土的强度。

4）掺加外加剂、矿物掺和料

在混凝土中掺加外加剂，可改善混凝土的技术性质。掺加早强剂，可提高混凝土的早期强度。掺加减水剂，在不改变流动性的条件下，可减小水胶比，从而提高混凝土的强度。此外，在混凝土中掺入高效减水剂的同时，掺入磨细的矿物掺和料，如硅灰、优质粉煤灰等，可显著提高混凝土强度，配制出超高强度混凝土。

（三）硬化后混凝土的变形特性

硬化后混凝土的变形，包括非荷载作用下的化学变形、干湿变形和温度变形，以及荷载作用下的弹－塑性变形和徐变。

1. 非荷载作用变形

1）化学收缩

混凝土拌和物由于水泥水化产物的体积比反应前物质的总体积小，因而产生收缩，称为化学收缩。这种收缩随龄期的增长而增加，40 d 以后渐趋稳定，化学收缩是不能恢复的，一般对结构没有什么影响。

2）干湿变形

干湿变形主要表现为湿胀干缩。混凝土在干燥空气中硬化时，随着水分的逐渐蒸发，体积也将逐渐发生收缩。在水中或潮湿条件下养护时，混凝土的干缩将随之减少或略产生膨胀。混凝土收缩值较膨胀值大，混凝土的干缩往往是表面较大，常在表面产生细微裂缝。当干缩变形受到约束时，常会引起构件的翘曲或开裂，影响混凝土构件的耐久性。因此，应通过调节集料级配、增大粗集料的粒径，减少水泥浆用量，适当选择水泥品种，以及采取振动捣实、早期养护等措施来减小混凝土的干缩。

3）温度变形

混凝土具有热胀冷缩的性质，温度变化引起的热胀冷缩对大体积及大面积混凝土工程极为不利。因为混凝土是不良导体，水泥水化初期放出的大量热量难以散发，浇筑后大体积混凝土内部温度远远高于外部温度，温差有时可达 50 ~ 70 ℃，这将使内部混凝土产生显著的体积膨胀，而外部混凝土却随气温降低而冷却收缩。内部膨胀和外部收缩互相制约，将产生很多应力，外部混凝土所受拉应力一旦超过混凝土当时的极限抗拉强度，就将产生裂缝。因此，对大体积混凝土工程，应设法降低混凝土的发热量，如采用低热水泥，减少水泥用量，采取人工降温等措施。对于纵长的钢筋混凝土结构物，应每隔一段长度设置伸缩缝，在结构物内配置温度钢筋。

2. 荷载作用变形

1)弹-塑性变形与弹性模量

混凝土是一种弹-塑性体,在持续荷载作用下会产生可以恢复的弹性变形(ε_t)和不可恢复的塑性变形(ε_s),其应力与应变关系如图5-7所示。

在桥梁工程中,以应力为棱柱体极限抗压强度的40%时的割线弹性模量,作为混凝土的弹性模量。

在道路路面及机场跑道工程中,对水泥混凝土应测定其抗弯拉时的平均弹性模量作为设计参数,取抗弯拉强度50%时的加荷割线模量。

在路面工程中,要求混凝土有较高的抗弯拉强度,而且要有较低的抗折弹性模量,以适应混凝土路面承受荷载后具有较大的变形能力。

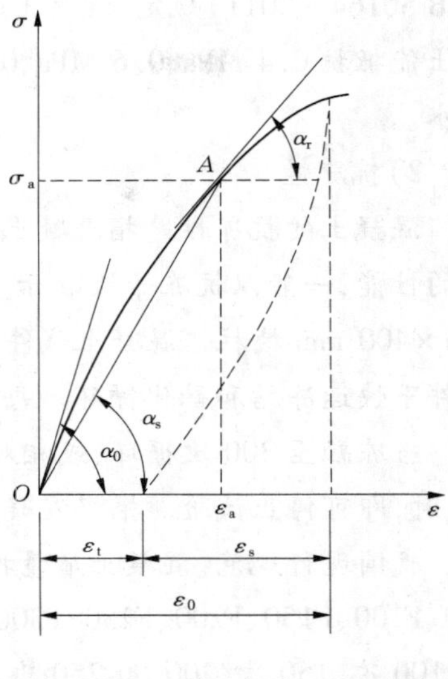

ε_0—全部变形;ε_t—弹性变形;ε_s—塑性变形

图5-7 混凝土应力—应变曲线

2)徐变

混凝土在持续荷载作用下,随时间增加的变形称为徐变,也称蠕变。徐变是在恒定荷载作用下随着时间的增长而产生的变形,是不可恢复的。徐变初期增长较快,以后逐渐变慢,到一定时期后,一般为2~3年,可以稳定下来。

混凝土的徐变与许多因素有关。混凝土水胶比大,龄期短,徐变大;荷载作用时,大气湿度小,徐变大;荷载应力大,徐变大;混凝土水泥用量多时,徐变大。另外,混凝土弹性模量小,徐变大。混凝土无论是受压、受拉或受弯时,均有徐变现象。在预应力钢筋混凝土桥梁构件中,混凝土的徐变可使钢筋的预加应力受到损失,但是,徐变也能消除钢筋混凝土的部分应力集中,使应力较均匀地分布,对于大体积混凝土,能消除一部分由于温度变形所产生的破坏应力。

(四)混凝土的耐久性

1. 耐久性概念

混凝土的耐久性是指混凝土在使用过程中,抵抗周围环境介质作用保持其质量和使用质量的能力,是一项综合技术指标,包括抗渗性、抗冻性、耐磨性和碱-集料反应等。混凝土的耐久性直接影响结构物的安全性和使用性能。

1)抗渗性

混凝土的抗渗性是指混凝土抵抗液体渗透的能力。它是决定混凝土耐久性的最主要因素,原因为环境中各种侵蚀介质均要通过渗透才能进入混凝土内部。混凝土的抗渗性主要与混凝土的密实度和孔隙率及孔隙结构有关。

混凝土的抗渗性以抗渗等级来表示。采用标准养护28 d的标准试件,按规定的方法进行试验,以其所能承受的最大水压力来计算。我国现行规范《混凝土质量控制标准》

（GB 50164—2011）规定：混凝土的抗渗等级分为 P4、P6、P8、P10、P12、>P12，分别表示混凝土能抵抗 0.4 MPa、0.6 MPa、0.8 MPa、1.0 MPa、1.2 MPa、1.2 MPa 以上的水压力而不渗水。

2）抗冻性

混凝土的抗冻性是指混凝土在饱水作用状态下，能经受多次冻融循环作用而不被破坏的性能，一般以抗冻等级表示。混凝土的抗冻性试验采用快冻法，是以 100 mm×100 mm×400 mm 棱柱体混凝土试件，经养护 28 d，在吸水饱和后于（−18±2）℃和（5±2）℃条件下快速冻结和融化循环。每隔 25 次冻融循环，对试件进行一次横向基频的测试并称重。当冻融至 300 次循环，或相对动弹性模量下降至 60% 以下，或试件的质量损失率达 5% 时，即可停止试验。根据混凝土所能承受的最大冻融循环次数来划分混凝土的抗冻等级。我国现行规范《混凝土质量控制标准》（GB 50164—2011）规定：混凝土的抗冻等级分 F50、F100、F150、F200、F250、F300、F350、F400、>F400，表示混凝土抗冻性试验能经受 50 次、100 次、150 次、200 次、250 次、300 次、350 次、400 次、400 次以上的冻融循环。

3）耐磨性

耐磨性是指混凝土抵抗表层损伤的能力，是路面和桥梁用混凝土的重要性能之一。混凝土作为高等级路面的水泥混凝土，必须具有抵抗车辆轮胎磨耗和磨光的性能。作为大型桥梁的墩台用水泥混凝土，也需要具有抵抗湍流空蚀的能力。混凝土耐磨性评价，按现行试验法是：以 150 mm×150 mm×150 mm 立方体试件，养护至 27 d 龄期，在 60 ℃烘干至恒重，然后在带有花轮磨头的混凝土磨耗试验机上，在 200 N 负荷下磨削 30 转，记下相应质量为试件原始质量 m_1，然后在 200 N 负荷下磨削 60 转，记录剩余质量 m_2，计算单位面积磨损量。磨损量越大，混凝土耐磨性越差。

4）碱－集料反应

水泥混凝土中水泥的碱与集料中的活性物质发生化学反应，可引起混凝土产生膨胀、开裂，甚至破坏，这种化学反应称为碱－集料反应。碱－集料反应是引发水泥混凝土破损的原因，会导致路面或桥梁墩台的开裂和破坏，并且这种破坏会继续发展下去，维修困难。因此，已引起世界各国的普遍关注。

碱－集料反应必须具备三个条件：①水泥中碱含量高；②混凝土中的集料含有活性二氧化硅成分；③环境潮湿，水分存在。为防止碱－集料反应的危害，按现行规范规定：①应使用含碱量小于 0.6% 的水泥或采用抑制碱－集料反应的掺和料；②当使用钾、钠离子的混凝土外加剂时，必须进行专门试验。

2. 提高混凝土耐久性的措施

提高混凝土的耐久性应注意合理选择水泥品种，选用良好的砂石材料，改善集料的级配，采用减水剂或加气剂，改善混凝土的施工操作方法，提高混凝土的密实度、强度等。在进行混凝土配合比设计时，为保证混凝土的耐久性，根据混凝土结构的环境类别（见表 5-2），混凝土的最大水胶比和最小胶凝材料用量应符合表 5-3、表 5-4 的规定。

表 5-2　混凝土结构的环境类别

环境类别	条件
一	室内干燥环境； 无侵蚀性静水浸没环境
二 a	室内潮湿环境； 非严寒和非寒冷地区的露天环境； 非严寒和非寒冷地区与无侵蚀性的水或土直接接触的环境； 严寒和寒冷地区的冰冻线以下与无侵蚀性的水或土直接接触的环境
二 b	干湿交替环境； 频繁变动环境； 严寒和寒冷地区的露天环境； 严寒和寒冷地区的冰冻线以上与无侵蚀性的水或土直接接触的环境
三 a	严寒和寒冷地区冬季水位变动区环境； 受除冰盐影响环境； 海风环境
三 b	盐渍土环境； 受除冰盐影响环境； 海岸环境
四	海水环境
五	受人为或自然的侵蚀性物质影响的环境

表 5-3　混凝土材料的耐久性基本要求

环境等级	最大水胶比	最低强度等级	最大氯离子含量(%)	最大碱含量（kg/m^3）
一	0.60	C20	0.30	不限制
二 a	0.55	C25	0.20	3.0
二 b	0.50(0.55)	C30(C25)	0.15	
三 a	0.45(0.50)	C35(C30)	0.15	
三 b	0.4	C40	0.10	

注：1. 氯离子含量是指其占胶凝材料总量的百分比。

2. 预应力构件混凝土中的最大氯离子含量为 0.05%，最低混凝土强度等级按表中的规定提高两个等级。

3. 素混凝土构件的水胶比及最低强度等级的要求可适当放松。

4. 有可靠工程经验时，二类环境中的最低混凝土强度等级可降低一个等级。

5. 处于严寒和寒冷地区二 b、三 a 类环境中混凝土应使用引气剂，并可采用括号中的有关参数。

6. 当使用非碱活性集料时，对混凝土中的碱含量可不做限制。

表 5-4　混凝土的最小胶凝材料用量

最大水胶比	最小凝胶材料用量（kg/m³）		
	素混凝土	钢筋混凝土	预应力混凝土
0.60	250	280	300
0.55	280	300	300
0.50	320		
≤0.45	330		

二、路面水泥混凝土的技术性质

路面水泥混凝土既要受到车辆荷载的反复作用，又要受到大自然、气候的直接影响，因而需要具备优良的技术性质。

（一）弯拉强度

各种交通荷载等级，对水泥混凝土弯拉强度要求不应低于表 5-5 的标准，条件许可时尽量采用较高的设计强度。

表 5-5　路面水泥混凝土弯拉强度标准值

交通荷载等级	极重、特重、重	中等	轻
水泥混凝土弯拉强度标准值（MPa）	≥5.0	4.5	4.0

（二）工作性（和易性）

混凝土拌和物在施工拌和、运输浇筑、捣实和抹平等过程中不分层、不离析、不泌水，能均匀密实地填充在结构物模板内，即具有良好的工作性，符合施工要求。《公路水泥混凝土路面施工技术细则》（JTG/T F30—2014）规定：碎石混凝土滑模摊铺时的坍落度宜为 10 ~ 30 mm，卵石混凝土滑模摊铺时的坍落度宜为 5 ~ 20 mm，振动黏度系数宜为 200 ~ 500 N·s/m²。采用三辊轴机组摊铺时，拌和物的现场坍落度宜为 20 ~ 40 mm；采用小型机具摊铺时，拌和物的现场坍落度宜为 5 ~ 20 mm。拌和机出口拌和物坍落度值，应根据不同工艺摊铺时的坍落度值加上运输过程中坍落度损失值确定。

轨道摊铺机、三辊轴机组、小型机具摊铺的路面混凝土的最大单位用水量也要满足相应要求，具体见表 5-6。

表 5-6　面层水泥混凝土最大单位用水量　（单位：kg/m³）

施工工艺	碎石混凝土	卵石混凝土
滑模摊铺机摊铺	160	155
三辊轴机组摊铺	153	148
小型机具摊铺	150	145

注：破碎卵石混凝土最大单位用水量可在碎石混凝土和卵石混凝土之间内插取值。

（三）耐久性

混凝土与大自然接触，受到干湿、冷热、水流冲刷、行车磨耗和冲击、腐蚀等作用，要求混凝土路面必须具有良好的耐久性。在进行混凝土配合比设计时，采用限制最大水灰（胶）比和最小单位水泥用量，来满足路面耐久性的要求，具体见表5-7。最大单位水泥用量不宜大于420 kg/m³；使用掺和料时，最大单位胶凝材料总量不宜大于450 kg/m³。

表5-7　各级公路面层水泥混凝土最大水灰（胶）比和最小单位水泥用量

公路等级		高速、一级	二级	三、四级
最大水灰（胶）比		0.44	0.46	0.48
有抗冰冻要求时最大水灰（胶）比		0.42	0.44	0.46
有抗盐冻要求时最大水灰（胶）比		0.40	0.42	0.44
最小单位水泥用量（kg/m³）	52.5级	300	300	290
	42.5级	310	310	300
	32.5级	—	—	315
有抗冰冻、抗盐冻要求时最小单位水泥用量（kg/m³）	52.5级	310	310	300
	42.5级	320	320	315
	32.5级	—	—	325
掺粉煤灰时最小单位水泥用量（kg/m³）	52.5级	250	250	245
	42.5级	260	260	255
	32.5级	—	—	265
有抗冰冻、抗盐冻要求时掺粉煤灰混凝土最小单位水泥用量（kg/m³）	52.5级	265	260	255
	42.5级	280	270	265

注：1. 处在除冰盐、海风、酸雨或硫酸盐等腐蚀性环境中，或在大纵坡等加减速车道上的混凝土，最大水灰（胶）比可比表中数值降低0.01～0.02。

2. 掺粉煤灰，并有抗冰冻、抗盐冻要求时，面层不应使用32.5级水泥。

另外，严寒与寒冷地区面层水泥混凝土的抗冻等级不应低于表5-8的要求。各等级公路面层水泥混凝土磨损量宜符合表5-9的要求。

表5-8　严寒与寒冷地区面层水泥混凝土的抗冻等级要求

公路等级		高速、一级		二、三、四级	
试件		基准配合比	现场取芯	基准配合比	现场取芯
抗冻等级（F），≥	严寒地区	300	250	250	200
	寒冷地区	250	200	200	150

表5-9　各等级公路面层水泥混凝土磨损量要求

公路等级	高速、一级	二级	三、四级
磨损量（kg/m²），≤	3.0	3.5	4.0

三、其他功能混凝土

在工程建设中,除普通水泥混凝土材料外,高强混凝土、流态混凝土以及再生混凝土等都有了很大的发展,现将这几种混凝土简述如下。

(一)高强混凝土

强度等级不低于C60的混凝土称为高强混凝土。为了减轻自重、增大跨径,现代高架公路、立体交叉和大型桥梁等混凝土结构均采用高强混凝土。

1.组成材料技术要求

(1)水泥应选用硅酸盐水泥或普通硅酸盐水泥,用量不宜大于500 kg/m^3。

(2)粗集料宜采用连续级配,其最大公称粒径不宜大于25.0 mm,针片状颗粒含量不宜大于5.0%,含泥量不应大于0.5%,泥块含量不应大于0.2%。

(3)细集料的细度模数宜为2.6~3.0,含泥量不应大于2.0%,泥块含量不应大于0.5%。

(4)宜采用减水率不小于25%的高性能减水剂。

(5)宜复合掺用粒化高炉矿液粉、粉煤灰和硅灰等矿物掺和料,掺量宜为25%~40%;粉煤灰等级不应低于Ⅱ级;对强度等级不低于C80的高强混凝土,宜掺用硅灰,掺量不宜大于10%。

2.高强度混凝土的技术性能

(1)可有效地减轻自重。

(2)可大幅度地提高混凝土的耐久性。

(3)在大跨度的结构物中,采用高强度混凝土可大大减少材料用量及成本,获得显著的经济效益。

(二)流态混凝土

流态混凝土是在预拌的坍落度为80~120 mm的基体混凝土拌和物中,加入外加剂——流化剂,经过二次搅拌,使基体混凝土拌和物的坍落度大于或等于160 mm,能自流填满模型或钢筋间隙的混凝土,又称超塑性混凝土。

1.流态混凝土的组成材料

流态混凝土是由基体混凝土和流化剂组成的新型混凝土。

1)基体混凝土的组成

水泥用量一般不低于300 kg/m^3,粗集料最大粒径不大于19 mm,细集料含有一定数量粒径小于0.3 mm的粉料,砂率通常可达45%左右。基体混凝土拌和物的坍落度值应与流化后拌和物的坍落度值相匹配,通常两值之差约为10 cm。

2)流化剂

流化剂属高效减水剂。流化剂的用量一般为水泥用量的0.5%~0.7%,如超过0.7%,坍落度并无明显增加,但易产生离析现象。

3)掺和料

在流态混凝土中常掺加优质粉煤灰,可改善流动性、提高强度、节约水泥用量。

2. 流态混凝土的技术性能

1) 抗压强度

一般情况下，流态混凝土与基体混凝土相比较，同龄期的强度无明显差别。但是由于有些流化剂可起到一定早强作用，因而使流态混凝土的强度有所提高。

2) 弹性模量

掺加流化剂后，混凝土的弹性模量与抗压强度一样，未见明显差别。

3) 与钢筋的黏结强度

由于流化剂使混凝土拌和物的流动性增加，所以流态混凝土较普通混凝土与钢筋的黏结强度有所提高。

4) 徐变和收缩

流态混凝土的徐变较基体混凝土稍大，而与普通大流动性混凝土接近。流态混凝土收缩与流化剂的品种和掺加量有关。掺加缓凝型流化剂时，其收缩比基体混凝土大。

5) 抗冻性

流态混凝土的抗冻性比基体混凝土稍差，与大流动性混凝土接近。

6) 耐磨性

试验表明，流动性混凝土的耐磨性较基体混凝土稍差，作为路面混凝土应考虑提高耐磨性措施。

3. 工程应用

流态混凝土的流动性好，能自流填满模型或钢筋间隙，适于泵送，施工方便。由于使用流化剂，可大幅度降低水灰比而不需多用水泥，避免了水泥浆多带来的缺点，可制得高强、耐久、不渗水的优质混凝土，一般有早强和高强效果；流态混凝土流动度大，但无离析和泌水现象。流态混凝土在道路与桥梁工程中的应用日益广泛。例如，越江隧道的水泥混凝土路面，斜拉桥的混凝土主塔，以及地铁的衬砌封顶等均须采用流态混凝土。

（三）钢纤维混凝土

钢纤维混凝土是以水泥混凝土为基材与不连续而分散的纤维为增强材料所组成的一种复合材料。掺入的钢纤维可以改善混凝土的脆性，从而提高混凝土的抗拉强度和韧性。

1. 钢纤维混凝土的力学性能

(1) 弯拉强度和抗拉强度较高；

(2) 抵抗动载振动冲击能力很强；

(3) 具有极高的耐疲劳性能；

(4) 具有柔韧性的复合材料；

(5) 有抗冻胀和抗盐冻脱皮性能，但不耐锈蚀，用量大、价格高，热传导系数大，不适用于有隔热要求的混凝土路面。

2. 工程应用

钢纤维与混凝土组成复合材料后，可使混凝土的抗弯拉强度、抗裂强度、韧性和抗冲击强度等性能得到改善，所以钢纤维混凝土广泛应用于道路与桥隧工程中，如机场路面、高等级路面、桥梁桥面铺装和隧道衬砌等工程。

（四）碾压混凝土

碾压混凝土是以级配集料和较低的水泥用量与用水量以及掺和料和外加剂等组成的特干硬性水泥混凝土拌和物，使用沥青混凝土或基层摊铺机摊铺、压路机振动碾压密实而形成的一种混凝土。这种混凝土铺筑成的路面具有强度高、干缩率小、密度大、耐久性好等技术性能，同时可带来节约水泥用量、提高工效、提早通车和降低投资的经济效益。

1. 材料组成

1）水泥

在路面碾压混凝土中应选用弯拉强度高、凝结时间稍长、强度发展快、干缩性小及耐磨性好的水泥。矿渣水泥和含火山灰质材料的普通水泥不宜用于高等级公路碾压混凝土路面。

2）粗、细集料

粗、细集料的技术性能应符合路面普通混凝土对粗、细集料的有关要求。粗集料的最大粒径一般不宜大于19.0 mm。砂率宜为35% ~40%，级配符合表5-10的要求。

表5-10　路面碾压混凝土粗、细集料合成级配适宜范围

筛孔尺寸(mm)	19.0	9.50	4.75	2.36	1.18	0.60	0.30	0.15
通过百分率范围(%)	90 ~100	50 ~70	35 ~47	25 ~38	18 ~30	10 ~23	5 ~15	3 ~10

3）掺和料

采用粉煤灰作为掺和料。当碾压混凝土用作道路基层或作复合式路面底层时，可使用Ⅲ级以上的粉煤灰，不宜使用等外灰。当碾压混凝土用作路面面层与下面层时，应使用Ⅰ、Ⅱ级粉煤灰，不得使用Ⅲ级粉煤灰。

4）外加剂

为改善混凝土和易性及有足够的碾压时间，可掺加缓凝型减水剂。

2. 技术性能

1）强度高

碾压混凝土的矿质混合料组成为连续密级配，经过振动压路机和轮胎压路机等的碾压，使各种集料排列为骨架密实结构，因而具有较高的强度，特别是早期强度提高明显。

2）干缩率小

碾压混凝土由于其组成材料配合比的改进，使拌和物具有优良的级配和很低的含水率，这种拌和物在碾压机械的作用下，才有可能使矿质集料形成包裹一层很薄水泥浆而又互相靠拢的骨架。因为水泥浆的干缩率比集料的大得多，所以碾压混凝土的干缩率也大大减小。

3）耐久性好

由于在形成这种密实结构的过程中，拌和物中的空气被碾压机械所排出，所以碾压混凝土的孔隙率大为降低，这样使其抗水性、抗渗性和抗冻性等耐久性指标都有了提高。

3. 工程应用

碾压混凝土主要用于大坝、道路及机场路面混凝土等工程中。若它应用于水泥混凝土路面，可以做成一层式或两层式；亦可作为底层，面层采用沥青混凝土为抗滑、磨耗层。

(五)超塑早强路面混凝土

超塑早强路面混凝土是指水泥、黄砂、碎石和水等在适当配合比下用搅拌机搅拌一定时间,再掺入适量早强剂、高效减水剂,经规定时间搅拌均匀而成的混凝土。

1. 组成材料

1)水泥

对于超塑早强路面混凝土,它要求选择具有早强及后期强度发展保持稳定的水泥,如普通硅酸盐水泥、硅酸盐水泥、早强型硅酸盐水泥、早强硫铝酸盐水泥,并且水泥的各项品质指标不低于国家的有关规定。

2)细集料

混凝土用砂应具有较高的密度和较小的比表面积,以保证混凝土混合料有适宜的工作性,硬化后有足够的强度和耐久性,同时又能达到节约水泥的目的。超塑早强路面混凝土宜用中砂。

砂的质量必须符合《建设用砂》(GB/T 14684—2011)的各项指标。

3)粗集料

粗集料的粒状以接近正方体为佳。表面粗糙且多棱角的碎石集料,与水泥的黏结性能好。粗集料的级配可采用连续级配或间断级配。选用集料时,应避免含有非晶体活性二氧化硅的岩石,防止产生碱－集料反应。

粗集料的质量必须符合《建设用卵石、碎石》(GB/T 14685—2011)的质量指标。

4)外加剂

在超塑早强路面混凝土研究中,外加剂也是提高混凝土早期强度的一种有力措施。可掺入各种外加剂,如早强减水剂、早强剂、缓凝剂、引气剂等。

5)水

用于拌制和养护混凝土的水,不应含有影响水泥正常凝结硬化的有害物质。工业废水、污水、沼泽水、pH 小于4的酸性水等不宜使用。凡能饮用的自来水和清洁的天然水,一般都可使用。混凝土拌和用水应符合《混凝土用水标准》(JGJ 63—2006)的要求。

2. 技术性能

超塑早强路面混凝土具有早期强度高、路面致密性好、施工和易性好等特点,有利于改善施工操作,并在节能、降低劳动强度和机械损耗等方面均有良好效果。对要求早强的混凝土路面修补工程,可达到缩短工期,提前开放交通的目的。一般3～6 d就能开放交通。

3. 工程应用

超塑早强路面混凝土广泛应用于道路新修建工程、市区道路改造工程以及桥梁抢修工程的桥面铺装等。它具有显著的技术效益和经济效益。

(六)滑模混凝土

滑模混凝土是采用滑模摊铺机摊铺的,满足摊铺工作性、强度及耐久性等要求的较低塑性水泥混凝土材料。

1. 原材料技术要求

1)水泥

极重、特重、重交通荷载等级的水泥混凝土路面,应采用旋窑生产的道路硅酸盐水泥、

硅酸盐水泥、普通硅酸盐水泥；中、轻交通荷载等级的水泥混凝土路面，可采用矿渣硅酸盐水泥。滑模摊铺机摊铺时宜选用散装水泥，高温期施工时，散装水泥的入罐最高温度不宜高于 60 ℃；低温期施工时，水泥进入搅拌缸前的温度不宜低于 10 ℃。

2）粉煤灰

滑模混凝土可掺入规定的电厂收尘的Ⅰ、Ⅱ级干排或磨细粉煤灰，但宜采用散装干粉煤灰。

3）粗集料

粗集料可使用碎石、破碎砾石和砾石。砾石最大粒径不得大于 19 mm，破碎砾石和碎石最大粒径不得大于 31.5 mm，超径和逊径含量均不得大于 5%，粒径小于 0.15 mm 的石粉含量不得大于 1%。

粗集料应质地坚硬、耐久、洁净，其级配应符合规范的要求。

4）细集料

细集料采用质地坚硬、耐久、洁净的河砂、机制砂、沉积砂和山砂，宜控制通过 15 mm 筛的石粉含量不大于 1%。滑模混凝土用砂宜为细度模数在 2.3 ~ 3.2 内的中砂或偏细粗砂。

5）水

所用水的硫酸盐含量（按 SO_4^{2-} 计）应小于 2.7 mg/cm^3，含盐量不得超过 5 mg/cm^3，pH 不得小于 4，不得含有油污，不得使用海水。

6）外加剂

外加剂可使用引气剂、减水剂等。其他外加剂品种可视现场气温、运距和混凝土拌和物振动黏度系数、坍落度及其损失、抗滑性、弯拉强度、耐磨性等需要选用。

7）养生剂

养生剂的品种主要有水玻璃型、石蜡型和聚合物型三大类。

8）钢筋

使用的钢筋应符合《钢筋混凝土用钢 第 2 部分：热轧带肋钢筋》（GB/T 1499.2—2018）和《钢筋混凝土用钢 第 1 部分：热轧光圆钢筋》（GB/T 1499.1—2017）的技术要求。钢筋应顺直，不得有裂纹、断伤、刻痕、表面油污和锈蚀。

9）填缝材料

常用的填缝材料有常温施工式填缝料、加热施工式填缝料、预制多孔橡胶条制品等。高速公路、一级公路宜使用树脂类、橡胶类的填缝材料及其制品；二级及其以下公路可采用各种性能符合要求的填缝材料。

2. 滑模混凝土的技术性能

1）优良的工作性

新拌滑模混凝土具有较低的坍落度（坍落度损失小），以及与摊铺机械振捣能力和速度相匹配的最优振动黏度系数、匀质性和稳定性。

2）高抗弯拉强度

用滑模摊铺机铺筑路面混凝土，可以提高其抗弯拉强度，使其具有足够的抗断裂破坏能力。

3)高耐疲劳极限

原来的抗折疲劳循环周次由500万次提高到1 000万次或更大,保障滑模摊铺水泥混凝土路面的使用寿命延长1倍以上。

4)小变形性能

小变形性能包括较低抗折弹性模量、较小的温度变形系数和较低的干缩变形量,保证接缝具有较小的温、湿度变形伸缩量和完好的使用状态。

5)高耐久性

高耐久性指具有良好的抗磨性、抗滑性及其保持率、抗冻性和抗渗性,以及高耐油类的侵蚀、耐盐碱腐蚀、耐海水侵蚀的能力。

6)经济性

在满足所有路面混凝土工程性能的条件下,尽可能就地取材、因地制宜。

3. 工程应用

滑模混凝土广泛使用在水泥混凝土路面、大型桥面以及机场跑道、城市快车道、停车场、大面积地坪和广场混凝土路面上,具有良好的使用效果。

(七)再生混凝土

1. 再生混凝土的组成

再生混凝土是指将废弃的混凝土块经过破碎、清洗、分级后,按一定比例与级配混合,部分或全部代替砂石等天然集料(主要是粗集料),再加入水泥、水等配制而成的新混凝土。再生混凝土按集料的组合形式可以有以下几种情况:集料全部为再生集料;粗集料为再生集料,细集料为天然砂;粗集料为天然碎石或卵石,细集料为再生集料;再生集料替代部分粗集料或细集料。

2. 再生混凝土技术性质

1)工作性

由于再生集料表面粗糙、棱角较多且集料表面包裹着相当数量的水泥砂浆,原生混凝土块在破碎过程中由于损伤,内部存在大量微裂纹,使其吸水率增大。因此,在配合比相同的条件下,再生混凝土的黏聚性、保水性均优于普通混凝土,而流动性比普通混凝土差。

2)耐久性

再生混凝土的耐久性可用多个指标来表征,包括再生混凝土的抗渗性、抗冻性、抗硫酸盐侵蚀性、抗碳化能力、抗氯离子渗透性以及耐磨性等。由于再生集料的孔隙率和吸水率较高,再生混凝土的耐久性要低于普通混凝土。

3)力学性质

(1)抗压强度。

通过大量的试验,一般认为,与普通混凝土的抗压强度相比,再生混凝土的强度会降低5%~32%。其原因为:一是由于再生集料孔隙率较高,在承受轴向应力时,易形成应力集中现象;二是再生集料与新旧水泥浆之间存在一些结合较弱的区域;三是再生集料本身的强度降低。

(2)抗拉强度及抗弯拉强度。

大量的试验已经发现,再生混凝土的劈裂抗拉强度与普通混凝土的差别不大,只是略有降低；同时，再生混凝土的抗弯拉强度为其抗压强度的1/5～1/8，这与普通混凝土基本类似。再生混凝土的这个特性，对于在路面混凝土中应用再生混凝土尤为有利。

(3)弹性模量。

综合已有的试验研究可以发现，再生混凝土的弹性模量较普通混凝土可降低15%～40%。再生混凝土弹性模量降低的原因是大量的砂浆附着于再生集料上，而这些砂浆的模量较低。再生混凝土弹性模量较低也从另一方面说明再生混凝土的变形能力要优于普通混凝土。

综上所述，再生混凝土的开发应用从根本解决了天然集料日益缺乏及大量混凝土废弃物造成生态环境日益恶化等问题，保证了人类社会的可持续发展，其社会效益和经济效益显著。

(八)防水混凝土

防水混凝土又称抗渗混凝土，是以调整混凝土配合比、掺加化学外加剂或采用特种水泥等方法，提高混凝土自身密实性、憎水性和抗渗性，使其满足抗渗等级(大于或等于抗渗等级0.6 MPa要求的不透水性混凝土)。防水混凝土一般可分为普通防水混凝土、外加剂防水混凝土和膨胀防水混凝土(也称补偿收缩防水混凝土)。

1. 组成材料

(1)水泥品种应按设计要求选用，其强度等级不应低于32.5级，不得使用过期或受潮结块水泥。

(2)碎石或卵石的粒径宜为4.75～31.5 mm，含泥量不得大于1.0%，泥块含量不得大于0.5%。

(3)砂宜为中砂，含泥量不得大于3.0%，泥块含量不得大于1.0%。

(4)拌制混凝土所用的水，应采用不含有害物质的洁净水。

(5)外加剂的技术性能，应符合国家或行业标准一等品及以上的质量要求。

(6)粉煤灰的级别不应低于Ⅱ级，掺量不宜大于20%；硅粉掺量不应大于3%，其他掺和料的掺量应通过试验确定。

2. 技术性能

(1)兼有防水和承重双重功能，节约材料，加快施工速度。

(2)材料来源广泛，成本低廉。

(3)在结构造型复杂的情况下，施工简便，防水性能可靠。

(4)耐久性好，一般在结构不变形、开裂的情况下，防水性能与结构共存。

(5)可改善劳动条件及强度。

(6)渗漏水时易于检查，便于修补。

任务5.1 原材料要求及检测

引例：

水泥混凝土的质量和性能，主要与组成材料的性能、组成材料的相对含量即配合比，以及混凝土的施工工艺等因素有关。因此,为了保证混凝土的质量,提高混凝土的技术性能和降低成本,除了合理选择各组成材料,还必须对组成材料有一定的技术要求,并对原材料进行检测和合格性评判。

1　普通混凝土原材料

1.1　水泥

水泥是混凝土的胶结材料,混凝土的性能很大程度上取决于水泥的质量和数量,应正确选择水泥品种和强度等级。

配制水泥混凝土的水泥品种,应根据混凝土的工程特点和所处的环境条件,结合水泥的特性,且考虑当地生产的水泥品种情况等,进行合理的选择,这样不仅可以保证工程质量,而且可以降低成本。配制普通水泥混凝土用水泥,一般可采用硅酸盐水泥、普通硅酸盐水泥、矿渣硅酸盐水泥、火山灰质硅酸盐水泥或粉煤灰硅酸盐水泥,有特殊需要时可采用快硬水泥、抗硫酸盐水泥、大坝水泥或其他水泥。选用水泥时,应注意其特性对混凝土结构强度和使用条件是否有不利影响。当混凝土中采用碱活性集料时,宜选用含碱量不大于0.6%的低碱水泥。

选用水泥强度等级应与要求配制的混凝土强度等级相适应。如水泥强度等级选用过高,则混凝土中水泥用量过低,水灰比偏大,影响混凝土的和易性和耐久性;反之,如水泥强度等级选用过低,则混凝土中水泥用量太多,非但不经济,而且会降低混凝土的某些技术品质(如收缩率增大等)。

1.2　细集料

混凝土用细集料一般应采用粒径小于4.75 mm的级配良好、质地坚硬、颗粒洁净的河砂。当河砂不易得到时,可采用符合规定的其他天然砂或人工砂。人工砂是经除土处理的机制砂和混合砂的统称。机制砂是由机械破碎、筛分制成的,粒径小于4.75 mm的岩石颗粒,但不包括软质岩、风化岩石的颗粒。混合砂是由机制砂和天然砂混合制成的砂。细集料不宜采用海砂,不得不采用时,应经冲洗处理。配制混凝土时,对细集料的品质有以下几方面的要求。

1.2.1　有害杂质含量

集料中含有妨碍水泥水化或能降低集料与水泥石黏附性,以及能与水泥水化产物产生不良化学反应的各种物质,称为有害杂质。砂中常含有的有害杂质主要有泥土和泥块、云母、轻物质、硫酸盐和硫化物以及有机质等。

1.2.1.1　含泥量、石粉含量和泥块含量

含泥量是指天然砂中粒径小于0.075 mm的颗粒含量;石粉含量是指人工砂中粒径小于0.075 mm的颗粒含量;泥块含量是指原颗粒粒径大于1.18 mm,经水洗、手捏后可破碎成粒径小于0.6 mm的颗粒含量。这些颗粒的存在影响混凝土的强度和耐久性。

1.2.1.2　云母含量

云母呈薄片状,表面光滑,且极易沿节理裂开,因此它与水泥石的黏附性极差,对混凝土拌和物的和易性和硬化后混凝土的抗冻性和抗渗性都有不利的影响。

1.2.1.3 轻物质含量

砂中的轻物质是指相对密度小于2.0的颗粒(如煤和褐煤等)。

1.2.1.4 有机质含量

天然砂中有时混杂有有机物质(如动植物的腐殖质、腐殖土等),这类有机物质将延缓水泥的硬化过程,并降低混凝土的强度,特别是早期强度。

1.2.1.5 硫化物和硫酸盐含量

在天然砂中,常掺杂有硫铁矿(FeS_2)或石膏($CaSO_4 \cdot 2H_2O$)的碎屑,如含量过多,将在硬化的混凝土中与水化铝酸钙发生反应,生成水化硫铝酸钙晶体,体积膨胀,在混凝土内产生破坏作用。

1.2.2 压碎值和坚固性

混凝土中所用细集料也应具备一定的强度和坚固性。对人工砂应进行压碎值测定,对天然砂可采用硫酸钠溶液进行坚固性试验,经5次循环后测其质量损失。

细集料的技术要求应符合现行标准《建设用砂》(GB/T 14684—2011)的规定,具体见表5-11。

表5-11 细集料技术要求

项目		技术要求		
		Ⅰ类	Ⅱ类	Ⅲ类
有害物质含量	云母含量(按质量计,%)	≤1.0	≤2.0	≤2.0
	轻物质含量(按质量计,%)	≤1.0	≤1.0	≤1.0
	有机物含量(比色法)	合格	合格	合格
	硫化物及硫酸盐(按 SO_3 质量计,%)	≤0.5	≤0.5	≤0.5
	氯化物含量(按氯离子质量计,%)	≤0.01	≤0.02	≤0.06
天然砂含泥量(按质量计,%)		≤1.0	≤3.0	≤5.0
天然砂、机制砂泥块含量(按质量计,%)		0	≤1.0	≤2.0
机制砂的石粉含量(按质量计,%)	*MB* 值≤1.4或快速法试验合格	≤10.0	≤10.0	≤10.0
	MB 值>1.4或快速法试验不合格	≤1.0	≤3.0	≤5.0
坚固性(质量损失,%)		≤8	≤8	≤10
机制砂单级最大压碎指标(%)		≤20	≤25	≤30
表观密度(kg/m^3)		≥2 500		
松散堆积密度(kg/m^3)		≥1 400		
空隙率(%)		≤44		
碱-集料反应		经碱-集料反应试验后,由砂配制的试件无裂缝、酥裂、胶体外溢等现象,在规定试验龄期的膨胀率应小于0.10%		

注:Ⅰ类宜用于强度等级大于C60的混凝土;

Ⅱ类宜用于强度等级为C30~C60及抗冻、抗渗或有其他要求的混凝土;

Ⅲ类宜用于强度等级小于C30的混凝土。

1.2.3 砂的粗细程度和颗粒级配

砂的粗细程度和颗粒级配应不仅使所配制混凝土达到保证设计强度等级和节约水泥

的目的，还可以改善混凝土拌和物的和易性。

混凝土用砂的级配根据现行标准《建设用砂》(GB/T 14684—2011)的规定划分为 3 个级配区，砂的级配应符合表 5-12 或图 5-8 任何一个级配区所规定的级配范围。

表 5-12　细集料级配范围

砂的分类	天然砂			机制砂		
级配区	Ⅰ区	Ⅱ区	Ⅲ区	Ⅰ区	Ⅱ区	Ⅲ区
筛孔尺寸(mm)	累计筛余百分率(%)					
4.75	10 ~ 0	10 ~ 0	10 ~ 0	10 ~ 0	10 ~ 0	10 ~ 0
2.36	35 ~ 5	25 ~ 0	15 ~ 0	35 ~ 5	25 ~ 0	15 ~ 0
1.18	65 ~ 35	50 ~ 10	25 ~ 0	65 ~ 35	50 ~ 10	25 ~ 0
0.60	85 ~ 71	70 ~ 41	40 ~ 16	85 ~ 71	70 ~ 41	40 ~ 16
0.30	95 ~ 80	92 ~ 70	85 ~ 55	95 ~ 80	92 ~ 70	85 ~ 55
0.15	100 ~ 90	100 ~ 90	100 ~ 90	97 ~ 85	94 ~ 80	94 ~ 75

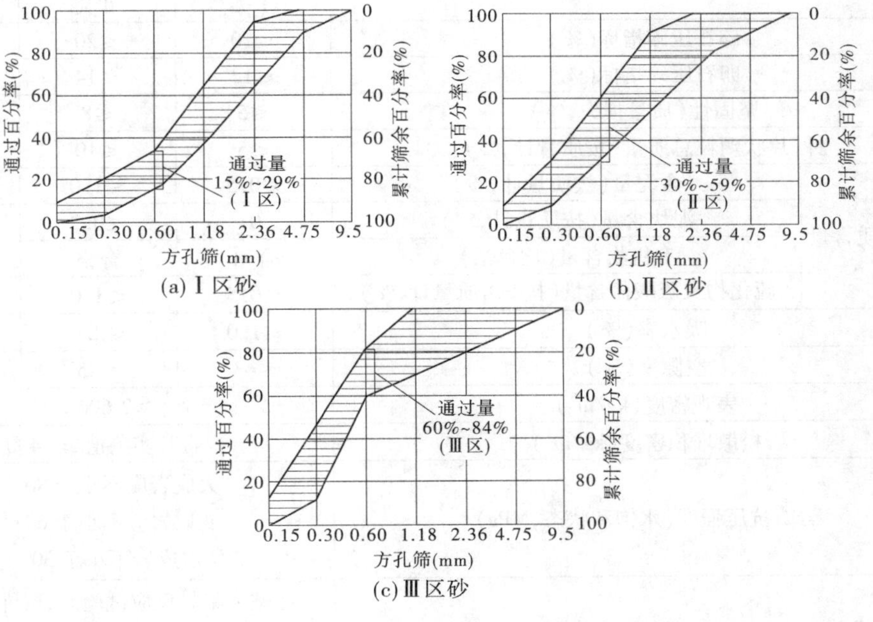

图 5-8　水泥混凝土用砂级配范围曲线

Ⅰ区砂属于粗砂范畴，用Ⅰ区砂配制混凝土时，应较Ⅱ区砂采用较大的砂率配制低流动性的混凝土，否则新拌混凝土的内摩擦阻力较大、保水差、不易捣实成型。Ⅱ区砂是由中砂和一部分偏粗的细砂组成的，宜优先选用配制不同强度等级的混凝土。

Ⅲ区砂系由细砂和一部分偏细的中砂组成。当应用Ⅲ区砂配制混凝土时，应较Ⅱ区砂采用较小的砂率保证混凝土的强度，因应用Ⅲ区砂所配制成的新拌混凝土黏性略大，比较细软，易振捣成型，而且由于Ⅲ区砂的级配细、比表面积大，所以对新拌混凝土的工作性影响比较敏感。

1.3 粗集料

普通混凝土常用的粗集料是指粒径大于 4.75 mm 的卵石（砾石）和碎石。卵石是由自然条件的作用而形成的，根据产源可分为河卵石、海卵石及山卵石；碎石是将天然岩石或大卵石破碎、筛分而得的，表面粗糙且带棱角，与水泥石黏结比较牢固。

普通混凝土用粗集料的主要技术要求如下。

1.3.1 强度和坚固性

1.3.1.1 强度

为保证混凝土的强度要求，粗集料必须具有足够的强度。对于碎石和卵石的强度，采用岩石立方体强度和压碎指标两种方式表示。其中，卵石、碎石的压碎指标值越小，则表示抵抗压碎的能力越强。根据《建设用卵石、碎石》（GB/T 14685—2011）的规定，按照技术要求将粗集料分为Ⅰ类、Ⅱ类、Ⅲ类，具体要求见表 5-13。

表 5-13 粗集料技术要求

项目		技术要求		
		Ⅰ类	Ⅱ类	Ⅲ类
碎石压碎指标（%）		≤10	≤20	≤30
卵石压碎指标（%）		≤12	≤14	≤16
坚固性（质量损失，%）		≤5	≤8	≤12
针、片状颗粒总质量（按质量计，%）		≤5	≤10	≤15
有害物质含量	含泥量（按质量计，%）	≤0.5	≤1.0	≤1.5
	泥块含量（按质量计，%）	0	≤0.2	≤0.5
	有机物含量（比色法）	合格	合格	合格
	硫化物及硫酸盐含量（按 SO_3 质量计，%）	≤0.5	≤1.0	≤1.0
吸水率（%）		≤1.0	≤2.0	≤2.0
空隙率（%）		≤43	≤45	≤47
表观密度（kg/m^3）		≥2 600		
松散堆积密度（kg/m^3）		报告其实测值≥1 400		
岩石抗压强度（水饱和状态，MPa）		火成岩应不小于 80； 变质岩应不小于 60； 水成岩不小于 30		
碱－集料反应		经碱－集料反应试验后，试件无裂缝、酥裂、胶体外溢等现象，在规定试验龄期的膨胀率应小于 0.10%		

注：Ⅰ类宜用于强度等级大于 C60 的混凝土；
Ⅱ类宜用于强度等级为 C30～C60 及抗冻、抗渗或有其他要求的混凝土；
Ⅲ类宜用于强度等级小于 C30 的混凝土。

1.3.1.2 坚固性

为保证混凝土的耐久性，用作混凝土的粗集料应具有足够的坚固性，以抵抗冻融和自然因素的风化作用。卵石与碎石越密实、强度越高、吸水率越小时，其坚固性越好；而结构疏松、矿物成分复杂、构造不均匀的，其坚固性越差。现行标准《建设用卵石、碎石》

(GB/T 14685—2011)规定,用硫酸钠溶液进行坚固性试验,经5次循环后测其质量损失。具体规定见表5-13。

1.3.2　有害杂质含量

粗集料中常含有一些有害杂质,如黏土、淤泥、硫酸盐及硫化物和有机物等,它们的危害作用与在细集料中相同。其含量不应超过表5-13的规定。

1.3.3　公称最大粒径及颗粒级配

1.3.3.1　公称最大粒径

粗集料的公称最大粒径是指全部通过或允许少量不通过(一般允许筛余不超过10%)的最小标准筛筛孔尺寸。集料的粒径越大,其表面积相应减小,因此所需的水泥浆量相应减少,在一定的和易性和水泥用量条件下,则应减少用水量而提高混凝土强度。所以,粗集料的最大粒径在条件允许的情况下,尽量选择大些为好。

1.3.3.2　颗粒级配

粗集料应具有良好的颗粒级配,以减小空隙率,增强密实性,从而可以节约水泥,保证混凝土拌和物的和易性及混凝土的强度。

粗集料的级配分为连续级配和间断级配。与采用间断级配拌制的混凝土相比较,连续级配拌制的混凝土具有和易性较好、不易产生离析等优点。单粒级配主要适用于配置所要求的连续粒级,或与连续粒级配合使用以改善级配和粒度。因此,粗集料宜根据混凝土最大粒径采用连续两级配或连续多级配,不宜采用单粒级配或间断级配配制,必须使用时,应通过试验验证。粗集料的级配范围应符合现行标准《建设用卵石、碎石》(GB/T 14685—2011)的规定,具体要求见表5-14。

表5-14　粗集料的颗粒级配

级配情况	公称粒径(mm)	筛孔尺寸(方孔筛,mm)											
		2.36	4.75	9.5	16	19	26.5	31.5	37.5	53	63	75	90
		累计筛余百分率(按质量计,%)											
连续级配	5～16	95～100	85～100	30～60	0～10	—	—	—	—	—	—	—	—
	5～20	95～100	90～100	40～80	—	0～10	0	—	—	—	—	—	—
	5～25	95～100	90～100	—	30～70	—	0～5	0	—	—	—	—	—
	5～31.5	95～100	90～100	70～90	—	15～45	—	0～5	0	—	—	—	—
	5～40	—	95～100	70～90	—	30～65	—	—	0～5	0	—	—	—
单粒级配	5～10	95～100	80～100	0～15	0								
	10～16		95～100	80～100	0～15								
	10～20	—	95～100	80～100	—	0～15	0	—	—	—	—	—	—
	16～25			95～100	55～70	25～40	0～10						
	16～31.5	—	95～100	—	85～100	—	—	0～10	0	—	—	—	—
	20～40	—	—	95～100	—	80～100	—	—	0～10	0	—	—	—
	40～80	—	—	—	—	95～100	—	—	70～100	—	30～60	0～10	0

1.3.4　颗粒形状及表面特征

粗集料的颗粒形状大致可以分为蛋圆形、棱角形、针状及片状。一般来说,比较理想的颗粒形状是接近正立方体的,而针状、片状颗粒不宜较多。针状颗粒是指长度大于其平均粒径(指该粒级上下粒径的平均值)的2.4倍的颗粒;片状颗粒是指其厚度小于其平均粒径40%的颗粒。当针、片状颗粒含量超过一定界限时,使集料空隙增加,不仅使混凝土拌和物和易性变差,而且会使混凝土的强度降低,所以对混凝土粗集料中针、片状颗粒含量应当限制。

集料表面特征主要指集料表面的粗糙程度及孔隙特征等。一般情况下,碎石表面粗糙并且具有吸收水泥浆的孔隙特征,所以它与水泥石的黏结能力较强;卵石表面圆润光滑,因此它与水泥石的黏结能力较差,但混凝土拌和物的和易性较好。一般来说,在混凝土的水泥用量与用水量相同的情况下,碎石混凝土比卵石混凝土的强度高10%左右。

1.4 混凝土用水

混凝土拌制和养护用水不得影响混凝土的凝结硬化,不得降低混凝土的耐久性,不得加快钢筋锈蚀和预应力钢丝脆断。符合国家标准的饮用水可直接作为混凝土的拌制和养护用水,当采用其他水源或对水质有疑问时,应对水质进行检验。被检验水样应与饮用水样进行水泥凝结时间对比试验、水泥胶砂强度对比试验。对比试验的水泥初凝时间差及终凝时间差均不应大于30 min,初凝时间和终凝时间应符合现行国家标准《通用硅酸盐水泥》(GB 175—2007)的规定;被检验水样配制的水泥胶砂3 d和28 d强度不应低于饮用水配制的水泥胶砂3 d和28 d强度的90%。

混凝土拌和用水不应有漂浮明显的油脂和泡沫,以及有明显的颜色和异味。严禁将未经处理的海水用于钢筋混凝土和预应力混凝土的拌制。在无法获得水源的情况下,海水可用于拌制素混凝土。混凝土拌和用水水质要求应符合《混凝土用水标准》(JGJ 63—2006)的规定,见表5-15。

表5-15　混凝土拌和用水水质要求

项目	预应力混凝土	钢筋混凝土	素混凝土
pH	≥5.0	≥4.5	≥4.5
不溶物(mg/L)	≤2 000	≤2 000	≤5 000
可溶物(mg/L)	≤2 000	≤5 000	≤10 000
Cl^-(mg/L)	≤500	≤1 000	≤3 500
SO_4^{2-}(mg/L)	≤600	≤2 000	≤2 700
碱含量(mg/L)	≤1 500	≤1 500	≤1 500

注:1. 对于设计使用年限为100年的结构混凝土,氯离子含量不得超过500 mg/L;对使用钢丝或经热处理钢筋的预应力混凝土,氯离子含量不得超过350 mg/L。

2. 碱含量按 $Na_2O+0.658K_2O$ 计算值来表示;采用非碱活性集料时,可不检验碱含量。

1.5 矿物掺和料

矿物掺和料在混凝土中的作用是改善混凝土拌和物的施工和易性、降低混凝土水化热、调节凝结时间等。混凝土用掺和料有粉煤灰、粒化高炉矿渣粉、钢渣粉、磷渣粉、硅灰及复合掺和料等,其中硅灰是指从冶炼硅铁合金或硅钢等排放的硅蒸汽养护后收集到的极细粉末颗粒。混凝土用粉煤灰的质量应满足《用于水泥和混凝土中的粉煤灰》(GB/T 1596—2017)的要求,见表 5-16。

表 5-16　拌制混凝土用粉煤灰理化性能要求

项目		理化性能要求		
		Ⅰ级	Ⅱ级	Ⅲ级
细度(45 μm 方孔筛筛余)(%)	F 类粉煤灰	≤12.0	≤30.0	≤45.0
	C 类粉煤灰			
需水量比(%)	F 类粉煤灰	≤95	≤105	≤115
	C 类粉煤灰			
烧失量(%)	F 类粉煤灰	≤5.0	≤8.0	≤10.0
	C 类粉煤灰			
含水率(%)	F 类粉煤灰	≤1.0		
	C 类粉煤灰			
三氧化硫(SO_3)质量分数(%)	F 类粉煤灰	≤3.0		
	C 类粉煤灰			
游离氧化钙(f-CaO)质量分数(%)	F 类粉煤灰	≤1.0		
	C 类粉煤灰	≤4.0		
二氧化硅(SiO_2)、三氧化二铝(Al_3O_2)和三氧化二铁(Fe_2O_3)总质量分数(%)	F 类粉煤灰	≥70.0		
	C 类粉煤灰	≥50.0		
密度(g/cm^3)	F 类粉煤灰	≤2.6		
	C 类粉煤灰			
安定性(雷氏法)(mm)	C 类粉煤灰	≤5.0		
强度活性指数(%)	F 类粉煤灰	≥70.0		
	C 类粉煤灰			

根据《普通混凝土配合比设计规程》(JGJ 55—2011)的规定,矿物掺和料在混凝土中的掺量应通过试验确定。采用硅酸盐水泥或普通硅酸盐水泥时,钢筋混凝土中矿物掺和料最大掺量宜符合表 5-17 的规定,预应力混凝土中矿物掺和料最大掺量宜符合表 5-18 的规定。对基础大体积混凝土,粉煤灰、粒化高炉矿渣粉和复合掺和料的最大掺量可增加 5%,采用掺量大于 30% 的 C 类粉煤灰的混凝土,应以实际使用的水泥和粉煤灰掺量进行安定性检验。

表 5-17　钢筋混凝土中矿物掺和料最大掺量

矿物掺和料种类	水胶比	最大掺量(%)	
		硅酸盐水泥	普通硅酸盐水泥
粉煤灰	≤0.40	45	35
	>0.40	40	30
粒化高炉矿渣粉	≤0.40	65	55
	>0.40	55	45
钢渣粉	—	30	20
磷渣粉	—	30	20
硅灰	—	10	10
复合掺和料	≤0.40	65	55
	>0.40	55	45

注:1. 采用其他通用硅酸盐水泥时,宜将水泥混合材料掺量20%以上的混合材料计入矿物掺和料。

2. 复合掺和料中各组分的掺量不宜超过单掺时的最大掺量。

3. 在混合使用两种或两种以上矿物掺和料时,矿物掺和料总量应符合表中复合掺和料的规定。

表 5-18　预应力混凝土中矿物掺和料最大掺量

矿物掺和料种类	水胶比	最大掺量(%)	
		硅酸盐水泥	普通硅酸盐水泥
粉煤灰	≤0.40	35	30
	>0.40	25	20
粒化高炉矿渣粉	≤0.40	55	45
	>0.40	45	35
钢渣粉	—	20	10
磷渣粉	—	20	10
硅灰	—	10	10
复合掺和料	≤0.40	55	45
	>0.40	45	35

注:1. 采用其他通用硅酸盐水泥时,宜将水泥混合材料掺量20%以上的混合材料计入矿物掺和料。

2. 复合掺和料中各组分的掺量不宜超过单掺时的最大掺量。

3. 在混合使用两种或两种以上矿物掺和料时,矿物掺和料总量应符合表中复合掺和料的规定。

1.6　外加剂

混凝土外加剂是在拌制混凝土过程中掺入用以改善混凝土性能的材料,其掺量应以胶凝材料总量的百分比表示。

混凝土外加剂的种类繁多,按其主要功能归纳有以下几种(见表5-19)。

1.6.1　减水剂

减水剂是在混凝土坍落度基本相同的条件下,能减少拌和用水的外加剂。目前,减水剂主要有木质素磺酸盐类、多环芳香族磺酸盐类、水溶性树脂磺酸盐类、脂肪族类、改性木质素磺酸钙、改性丹宁等几类。

表5-19 混凝土外加剂分类

类别		使用效果
减水剂	普通减水剂	减水,提高强度或改善和易性
	高效减水剂(流动化剂或称超塑剂)	配制流动混凝土或早强高强混凝土
引气剂		增加含气量,改善和易性,提高抗冻性
调凝剂	缓凝剂	延缓凝结时间,降低水化热
	早强剂(促凝剂)	提高混凝土早期强度
	速凝剂	速凝、提高混凝土早期强度
防冻剂		使混凝土在负温下水化,达到预期强度
防水剂		提高混凝土抗渗性,防止潮气渗透
膨胀剂		减少干缩

1.6.1.1 减水剂作用机制

大多数减水剂均为表面活性剂,其分子由亲水基团和憎水基团组成。在水泥浆中,亲水基团吸附水分子,而憎水基团指向水泥颗粒表面,形成吸附水膜层,降低了水与水泥颗粒之间的界面张力,并使水泥颗粒表面均带上相同的电荷,加大了水泥颗粒的静电斥力,使水泥颗粒互相分散,絮凝结构中的水被释放出来。同时,大部分减水剂均为有机化合物,在拌制过程中易带入一些气泡,因此在减水剂的分散和引气作用下,使混凝土拌和物在不增加用水量的情况下,大幅度地增加了流动性。

1.6.1.2 减水剂的经济效果

当混凝土配合比不变时,可不同程度地增大坍落度,且不影响混凝土的强度。

如果保持流动性和水泥用量不变,则拌和用水量可减少10% ~20%,使水胶比降低,混凝土强度提高15% ~20% ,同时也提高了混凝土的耐久性。

如果保持混凝土强度和流动性不变,则可节约水泥用量10% ~15%。

1.6.2 引气剂

掺入混凝土中经搅拌能引入大量分布均匀的微小气泡,以改善混凝土拌和物的和易性,并在硬化后仍能保留微小气泡,以改善混凝土抗冻性的外加剂称为引气剂。常用的引气剂有松香热聚物、松香皂等。

引气剂为憎水表面活性物质,它能降低水泥—水—空气的界面能,同时由于它的定向排列,形成单分子吸附膜,使气泡排开水分而吸附于固相粒子表面,因而能使搅拌过程混进的空气形成微小而稳定的气泡,均匀分布于混凝土中。对于新拌混凝土,可改善工作性,减少泌水和离析。对硬化后的混凝土,由于气泡的存在,使水分不易渗入,又可缓冲其水分结冰膨胀的作用,因而提高了混凝土的抗冻性、抗渗性和抗蚀性,但是混凝土强度会有所降低。

引气剂的掺量极微,为0.005% ~0.01%,引气量为3% ~6%。

1.6.3 缓凝剂

缓凝剂的作用是延缓水泥的凝结时间。常用的缓凝剂有酒石酸钠、柠檬酸、糖蜜、含氧有机酸、多元醇等,其掺量一般为水泥质量的 0.01% ~0.20% 。

缓凝剂的缓凝作用是由于在水泥颗粒表面形成了不溶性物质,使水泥悬浮体的稳定程度提高并抑制水泥颗粒凝聚,因而延缓水泥的水化和凝聚。

1.6.4　早强剂

能提高混凝土的早期强度,并对其后期强度无显著影响的外加剂,称为早强剂。早强剂对水泥中的硅酸三钙和硅酸二钙等矿物成分的水化有催化作用,能加速水泥的水化和硬化,具有早强作用。常用的早强剂有氯化物系早强剂、硫酸盐系早强剂、三乙醇胺系早强剂。

混凝土中掺入早强剂,可缩短混凝土的凝结时间,提高其早期强度,常用于混凝土的快速低温施工。但掺加了氯化钙早强剂,会加速钢筋的锈蚀,为此对氯化钙的掺加量应加以限制,通常对于配筋混凝土掺量不得超过 1%,无筋混凝土掺量亦不宜超过 3%。为了防止氯化钙对钢筋的锈蚀,氯化钙早强剂一般与阻锈剂复合使用。

1.6.5　速凝剂

速凝剂是促使水泥迅速凝结的外加剂。它可以保证水泥初凝时间在 5 min 之内,终凝时间在 10 min 内完成。

在水化初期,石膏与速凝剂中的反应生成物 NaOH 作用生成 Na_2SO_4,使液相的 SO_4^{2-} 浓度明显降低,此时,铝酸三钙就迅速水化析出水化铝酸钙,石膏的缓凝作用失效,从而导致水泥浆速凝。速凝剂可用于路桥隧道的修补抢修等工程。

1.6.6　防水剂

混凝土防水剂是一种能减少孔隙和堵塞毛细通道,用以降低混凝土在静水压力下透水性的外加剂。防水剂分为无机防水剂(如三氯化铁、水玻璃等),以及有机防水剂(如有机硅、沥青、橡胶液和树脂乳液等)。

掺入防水剂后,混凝土的抗渗性将大大增强。但有些防水剂含有氯离子,使用时应适当控制。对于水工结构、地下室、隧道等混凝土工程,由于抗渗和防水要求均较高,因此可选用适宜的防水剂或防水复合外加剂。

2　路面水泥混凝土原材料

2.1　水泥

水泥是路面水泥混凝土的重要组成材料,其直接影响混凝土的强度、早期干缩、温度变形和抗磨性。极重、特重、重交通荷载等级公路面层水泥混凝土,应采用旋窑生产的道路硅酸盐水泥、硅酸盐水泥、普通硅酸盐水泥,中、轻交通荷载等级公路面层水泥混凝土,可采用矿渣硅酸盐水泥。高温期施工宜采用普通型水泥,低温期施工宜采用早强型水泥。

路面水泥混凝土所用水泥的技术要求除应满足现行的《道路硅酸盐水泥》(GB/T 13693—2017)或《通用硅酸盐水泥》(GB 175—2007)的规定外,各龄期的实测抗折强度、抗压强度应满足表 5-20 的规定。

2.2　粉煤灰

使用道路硅酸盐水泥或硅酸盐水泥时,可在混凝土中掺入适量的粉煤灰;使用其他水泥时,不应掺入粉煤灰。粉煤灰质量不应低于表 5-16 中的Ⅱ级粉煤灰的要求。不得掺用高钙粉煤灰或Ⅲ级及Ⅲ级以下低钙粉煤灰。

表5-20　路面水泥混凝土用水泥各龄期的实测强度值

混凝土设计弯拉强度标准值(MPa)	5.5		5.0		4.5		4.0		试验方法
龄期(d)	3	28	3	28	3	28	3	28	—
水泥实测抗折强度(MPa),≥	5.0	8.0	4.5	7.5	4.0	7.0	3.0	6.5	《水泥胶砂强度检验方法(ISO法)》(GB/T 17671—1999)
水泥实测抗压强度(MPa),≥	23.0	52.5	17.0	42.5	17.0	42.5	10.0	32.5	《水泥胶砂强度检验方法(ISO法)》(GB/T 17671—1999)

2.3　粗集料与再生粗集料

2.3.1　质量要求

粗集料应使用质地坚硬、耐久、洁净的碎石、破碎卵石和卵石。极重、特重、重交通荷载等级公路面层水泥混凝土用粗集料质量不应低于表5-21中Ⅱ级的要求;中、轻交通荷载等级公路面层水泥混凝土用粗集料可使用Ⅲ级粗集料。

表5-21　粗集料质量标准

项目		技术要求		
		Ⅰ级	Ⅱ级	Ⅲ级
压碎值(%)		≤18.0	≤25.0	≤30.0
卵石压碎值(%)		≤21.0	≤23.0	≤26.0
坚固性(按质量损失计,%)		≤5.0	≤8.0	≤12.0
针、片状颗粒含量(按质量计,%)		≤8.0	≤15.0	≤20.0
含泥量(按质量计,%)		≤0.5	≤1.0	≤2.0
泥块含量(按质量计,%)		≤0.2	≤0.5	≤0.7
吸水率(按质量计,%)		≤1.0	≤2.0	≤3.0
硫化物及硫酸盐含量(按SO_3质量计,%)		≤0.5	≤1.0	≤1.0
洛杉矶磨耗损失(%)		≤28.0	≤32.0	≤35.0
有机物含量(比色法)		合格	合格	合格
岩石抗压强度(MPa)	岩浆岩	≥100		
	变质岩	≥80		
	沉积岩	≥60		
表观密度(kg/m^3)		≥2 500		
松散堆积密度(kg/m^3)		≥1 350		
空隙率(%)		≤47		
磨光值(%)		≥35.0		
碱活性反应		不得有碱活性反应或疑似碱活性反应		

中、轻交通荷载等级公路面层水泥混凝土可使用再生粗集料，其质量应符合表5-22的规定。再生粗集料是指利用旧结构混凝土经机械破碎筛分制得的粗集料，可单独或掺配新集料后使用，有抗冰冻、抗盐冻要求时，再生粗集料不应低于Ⅱ级；无抗冰冻、抗盐冻要求时，可使用Ⅲ级再生粗集料。再生粗集料不得用于裸露粗集料的水泥混凝土抗滑表层，不得使用出现碱活性反应的混凝土为原料破碎生产的再生粗集料。

表5-22　再生粗集料的质量标准

项目	技术要求		
	Ⅰ级	Ⅱ级	Ⅲ级
压碎值(%)	≤21.0	≤30.0	≤43.0
坚固性(按质量损失计,%)	≤5.0	≤10.0	≤15.0
针、片状颗粒含量(按质量计,%)	≤10.0	≤10.0	≤10.0
微粉含量(按质量计,%)	≤1.0	≤2.0	≤3.0
泥块含量(按质量计,%)	≤0.5	≤0.7	≤1.0
吸水率(按质量计,%)	≤3.0	≤5.0	≤8.0
硫化物及硫酸盐含量(按 SO_3 质量计,%)	≤2.0	≤2.0	≤2.0
氯化物含量(以氯离子质量计,%)	≤0.06	≤0.06	≤0.06
洛杉矶磨耗损失(%)	≤35	≤40	≤45
杂物含量(按质量计,%)	≤1.0	≤1.0	≤1.0
表观密度(kg/m^3)	≥2 450	≥2 350	≥2 250
空隙率(%)	≤47	≤50	≤53

2.3.2　公称最大粒径和级配

粗集料与再生粗集料应根据混凝土配合比的公称最大粒径分为2～4个单粒级的集料，并掺配使用。粗集料与再生粗集料的合成级配及单粒级级配范围宜符合表5-23的要求。不得使用不分级的统料。

表5-23　粗集料与再生粗集料的级配范围

方孔筛尺寸(mm)		2.36	4.75	9.50	16.0	19.0	26.5	31.5	37.5
级配类型		累计筛余百分率(以质量计,%)							
合成级配	4.75～16.0	95～100	85～100	40～60	0～10				
	4.75～19.0	95～100	85～95	60～75	30～45	0～5	0		
	4.75～26.5	95～100	90～100	70～90	50～70	25～40	0～5	0	
	4.75～31.5	95～100	90～100	75～90	60～75	40～60	20～35	0～5	0
单粒级级配	4.75～9.5	95～100	80～100	0～15	0				
	9.5～16.0		95～100	80～100	0～15	0			
	9.5～19.0		95～100	85～100	40～60	0～15	0		
	16.0～26.5			95～100	55～70	25～40	0～10	0	
	16.0～31.5			95～100	85～100	55～70	25～40	0～100	0

各种面层水泥混凝土配合比的不同种类粗集料与再生粗集料公称最大粒径宜符合表5-24的规定。

表5-24　各种面层水泥混凝土配合比的不同种类粗集料与再生粗集料公称最大粒径

（单位：mm）

<table>
<tr><td colspan="2">交通荷载等级</td><td colspan="2">极重、特重、重</td><td colspan="2">中、轻</td></tr>
<tr><td colspan="2">面层类型</td><td>水泥混凝土</td><td>纤维混凝土、配筋混凝土</td><td>水泥混凝土</td><td>碾压混凝土、砌块混凝土</td></tr>
<tr><td rowspan="4">公称最大粒径</td><td>碎石</td><td>26.5</td><td>16.0</td><td>31.5</td><td>19.0</td></tr>
<tr><td>破碎卵石</td><td>19.0</td><td>16.0</td><td>26.5</td><td>19.0</td></tr>
<tr><td>卵石</td><td>16.0</td><td>9.5</td><td>19.0</td><td>16.0</td></tr>
<tr><td>再生粗集料</td><td>—</td><td>—</td><td>26.5</td><td>19.0</td></tr>
</table>

2.4　细集料

2.4.1　质量要求

细集料应采用质地坚硬、耐久、洁净的天然砂或机制砂，不宜使用再生细集料。极重、特重、重交通荷载等级公路面层水泥混凝土用天然砂的质量不应低于表5-25规定的Ⅱ级；中、轻交通荷载等级公路面层水泥混凝土可用Ⅲ级天然砂。

表5-25　天然砂的质量标准

<table>
<tr><td rowspan="2">项目</td><td colspan="3">技术要求</td></tr>
<tr><td>Ⅰ级</td><td>Ⅱ级</td><td>Ⅲ级</td></tr>
<tr><td>坚固性（按质量损失计，%）</td><td>≤6.0</td><td>≤8.0</td><td>≤10.0</td></tr>
<tr><td>含泥量（按质量计，%）</td><td>≤1.0</td><td>≤2.0</td><td><3.0</td></tr>
<tr><td>泥块含量（按质量计，%）</td><td>0</td><td>≤0.5</td><td>≤1.0</td></tr>
<tr><td>氯离子含量（按质量计，%）</td><td>≤0.02</td><td>≤0.03</td><td>≤0.06</td></tr>
<tr><td>云母含量（按质量计，%）</td><td>≤1.0</td><td>≤1.0</td><td>≤2.0</td></tr>
<tr><td>硫化物及硫酸盐含量（按 SO_3 质量计，%）</td><td>≤0.5</td><td>≤0.5</td><td>≤0.5</td></tr>
<tr><td>海砂中的贝壳类物质含量（按质量计，%）</td><td>≤3.0</td><td>≤5.0</td><td>≤8.0</td></tr>
<tr><td>轻物质含量（按质量计，%）</td><td colspan="3">≤1.0</td></tr>
<tr><td>吸水率（按质量计，%）</td><td colspan="3">≤2.0</td></tr>
<tr><td>表观密度（kg/m^3）</td><td colspan="3">≥2 500.0</td></tr>
<tr><td>松散堆积密度（kg/m^3）</td><td colspan="3">≥1 400.0</td></tr>
<tr><td>空隙率（%）</td><td colspan="3">≤45.0</td></tr>
<tr><td>有机物含量（比色法）</td><td colspan="3">合格</td></tr>
<tr><td>碱活性反应</td><td colspan="3">不得有碱活性反应或疑似碱活性反应</td></tr>
<tr><td>结晶态二氧化硅含量（%）</td><td colspan="3">≥25.0</td></tr>
</table>

机制砂宜采用碎石作为原料,用专用设备生产。极重、特重、重交通荷载等级公路面层水泥混凝土用机制砂的质量不应低于表 5-26 规定的Ⅱ级;中、轻交通荷载等级公路面层水泥混凝土可用Ⅲ级机制砂。

表 5-26 机制砂的质量标准

项目		技术要求		
		Ⅰ级	Ⅱ级	Ⅲ级
机制砂母岩的抗压强度(MPa)		≥80.0	≥60.0	≥30.0
机制砂母岩的磨光值		≥38.0	≥35.0	≥30.0
机制砂单粒级最大压碎指标(%)		≤20.0	≤25.0	≤30.0
坚固性(按质量损失计,%)		≤6.0	≤8.0	≤10.0
氯离子含量(按质量计,%)		≤0.01	≤0.02	≤0.06
云母含量(按质量计,%)		≤1.0	≤2.0	≤2.0
硫化物及硫酸盐含量(按 SO_3 质量计,%)		≤0.5	≤0.5	≤0.5
泥块含量(按质量计,%)		0	≤0.5	≤1.0
石粉含量(%)	*MB* 值<1.40 或合格	<3.0	<5.0	<7.0
	MB 值≥1.40 或不合格	<1.0	<3.0	<5.0
轻物质含量(按质量计,%)		≤1.0		
吸水率(按质量计,%)		≤2.0		
表观密度(kg/m^3)		≥2 500.0		
松散堆积密度(kg/m^3)		≥1 400.0		
空隙率(%)		≤45.0		
有机物含量(比色法)		合格		
碱活性反应		不得有碱活性反应或疑似碱活性反应		

2.4.2 级配和细度

天然砂的推荐级配范围宜符合表 5-27 的规定。面层水泥混凝土使用天然砂细度模数宜为 2.0~3.7。

表 5-27 天然砂的推荐级配范围

砂分级	细度模数	方孔筛尺寸(mm)							
		9.5	4.75	2.36	1.18	0.6	0.3	0.15	0.075
		通过各筛孔的质量百分率(%)							
粗砂	3.1~3.7	100	90~100	65~95	35~65	15~30	5~20	0~10	0~5
中砂	2.3~3.0	100	90~100	75~100	50~90	30~60	8~30	0~10	0~5
细砂	1.6~2.2	100	90~100	85~100	75~100	60~84	15~45	0~10	0~5

机制砂的级配范围宜符合表5-28的规定，面层水泥混凝土使用的机制砂细度模数宜为2.3～3.1。

表5-28　机制砂的级配范围

机制砂分级	细度模数	方孔筛尺寸(mm)						
		9.5	4.75	2.36	1.8	0.6	0.3	0.15
		水洗法通过各筛孔的质量百分率(%)						
Ⅰ级砂	2.3～3.1	100	90～100	80～95	50～85	30～60	10～20	0～10
Ⅱ、Ⅲ级砂	2.8～3.9	100	90～100	50～95	30～65	15～29	5～20	0～10

2.5　水

饮用水可以直接作为混凝土搅拌与养护用水，非饮用水应进行水质检验，并应符合表5-15的规定，还应与蒸馏水进行水泥凝结时间与水泥胶砂强度的对比试验。对比试验的水泥初凝、终凝时间差均不应大于30 min，水泥胶砂3 d和28 d强度不应低于蒸馏水配制的水凝胶砂3 d和28 d强度的90%。

2.6　外加剂

外加剂可以改善混凝土的性能，通常掺入的外加剂有减水剂、引气剂、缓凝剂、早强剂、阻锈剂等，其主要功能为：减少用水量，适当引气，提高抗弯拉强度，延长凝结时间，提高早期强度，防冻等。不管选用何种外加剂，都应根据设计要求和现场具备的材料品质及施工条件具体情况，选用适当的外加剂品种及合适的掺量。在路面混凝土中所使用的高效减水剂，其减水率应达到15%，引气减水剂的减水率应达到12%。

思考与讨论：

1. 水泥混凝土用粗、细集料在技术性质上有哪些主要要求？这些技术性质若不符合要求，对混凝土的质量有什么影响？

2. 粗集料的公称最大粒径对混凝土配合组成和技术性质有什么影响？如何确定公称最大粒径？

任务5.2　计算水泥混凝土初步配合比

引例：

水泥混凝土是由水泥、水、粗集料及细集料按适当比例配合、拌制成拌和物，经一定时间硬化而成的人造石材。该材料具有较高的强度和较好的耐久性，可浇筑成任意形状、不同强度、不同性能的建筑物。但抗拉强度低、受拉时变形能力小、容易受温度和湿度变化而开裂。而混凝土的配合比对其强度和耐久性影响甚大，因此计算混凝土的初步配合比则是混凝土配合比成功的开始。

1　概述

1.1　混凝土配合比表示方法

混凝土中各组成材料用量之比即为混凝土的配合比。水泥混凝土配合比表示方法有下列两种：

(1)单位用量表示法。

单位用量表示法以每立方米混凝土中各材料的用量表示。例如，水泥: 矿物掺和料: 水: 细集料: 粗集料 =264 kg: 66 kg: 150 kg: 706 kg: 1 264 kg。

(2)相对用量表示法。

以水泥的质量为1，并按"水泥: 矿物掺和料: 细集料: 粗集料；水胶比"的顺序排列表示。例如，1: 0.25: 2.67: 4.79；W/B =0.45。

1.2　配合比设计的基本要求

混凝土配合比设计，应满足下列四项基本要求：

(1)满足结构物设计强度的要求。

不论混凝土路面或桥梁，在设计时都会对不同的结构部位提出不同的设计强度要求。为了保证结构物的可靠性，采用一个比设计强度高的配制强度，才能满足设计强度的要求。

(2)满足施工工作性的要求。

按照结构物断面尺寸和形状、配筋的疏密以及施工方法和设备来确定工作性(坍落度或维勃稠度)。

(3)满足环境耐久性的要求。

根据结构物所处环境条件，如严寒地区的路面或桥梁、桥梁墩台在水位升降范围内等，为保证结构的耐久性，在设计混凝土配合比时应考虑允许的最大水胶比和最小胶凝材料用量。

(4)满足经济性的要求。

在保证工程质量的前提下，尽量节约水泥，多采取当地材料以及一些替代物(如工业废渣)等措施合理地使用材料，以降低成本。

1.3　混凝土配合比设计的步骤

混凝土配合比设计可按下列步骤进行：

(1)计算初步配合比。

根据原始资料，按我国现行的配合比设计方法，计算初步配合比，即水泥: 矿物掺和料: 水: 细集料: 粗集料 = $m_{c0}:m_{f0}:m_{w0}:m_{s0}:m_{g0}$。

(2)提出基准配合比。

根据初步配合比，采用施工实际材料，进行试拌，测定混凝土拌和物的工作性(坍落度或维勃稠度)，调整材料用量，提出一个满足工作性要求的基准配合比，即 $m_{ca}:m_{fa}:m_{wa}:m_{sa}:m_{ga}$。

(3)确定试验室配合比。

以基准配合比为基础，增加和减少水胶比，拟订几组(通常为3组)适合工作性要求的配合比，通过制备试块、测定强度，确定既符合强度和工作性要求，又较经济的试验室配合比，即 $m_{cb}:m_{fb}:m_{wb}:m_{sb}:m_{gb}$。

(4)换算施工配合比。

根据工地现场材料的实际含水率，将试验室配合比换算为施工配合比，即 $m_c:m_f:m_w:m_s:m_g$。

2　普通混凝土配合比设计方法(以抗压强度为指标的计算方法)

2.1　确定混凝土的配制强度($f_{cu,0}$)

(1)当混凝土的设计强度等级小于C60时，配制强度应按式(5-6)确定：

$$f_{cu,0} \geqslant f_{cu,k} + 1.645\sigma \tag{5-6}$$

式中　$f_{cu,0}$——混凝土配制强度，MPa；

$f_{cu,k}$——混凝土立方体抗压强度标准值，取混凝土设计强度等级值，MPa；

σ——混凝土强度标准差，MPa。

(2)当混凝土的设计强度等级不小于C60时，配制强度应按式(5-7)确定：

$$f_{cu,0} \geqslant 1.15 f_{cu,k} \tag{5-7}$$

(3)混凝土标准差应按照下列规定确定：

①当具有近1~3个月的同一品种、同一强度等级混凝土的强度资料，且试件组数不小于30时，其混凝土强度标准差 σ 应按式(5-8)计算：

$$\sigma = \sqrt{\frac{\sum_{i=1}^{n} f_{cu,i}^2 - n m_{f_{cu}}^2}{n-1}} \tag{5-8}$$

式中　$f_{cu,i}$——第 i 组的试件强度，MPa；

$m_{f_{cu}}$——n 组试件的强度平均值，MPa；

n——试件组数。

对于强度等级不大于C30的混凝土，当混凝土强度标准差计算值不小于3.0 MPa时，应按式(5-8)的计算结果取值；当混凝土强度标准差计算值小于3.0 MPa时，应取3.0 MPa。

对于强度等级大于C30且小于C60的混凝土，当混凝土强度标准差计算值不小于4.0 MPa时，应按式(5-8)的计算结果取值；当混凝土强度标准差计算值小于4.0 MPa时，应取4.0 MPa。

②当没有近期的同一品种、同一强度等级混凝土强度资料时，其强度标准差 σ 可按表5-29取值。

表5-29　标准差 σ 值　(单位：MPa)

混凝土强度标准值	≤C20	C25~C45	C50~C55
σ	4.0	5.0	6.0

2.2　计算水胶比(W/B)

(1)当混凝土强度等级小于C60时，混凝土水胶比宜按式(5-9)计算。

$$\frac{W}{B} = \frac{\alpha_a f_b}{f_{cu,0} + \alpha_a \alpha_b f_b} \tag{5-9}$$

$$f_b = \gamma_f \gamma_s f_{ce} \tag{5-10}$$

$$f_{ce} = \gamma_c f_{ce,g} \tag{5-11}$$

式中　W/B——混凝土水胶比；

α_a、α_b——回归系数，根据工程所使用的原材料，通过试验建立的水胶比与混凝土强度关系式来确定，当不具备试验统计资料时，可按表5-30选用；

f_b——胶凝材料28 d胶砂抗压强度，MPa，可实测，且试验方法应按现行国家标准《水泥胶砂强度检验方法（ISO法）》（GB/T 17671—1999）执行，无实测值时，可按式（5-10）计算；

γ_f、γ_s——粉煤灰影响系数和粒化高炉矿渣粉影响系数，可按表5-31选用；

f_{ce}——水泥28 d胶砂抗压强度，MPa，可实测，无实测值时，也可按式（5-11）计算；

γ_c——水泥强度等级值的富余系数，可按实际统计资料确定，当缺乏实际统计资料时，可按表5-32选用；

$f_{ce,g}$——水泥强度等级值，MPa。

表5-30　回归系数 α_a、α_b 取值

系数	粗集料品种	
	碎石	卵石
α_a	0.53	0.49
α_b	0.20	0.13

表5-31　粉煤灰影响系数和粒化高炉矿渣粉影响系数

掺量（%）	种类	
	粉煤灰影响系数 γ_f	粒化高炉矿渣粉影响系数 γ_s
0	1.00	1.00
10	0.85～0.95	1.00
20	0.75～0.85	0.95～1.00
30	0.65～0.75	0.90～1.00
40	0.55～0.65	0.80～0.90
50	—	0.70～0.85

注：1. 采用Ⅰ级、Ⅱ级粉煤灰宜取上限值。

2. 采用S75级粒化高炉矿渣粉宜取下限值，采用S95级粒化高炉矿渣粉宜取上限值，采用S105级粒化高炉矿渣粉可取上限值加0.05。

3. 当超出表中的掺量时，粉煤灰和粒化高炉矿渣粉影响系数应经试验确定。

表 5-32　水泥强度等级值的富余系数 γ_c

水泥强度等级值	32.5	42.5	52.5
富余系数	1.12	1.16	1.10

(2)按耐久性校核水胶比。

按式(5-9)计算所得的水胶比,还应根据混凝土所处环境条件(参见表 5-2)、耐久性要求的允许最大水胶比(参见表 5-3)进行校核。如计算的水胶比大于耐久性允许的最大水胶比,应采用允许的最大水胶比。

2.3　**确定单位用水量(m_{w0})和外加剂用量(m_{a0})**

(1)干硬性或塑性混凝土的用水量(m_{w0})。

根据粗集料的品种、粒径及施工要求的混凝土拌和物稠度,每立方米干硬性或塑性混凝土的用水量(m_{w0})应符合下列规定:

①混凝土水胶比在 0.40～0.80 时,可按表 5-33 和表 5-34 选取。

表 5-33　干硬性混凝土的用水量　(单位:kg/m³)

拌和物稠度		卵石最大公称粒径(mm)			碎石最大公称粒径(mm)		
项目	指标	10.0	20.0	40.0	16.0	20.0	40.0
维勃稠度(s)	16～20	175	160	145	180	170	155
	11～15	180	165	150	185	175	160
	5～10	185	170	155	190	180	165

表 5-34　塑性混凝土的用水量　(单位:kg/m³)

拌和物稠度		卵石最大公称粒径(mm)				碎石最大公称粒径(mm)			
项目	指标	10.0	20.0	31.5	40.0	16.0	20.0	31.5	40.0
坍落度(mm)	10～30	190	170	160	150	200	185	175	165
	35～50	200	180	170	160	210	195	185	175
	55～70	210	190	180	170	220	205	195	185
	75～90	215	195	185	175	230	215	205	195

注:1. 本表用水量采用中砂时的取值;采用细砂时,每立方米混凝土用水量可增加 5～10 kg;采用粗砂时,则可减少 5～10 kg。
2. 掺用矿物掺和料和外加剂时,用水量应做相应调整。

②混凝土水胶比小于 0.40 时,可通过试验确定。

(2)掺外加剂时,流动性和大流动性混凝土用水量(m_{w0})。

每立方米流动性和大流动性混凝土用水量(m_{w0})可按式(5-12)计算:

$$m_{w0} = m'_{w0}(1 - \beta) \tag{5-12}$$

式中　m_{w0}——计算配合比每立方米混凝土的用水量,kg/m³;

m'_{w0}——未掺外加剂时推定的满足实际坍落度要求的每立方米混凝土用水量,

kg/m³,表5-34中90 mm坍落度的用水量为基础,按每增大20 mm坍落度相应增加5 kg/m³用水量来计算,当坍落度增大到180 mm以上时,随坍落度相应增加的用水量可减少;

β——外加剂的减水率(%),应经混凝土试验确定。

(3)确定混凝土中外加剂用量(m_{a0})。

每立方米混凝土中外加剂用量(m_{a0})按式(5-13)计算:

$$m_{a0} = m_{b0}\beta_a \tag{5-13}$$

式中 m_{a0}——计算配合比每立方米混凝土中外加剂用量,kg/m³;

m_{b0}——计算配合比每立方米混凝土中的用水量,kg/m³;

β_a——外加剂掺量(%),应经试验确定。

2.4 计算胶凝材料用量(m_{b0})、矿物掺和料用量(m_{f0})和水泥用量(m_{c0})

(1)每立方米混凝土的胶凝材料用量(m_{b0})按式(5-14)计算:

$$m_{b0} = \frac{m_{w0}}{W/B} \tag{5-14}$$

式中 m_{b0}——计算配合比每立方米混凝土中胶凝材料用量,kg/m³;

m_{w0}——计算配合比每立方米混凝土中的用水量,kg/m³;

W/B——混凝土水胶比。

按耐久性要求校核单位胶凝材料用量。根据耐久性要求,混凝土的最小胶凝材料用量,依混凝土结构的环境类别、结构混凝土材料的耐久性基本要求确定。按强度要求由式(5-14)计算得的单位胶凝材料用量,应不低于表5-4规定的最小胶凝材料用量。

(2)每立方米混凝土的矿物掺和料用量(m_{f0})按式(5-15)计算:

$$m_{f0} = m_{b0}\beta_f \tag{5-15}$$

式中 m_{f0}——计算配合比每立方米混凝土中矿物掺和料用量,kg/m³;

β_f——矿物掺和料掺量(%),可结合矿物掺和料和水胶比的规定确定。

(3)每立方米混凝土的水泥用量(m_{c0})按式(5-16)计算:

$$m_{c0} = m_{b0} - m_{f0} \tag{5-16}$$

式中 m_{c0}——计算配合比每立方米混凝土中水泥用量。

2.5 选定砂率(β_s)

当无历史资料可参考时,混凝土砂率的确定应符合下列规定:

(1)坍落度小于10 mm的混凝土,其砂率应经试验确定。

(2)坍落度为10~60 mm的混凝土,其砂率可根据粗集料品种、最大公称粒径及水胶比按表5-35选取。

(3)坍落度大于60 mm的混凝土,其砂率可按经验确定,也可在表5-35的基础上,按坍落度每增大20 mm、砂率增大1%的幅度予以调整。

表5-35 混凝土的砂率 (%)

水胶比	卵石最大公称粒径(mm)			碎石最大公称粒径(mm)		
	10.0	20.0	40.0	16.0	20.0	40.0
0.40	26~32	25~31	24~30	30~35	29~34	27~32
0.50	30~35	29~34	28~33	33~38	32~37	30~35
0.60	33~38	32~37	31~36	36~41	35~40	33~38
0.70	36~41	35~40	34~39	39~44	38~43	36~41

注:1. 本表数值是中砂的选用砂率,对于细砂或粗砂,可相应地减小或增大砂率。

2. 采用人工砂配制混凝土时,砂率可适当增大。

3. 只用一个单粒级粗集料配制混凝土时,砂率应适当增大。

2.6 计算粗、细集料用量(m_{g0}、m_{s0})

(1)质量法。计算混凝土配合比时,粗、细集料用量可按式(5-17)计算:

$$\left.\begin{aligned} & m_{f0}+m_{c0}+m_{g0}+m_{s0}+m_{w0}=m_{cp} \\ & \beta_s=\frac{m_{s0}}{m_{g0}+m_{s0}}\times 100\% \end{aligned}\right\} \tag{5-17}$$

式中 m_{g0}——计算配合比每立方米混凝土的粗集料用量,kg/m^3;

m_{s0}——计算配合比每立方米混凝土的细集料用量,kg/m^3;

β_s——砂率(%);

m_{cp}——每立方米混凝土拌和物的假定质量,可取2 350~2 450 kg/m^3。

(2)体积法。计算混凝土配合比时,粗、细集料用量可按式(5-18)计算:

$$\left.\begin{aligned} & \frac{m_{c0}}{\rho_c}+\frac{m_{f0}}{\rho_f}+\frac{m_{g0}}{\rho_g}+\frac{m_{s0}}{\rho_s}+\frac{m_{w0}}{\rho_w}+0.01\alpha=1 \\ & \beta_s=\frac{m_{s0}}{m_{g0}+m_{s0}}\times 100\% \end{aligned}\right\} \tag{5-18}$$

式中 ρ_c——水泥密度,kg/m^3,可取2 900~3 100 kg/m^3;

ρ_f——矿物掺和料密度,kg/m^3;

ρ_g——粗集料的表观密度,kg/m^3;

ρ_s——细集料的表观密度,kg/m^3;

ρ_w——水的密度,kg/m^3,可取1 000 kg/m^3;

α——混凝土的含气量百分数,在不使用引气剂和引气型外加剂时,α可取1。

在实际工作中,混凝土配合比设计通常采用质量法。混凝土配合比设计也允许采用体积法,可视具体技术需要选用。与质量法比较,体积法需要测定水泥和矿物掺和料的密度以及粗、细集料的表观密度等,对技术条件要求略高。

3 路面水泥混凝土配合比设计(以抗弯拉强度为指标设计方法)

水泥混凝土路面用混凝土配合比设计方法,按《公路水泥混凝土路面施工技术规范》

(JTG/T F30—2003)的规定,以抗弯拉强度(也称抗折强度)为主要强度指标,抗压强度作为参考指标。路面水泥混凝土的配合比设计应满足其弯拉强度、工作性、耐久性要求,兼顾经济性。路面混凝土初步配合比设计计算如下。

3.1 配制弯拉强度 f_c

面层水泥混凝土配制 28 d 弯拉强度均值 f_c 按式(5-19)计算。

$$f_c = \frac{f_r}{1 - 1.04C_v} + ts \tag{5-19}$$

式中 f_r ——混凝土的设计弯拉强度标准值,MPa,按设计确定,且不低于表 5-5 的规定;

t ——保证率系数,按表 5-36 取值;

s ——弯拉强度试验样本的标准差,MPa,有试验数据时应使用试验样本的标准差,无试验数据时可按公路等级及设计弯拉强度,参考表 5-37 规定的范围确定;

C_v ——弯拉强度变异系数,应按照统计数据取值,小于 0.05 时取 0.05,无统计数据时,可在表 5-38 的规定范围内取值,其中高速公路、一级公路变异水平应为低,二级公路变异水平应不低于中。

表 5-36 保证率系数 t

公路等级	判别概率 p	样本数 n(组)			
		6～8	9～14	15～19	≥20
高速	0.05	0.79	0.61	0.45	0.39
一级	0.10	0.59	0.46	0.35	0.30
二级	0.15	0.46	0.37	0.28	0.24
三、四级	0.20	0.37	0.29	0.22	0.19

表 5-37 各级公路水泥混凝土面层弯拉强度试验样本的标准差 s

公路等级	高速	一级	二级	三级	四级
目标可靠度(%)	95	90	85	80	70
目标可靠指标	1.64	1.28	1.04	0.84	0.52
样本的标准差 s(MPa)	$0.25 \leqslant s \leqslant 0.50$		$0.45 \leqslant s \leqslant 0.67$	$0.40 \leqslant s \leqslant 0.80$	

表 5-38 弯拉强度变异系数 C_v 的范围

弯拉强度变异水平等级	低	中	高
弯拉强度变异系数允许范围	$0.05 \leqslant C_v \leqslant 0.10$	$0.10 \leqslant C_v \leqslant 0.15$	$0.15 \leqslant C_v \leqslant 0.20$

3.2 经验公式法计算

二级及二级以下公路采用经验公式法时,可按下列规定进行:

(1)计算水灰比 W/C。

无掺和料时,可按经验公式(5-20)和式(5-21)计算。

碎石或破碎卵石混凝土：

$$\frac{W}{C}=\frac{1.568\ 4}{f_c+1.009\ 7-0.359\ 5f_s} \tag{5-20}$$

卵石混凝土：

$$\frac{W}{C}=\frac{1.261\ 8}{f_c+1.549\ 2-0.470\ 9f_s} \tag{5-21}$$

式中　f_c——面层水泥混凝土配制 28 d 弯拉强度的均值，MPa；

f_s——实测水泥 28 d 抗折强度，MPa。

(2)计算水胶比 W/B。

掺用粉煤灰、硅灰、矿渣粉等掺和料时，应计入超量取代法中代替水泥的那一部分掺和料用量(代替砂的超量部分不计入)计算水胶比。

按照路面混凝土的使用环境、道路等级查表 5-7，得到满足耐久性要求的最大水灰比(或水胶比)。计算的水灰比(或水胶比)大于表 5-7 的规定时，应按表 5-7 取值。

(3)选取砂率 β_s。

根据砂的细度模数和粗集料种类，查表 5-39 选取砂率 β_s。

表 5-39　水泥混凝土的砂率

砂的细度模数		2.2～2.5	2.5～2.8	2.8～3.1	3.1～3.4	3.4～3.7
砂率 β_s(%)	碎石混凝土	30～34	32～36	34～38	36～40	38～42
	卵石混凝土	28～32	30～34	32～36	34～38	36～40

注：1. 相同细度模数时，机制砂的砂率宜偏低限取用。

2. 破碎卵石可在碎石和卵石混凝土之间内插取值。

(4)确定单位用水量 m_{w0}。

根据粗集料种类和坍落度要求，按经验式(5-22)或式(5-23)计算单位用水量。计算单位用水量大于表 5-6 最大单位用水量的规定时，应通过采用减水率更高的外加剂降低单位用水量。

碎石　　$m_{w0}=104.97+0.309S_L+11.27(C/W)+0.61\beta_s$　　(5-22)

卵石　　$m_{w0}=86.89+0.370S_L+11.24(C/W)+1.00\beta_s$　　(5-23)

掺外加剂的混凝土单位用水量：

$$m_{w,ad}=m_{w0}(1-\beta_{ad}) \tag{5-24}$$

式中　m_{w0}——未掺外加剂时混凝土的单位用水量，kg/m³；

S_L——坍落度，mm；

β_s——砂率(%)；

$m_{w,ad}$——掺外加剂混凝土的单位用水量，kg/m³；

β_{ad}——所用外加剂剂量的实测减水率(%)。

(5)确定单位水泥用量 m_{c0}。

单位水泥用量 m_{c0} 按照式(5-25)计算，然后根据道路等级和环境条件，查表 5-7，得到满足耐久性要求的最小单位水泥用量。计算结果小于表 5-7 规定值时，应取表 5-7 的规定值。

$$m_{c0} = m_{w0}(C/W) \tag{5-25}$$

式中　m_{c0} ——单位水泥用量，kg/m^3。

(6)计算粗、细集料用量 m_{g0} 和 m_{s0}。

粗、细集料用量可按质量法或体积法计算。按质量法计算时，混凝土单位质量可取 2 400 ~2 450 kg/m^3；按体积法计算时，应计入设计含气量。

(7)验算单位粗集料填充体积率。

经计算得到的配合比应验算单位粗集料填充体积率，且不宜小于70%。

(8)确定单位粉煤灰用量。

路面水泥混凝土中掺用粉煤灰时，配合比设计应按超量取代法进行，取代水泥的部分应扣除等量水泥量；超量部分应代替砂，并折减用砂量。Ⅰ、Ⅱ级粉煤灰的超量取代系数可按表5-40初选。粉煤灰代替水泥的最大掺量：Ⅰ型硅酸盐水泥不宜大于30%；Ⅱ型硅酸盐水泥不宜大于25%；道路硅酸盐水泥不宜大于20%。粉煤灰总掺量应通过试验最终确定。

表5-40　各级粉煤灰的超量取代系数

粉煤灰等级	Ⅰ	Ⅱ	Ⅲ
超量取代系数 k	1.1 ~1.4	1.3 ~1.7	1.5 ~2.0

混凝土的目标配合比确定后，应对该配合比进行适配调整，确定其施工配合比有关方法与本章普通混凝土配合比设计方法相同。此外不再赘述。

4　计算本项目混凝土初步配合比

已知本项目组成材料：普通硅酸盐水泥42.5级，密度 $\rho_c = 3\ 100\ kg/m^3$；水泥28 d胶砂抗压强度实测值为44.5 MPa；砂为中砂，表观密度 $\rho_s = 2\ 650\ kg/m^3$；碎石最大公称粒径为31.5 mm，表观密度 $\rho_g = 2\ 700\ kg/m^3$；粉煤灰为Ⅱ级，表观密度 $\rho_f = 2\ 200\ kg/m^3$，掺量 $\beta_f = 20\%$。

结合本项目导入和以上基本资料计算初步配合比。

4.1　确定混凝土配制强度($f_{cu,0}$)

按题意已知：设计要求混凝土强度标准 $f_{cu,k} = 30$ MPa，无强度历史统计资料，查表5-29得强度标准差 $\sigma = 5.0$ MPa。按式(5-6)，混凝土配制强度 $f_{cu,0}$ 为

$$f_{cu,0} = f_{cu,k} + 1.645\sigma = 30 + 1.645 \times 5 = 38.2(\text{MPa})$$

4.2　计算水胶比(W/B)

4.2.1　按强度要求计算水胶比

(1)计算胶凝材料强度。由题意已知采用Ⅱ级粉煤灰，掺量为20%，查表5-31取粉煤灰影响系数 $\gamma_f = 0.85$、粒化高炉矿渣粉影响系数 $\gamma_s = 1.00$。已知水泥28 d胶砂抗压强度实测值为44.5 MPa；将 $f_{ce} = 44.5$ MPa代入式(5-10)计算胶凝材料的强度 f_b 为

$$f_b = \gamma_f \gamma_s f_{ce} = 0.85 \times 1.00 \times 44.5 = 37.8(\text{MPa})$$

(2)计算混凝土水胶比。已知混凝土配制强度 $f_{cu,0}=38.2$ MPa,胶凝材料的强度 $f_b=37.8$ MPa。本单位无混凝土强度回归系数统计资料,采用表5-30碎石 $\alpha_a=0.53$, $\alpha_b=0.20$。按式(5-9)计算水胶比:

$$\frac{W}{B}=\frac{\alpha_a f_b}{f_{cu,0}+\alpha_a\alpha_b f_b}=\frac{0.53\times37.8}{38.2+0.53\times0.20\times37.8}=0.47$$

4.2.2　按耐久性校核水胶比

根据混凝土所处环境条件属于寒冷地区,查表5-3可知允许最大水胶比为0.50。按强度计算水胶比为0.47,符合耐久性要求,采用计算水胶比 $W/B=0.47$。

4.3　确定单位用水量(m_{w0})和外加剂用量(m_{a0})

由题意知,要求混凝土拌和物坍落度为30~50 mm,碎石最大公称粒径为31.5 mm。查表5-34选用混凝土用水量 $m_{w0}=185$ kg/m^3。由于没有掺入外加剂,故 $m_{a0}=0$。

4.4　计算胶凝材料用量(m_{b0})、矿物掺和料用量(m_{f0})和水泥用量(m_{c0})

4.4.1　计算每立方米混凝土的胶凝材料用量(m_{b0})

(1)已知混凝土单位用水量 $m_{w0}=185$ kg/m^3,水胶比 $W/B=0.47$,按式(5-14)计算每立方米混凝土胶凝材料用量为

$$m_{b0}=\frac{m_{w0}}{W/B}=\frac{185}{0.47}=394(\text{kg/m}^3)$$

(2)按耐久性要求校核单位胶凝材料用量。按已知题意,混凝土所处环境条件属寒冷地区,根据耐久性要求,查表5-4,混凝土的最小胶凝材料用量为320 kg/m^3。按强度计算每立方米混凝土胶凝材料用量为394 kg/m^3,符合耐久性要求。

4.4.2　计算每立方米混凝土的粉煤灰用量(m_{f0})

按已知题意,粉煤灰的掺量为20%,代入式(5-15)计算得:

$$m_{f0}=m_{b0}\beta_f=394\times20\%=79(\text{kg/m}^3)$$

4.4.3　计算每立方米混凝土的水泥用量(m_{c0})

每立方米混凝土的水泥用量(m_{c0})按式(5-16)计算:

$$m_{c0}=m_{b0}-m_{f0}=394-79=315(\text{kg/m}^3)$$

4.5　选定混凝土砂率(β_s)

按题意已知,集料采用碎石的最大公称粒径为31.5 mm,水胶比 $W/B=0.47$。查表5-35,选定混凝土砂率 $\beta_s=33\%$。

4.6　计算粗、细集料用量(m_{g0}、m_{s0})

4.6.1　质量法

已知每立方米混凝土的水泥用量 $m_{c0}=315$ kg/m^3,粉煤灰用量 $m_{f0}=79$ kg/m^3,用水量 $m_{w0}=185$ kg/m^3,混凝土拌和物假定质量 $m_{cp}=2\,400$ kg/m^3,砂率 $\beta_s=33\%$。按式(5-17)计算粗、细集料用量 m_{g0}、m_{s0}:

$$\left.\begin{aligned}&m_{g0}+m_{s0}=2\,400-79-315-185\\&\frac{m_{s0}}{m_{g0}+m_{s0}}\times100\%=33\%\end{aligned}\right\}$$

解得：砂用量 m_{s0} =601 kg/m³，碎石用量 m_{g0} =1 220 kg/m³。

按质量法计算得初步配合比：

$$m_{c0}:m_{f0}:m_{w0}:m_{s0}:m_{g0}=315:79:185:601:1\,220$$

4.6.2　体积法

已知：水泥密度 ρ_c =3 100 kg/m³，粉煤灰密度 ρ_f =2 200 kg/m³，砂表观密度 ρ_s = 2 650 kg/m³，碎石表观密度 ρ_g =2 700 kg/m³，非引气混凝土 α =1，由式(5-18)得：

$$\begin{cases}\dfrac{m_{g0}}{2\,700}+\dfrac{m_{s0}}{2\,650}=1-\dfrac{315}{3\,100}-\dfrac{79}{2\,200}-\dfrac{185}{1\,000}-0.01\times 1\\[2ex]\dfrac{m_{s0}}{m_{g0}+m_{s0}}\times 100\%=33\%\end{cases}$$

解得：砂用量 m_{s0} = 591 kg/m³，碎石用量 m_{g0} =1 200 kg/m³。

按体积法计算得初步配合比：

$$m_{c0}:m_{f0}:m_{w0}:m_{s0}:m_{g0}=315:79:185:591:1\,200$$

思考与讨论：

1. 请对计算混凝土初步配合比砂质量的质量法和体积法与计算结果进行分析比较。
2. 水泥混凝土试配强度与什么因素有关？它在配合比设计中有何作用？如何确定？

任务 5.3　提出水泥混凝土基准配合比

引例：

按计算出的初步配合比进行试配，以校核混凝土拌和物的工作性，当试拌得出的拌和物的坍落度（或维勃稠度）不能满足要求，或黏聚性和保水性能不好时，应在保证水灰比不变的条件下相应调整用水量或砂率，直到符合要求，然后提出供混凝土强度校核用的基准配合比，即 $m_{ca}:m_{fa}:m_{wa}:m_{sa}:m_{ga}$。

1　混凝土试拌材料要求及用量

（1）试拌材料要求。试配混凝土所用各种原材料，要与实际工程使用的材料相同，粗、细集料的称量均以干燥状态为基准，如不是用干燥集料配制，称料时应在用水量中扣除集料中的含水量，集料称量应相应增加。

（2）搅拌方法和拌和物数量。混凝土搅拌方法，应尽量与生产时使用方法相同。试配时，每盘混凝土的最小搅拌量应符合表 5-41 的规定。采用机械搅拌时，其搅拌量应不小于搅拌机公称容量的 1/4 且不应大于搅拌机公称容量。

表5-41　混凝土试配的最小搅拌量

粗集料最大公称粒径(mm)	拌和物数量(L)	粗集料最大公称粒径(mm)	拌和物数量(L)
≤31.5	20	40.0	25

本项目按计算初步配合比(以绝对体积法计算结果为例)试拌20 L混凝土拌和物,各种材料用量见表5-42。

表5-42　试拌混凝土的材料用量

试拌体积(L)	1 000	20
水泥(kg)	315	6.3
水(kg)	185	3.7
砂(kg)	591	11.8
碎石(kg)	1 200	24.0
粉煤灰(kg)	79	1.6

2　水泥混凝土拌和物的拌和与取样

2.1　目的与适用范围

根据《公路工程水泥及水泥混凝土试验规程》(JTG E42—2005)测定粗集料(碎石、砾石、矿渣等)的颗粒组成,本方法规定了在常温环境中室内水泥混凝土拌和物的拌和与现场取样方法。轻质水泥混凝土、防水水泥混凝土、硬压水泥混凝土等其他特种混凝土的拌和与现场取样方法,可以参照本方法进行,但因其特殊性所引起的对试验设备及方法的特殊要求,均应遵照对这些水泥混凝土的有关技术规定进行。

2.2　仪器设备

仪器设备有:水泥混凝土搅拌机(自由式或强制式),标准振动台,磅秤(感量满足称量总量1%的磅秤),天平(感量满足称量总量0.5%的天平),铁板、铁铲等。

2.3　材料

所有材料均应符合有关要求,拌和前材料应放置在温度(20±5)℃的室内。为防止粗集料的离析,可将粗集料按不同粒径分开,使用时再按一定的比例配合。试样从抽取至试验完毕过程中,不要风吹日晒,必要时应采取保护措施。

2.4　拌和步骤

(1)拌和时保持室温(20±5)℃。

(2)拌和物的总量至少应比所需量高20%以上。拌制混凝土的材料用量应以质量计,称量的精确度:集料为±1%,水、水泥、掺和料和外加剂为±0.5%。

(3)粗集料、细集料均以干燥状态(指含水率小于0.5%的细集料和含水率小于0.2%的粗集料)为基准,计算用水量时应扣除粗集料、细集料的含水量。

(4)外加剂的加入。对于不溶于水或难溶于水且不含潮解型盐类的外加剂,应先和一部分水泥拌和,以保证充分分解;对于不溶于水或难溶于水但含潮解型盐类的外加剂,应先和细集料拌和;对于水溶性液体的外加剂,应先和水拌和;其他特殊外加剂,应遵守有关规定。

(5)拌制混凝土所用各种用具,如铁板、铁铲、抹刀等,应预先用水润湿,使用完毕后必须清洗干净。

(6)使用搅拌机前,应先用少量砂浆刷膛,再刮出刷膛砂浆,以避免正式拌和混凝土时水泥砂浆黏附筒壁的损失。刷膛砂浆的水灰比,应与正式的混凝土配合比相同。

(7)用搅拌机时,拌和量宜为搅拌机公称容量的1/4~3/4。

(8)用搅拌机搅拌混凝土。按规定称好原材料,往搅拌机内顺序加入粗集料、细集料、水泥。开动搅拌机,将材料拌和均匀,在拌和过程中徐徐加水,全部加料时间不宜超过2 min。水全部加入后,继续拌和约2 min,而后将拌和物倾出倒在铁板上,再经人工翻拌1~2 min,务必使拌和物均匀一致。

(9)用人工拌和混凝土时,先用湿布将铁板、铁铲润湿,再将称好的砂和水泥在铁板上拌匀,加入石子,再一起拌和均匀,而后将此拌和物堆成长堆,中心扒成长槽,将称好的水倒入约一半,将其与拌和物仔细拌匀,再将材料堆成长堆,倒入剩余的水,继续进行拌和,来回翻拌至少6遍。从加水完毕时起,拌和时间见表5-43。

表5-43 混凝土拌和时间

混凝土拌和物体积(L)	拌和时间(min)
<30	4~5
31~50	5~9
51~75	9~12

(10)从试样制备完毕到开始做各项性能试验不宜超过5 min(不包括试验成型时间)。

2.5 现场取样

(1)新拌混凝土现场取样。凡自搅拌机、料斗、运输小车以及浇制的构件中采取新拌混凝土代表性样品时,均须从三处以上的不同部位抽取大致相同分量的代表性样品(不要抽取已经离析的混凝土),集中用铁铲翻拌均匀,而后立即进行拌和物的试验。拌和物取样量应多于试验所需数量的1.5倍,其体积不少于20 L。

(2)为使取样具有代表性,宜采用多次采样的方法,最后集中用铁铲翻拌均匀。

(3)从第一次取样到最后一次取样,不宜超过15 min。取回的混凝土拌和物应经人工再次翻拌均匀,而后进行试验。

3 混凝土拌和物工作性校核

3.1 水泥混凝土拌和物稠度试验(坍落度仪法)

3.1.1 目的与适用范围

坍落度是表示混凝土拌和物稠度的一种指标,本试验适用于坍落度大于10 mm、集料公称最大粒径不大于31.5 mm的水泥混凝土。

3.1.2　仪器设备

（1）坍落筒。坍落筒为铁板制成的截头圆锥筒。坍落筒尺寸见表5-44。

表5-44　坍落筒尺寸

集料公称最大粒径（mm）	筒的名称	筒的内部尺寸（mm）		
		底面直径	顶面直径	高度
<31.5	标准坍落筒	200 ± 2	100 ± 2	300 ± 2

（2）捣棒。直径16 mm，长约600 mm，并具有半球形端头的钢质圆棒。

（3）其他。小铲、木尺、小钢尺、镘刀和钢平板等。

3.1.3　试验步骤

（1）试验前将坍落筒内外洗净，放在经水润湿过的平板上（平板吸水时应垫以塑料布），踏紧踏脚板。

（2）将代表样分三层装入筒内，每层装入高度稍大于筒高的1/3，用捣棒在每层的横截面上均匀插捣25次，插捣在全部面积上进行，沿螺旋线边缘至中心，插捣底层时插至底部，插捣其他两层时，应插透本层并插入下层20～30 mm，插捣须垂直压下（边缘部分除外），不得冲击。

在插捣顶层时，装入的混凝土应高出坍落筒，随插捣过程随时添加拌和物，当顶层插捣完毕后，将捣棒用“锯”和“滚”的动作，以清除掉多余的混凝土，用镘刀抹平筒口，刮净筒底周围的拌和物，而后立即垂直地提起坍落筒，提筒在5～10 s内完成，并使混凝土不受横向及扭力作用。从开始装筒至提起坍落筒的全过程，应在150 s内完成。

（3）将坍落筒放在锥体混凝土试样一旁，筒顶平放木尺，用小钢尺量出尺底面至试样顶面最高点的垂直距离，即为该混凝土拌和物的坍落度，精确至1 mm。

（4）当混凝土试件的一侧发生崩坍或一边剪切破坏，则应重新取样另测。如果第二次仍发生上述情况，则表示该混凝土和易性不好，应记录。

（5）当混凝土拌和物的坍落度大于220 mm时，用钢尺测量混凝土扩展后最终的最大直径和最小直径，在这两个直径之差小于50 mm的条件下，用其算术平均值作为坍落扩展度值；否则，此次试验无效。

（6）做坍落度试验的同时，可用目测方法评定混凝土拌和物的下列性质，并予记录。

①棍度。按插捣混凝土拌和物时难易程度评定，分“上”“中”“下”三级：

“上”：表示插捣容易；

“中”：表示插捣时稍有石子阻滞的感觉；

“下”：表示很难插捣。

②含砂情况。按拌和物外观含砂多少评定，分“多”“中”“少”三级：

“多”：表示用镘刀抹拌和物表面时，一两次即可使拌和物表面平整无蜂窝；

“中”:表示抹五六次才可使表面平整无蜂窝;

“少”:表示抹面困难,不易抹平,有空隙及石子外露等现象。

③黏聚性。观测拌和物各组成成分相互黏聚情况,评定方法是用捣棒在已坍落的混凝土锥体一侧轻打,如锥体在轻打后渐渐下沉,表示黏聚性良好;如锥体突然倒塌,部分崩裂或发生石子离析现象,即表示黏聚性不好。

④保水性。指水分从拌和物中析出情况,分“多量”“少量”“无”三级评定:

“多量”:表示提起坍落筒后,有较多水分从底部析出;

“少量”:表示提起坍落筒后,有少量水分从底部析出;

“无”:表示提起坍落筒后,没有水分从底部析出。

3.1.4　结果整理

混凝土拌和物坍落度和坍落扩展度值以 mm 为单位,测量精确至 1 mm,结果修约至最接近的 5 mm。

3.2　水泥混凝土拌和物稠度试验(维勃仪法)

3.2.1　目的与适用范围

本试验用维勃时间来测定混凝土拌和物的稠度。其适用于集料公称最大粒径不大于 31.5 mm 的水泥混凝土及维勃时间为 5 ~ 30 s 的干稠性水泥混凝土的稠度测定。

3.2.2　仪器设备

(1)稠度仪(维勃仪)。由容器、坍落筒、透明圆盘、振动台组成。

(2)捣棒、秒表、镘刀等。

3.2.3　试验步骤

(1)将容器用螺母固定在振动台上,放入润湿的坍落筒,把漏斗转到坍落筒上口,拧紧螺钉,使漏斗对准坍落筒上方。

(2)按坍落度试验步骤,分三层经漏斗装入拌和物,每层捣 25 次,捣完第三层混凝土后,拧紧螺钉,把漏斗转回原先位置,并将筒模顶上的混凝土刮平,轻轻提起筒模。

(3)拧紧螺钉,使圆盘可定向地向下滑动,开动振动台并按动秒表,通过透明圆盘观察混凝土的振实情况,当透明圆盘底面刚为水泥浆布满时,迅速按停秒表和关闭振动台,记下秒表所记时间,精确至 1 s。

(4)仪器每测试一次后,必须将容器、筒模及透明圆盘洗净擦干,并在滑棒等处涂薄层黄油,以备下次使用。

3.2.4　结果整理

秒表所表示时间即为混凝土拌和物稠度的维勃时间,精确到 1 s。以两次试验结果的平均值作为混凝土拌和物稠度的维勃时间。

对于本项目 C30 混凝土,要求混凝土拌和物坍落度为 30 ~ 50 mm,工作性的校核适宜采用坍落度法进行。按照上述坍落度试验步骤进行校核,并将试验数据填写于水泥混凝土拌和物坍落度试验记录表(见表 5-45)。

表 5-45　水泥混凝土拌和物坍落度试验记录表

<table>
<tr><td>样品名称</td><td colspan="2"></td><td>检测依据</td><td colspan="2"></td></tr>
<tr><td>环境条件</td><td colspan="2"></td><td>检测地点</td><td colspan="2"></td></tr>
<tr><td>试验日期</td><td colspan="2"></td><td>试验员</td><td colspan="2"></td></tr>
<tr><td>主要仪器</td><td colspan="5"></td></tr>
<tr><td>配合比</td><td colspan="2"></td><td colspan="2">水胶比</td><td></td></tr>
<tr><td rowspan="2">试验次数</td><td rowspan="2">坍落度</td><td colspan="4">三级评定</td></tr>
<tr><td>棍度</td><td>含砂情况</td><td>保水性</td><td>黏聚性</td></tr>
<tr><td>1</td><td></td><td></td><td></td><td></td><td></td></tr>
<tr><td>2</td><td></td><td></td><td></td><td></td><td></td></tr>
<tr><td>3</td><td></td><td></td><td></td><td></td><td></td></tr>
<tr><td colspan="6">备注：</td></tr>
</table>

记录：　　　　　　　　计算：　　　　　　　　审核：

4　混凝土配合比调整

如试拌得出的拌和物的坍落度(或维勃稠度)不能满足要求,或黏聚性和保水性能不好,应在保证水胶比不变的条件下相应调整用水量或砂率,直到符合要求。

(1)坍落度不符合要求时,进行调整。坍落度偏小,增加水泥浆用量;坍落度偏大,减少水泥浆用量;不管是增加还是减少水泥浆用量,都保持水灰比不变。一般水泥浆用量调整幅度视实际试验检测情况进行,调整后满足工作性即可。

(2)黏聚性和保水性不良时,实质上是混凝土拌和物中砂浆不足或砂浆过多,可适当增大砂率或适当降低砂率。

(3)根据调整后,计算得出混凝土的基准配合比。

假若本项目按计算材料用量拌制混凝土拌和物,测定其坍落度为 20 mm,未满足题给的施工和易性要求。为此,保持水胶比不变,增加 3% 的水和胶凝材料用量。此时,混凝土拌和物各组成材料实际用量为:

水泥　$6.3\times(1+3\%)=6.5(\text{kg})$

粉煤灰　$1.6\times(1+3\%)=1.65(\text{kg})$

水　$3.7\times(1+3\%)=3.8(\text{kg})$

砂　11.8 kg

碎石　24.0 kg

按以上调整，再经拌和，测坍落度为 40 mm，黏聚性和保水性亦良好，满足施工和易性要求。

根据调整，得到混凝土拌和物的基准配合比为

$$m_{ca}:m_{fa}:m_{wa}:m_{sa}:m_{ga}=324:81:191:591:1\ 200$$

即 1:0.25:1.82:3.7，$W/B=0.47$。

思考与讨论：

试述混凝土拌和物工作性的含义，影响其工作性的主要因素和改善工作性的措施，并叙述坍落度和维勃稠度测定方法及适用范围。

任务 5.4　确定水泥混凝土试验室配合比

引例：

为了检校基准配合比所得到的混凝土强度是否符合设计要求，有必要在试验室进行试块成型和强度试验，同时为了实现经济性要求，在满足混凝土工程强度要求的条件下，尽量采用经济的水泥用量，有必要采用三个不同的水灰比进行试配调整；从而确定混凝土试验室配合比。

1　三个配合比及用量

为校核混凝土的强度，至少拟订三个不同的配合比。当采用三个不同的配合比时，其中一个为按上述得出的基准配合比，另外两个配合比的水胶比值，应较基准配合比分别增加及减少 0.05，其用水量应该与基准配合比相同，砂率可分别增加及减少 1%。

本项目采用水胶比分别为 0.42、0.47 和 0.52 拌制三组混凝土拌和物，基准用水量亦保持不变，砂率分别减少和增加 1%。三个配合比制作试件材料质量均按 20 L 拌和计算，见表 5-46。

表 5-46　制作试件用量（20 L）

试件尺寸（mm × mm × mm）	150 × 150 × 150		拌和方法	搅拌机拌和	养护条件	温度（20 ± 2）℃、湿度大于 95%	
试配方案	水胶比 W/B	水泥（kg）	粉煤灰（kg）	水（kg）	砂率（%）	砂（kg）	碎石（kg）
方案 A	0.42	7.24	1.81	3.80	32	11.25	23.90
方案 B	0.47	6.50	1.65	3.80	33	11.80	24.00
方案 C	0.52	5.85	1.46	3.80	34	11.95	23.20

制作检验混凝土强度试验的试件时，应检验混凝土拌和物的坍落度或维勃稠度、黏聚

性、保水性及拌和物的表观密度,并以此结果表征该配合比的混凝土拌和物的性能。

除基准配合比一组外,其余两组经测定,坍落度,其黏聚性和保水性均满足要求。

为检验混凝土强度,每个配合比至少制作一组(三块)试件,在标准养护28 d条件下进行抗压强度测试。有条件的单位可同时制作几组试件,供快速检验或较早龄期(3 d、7 d等)时抗压强度测试,以便尽早提出混凝土配合比供施工使用。但必须以标准养护28 d强度的检验结果为依据调整配合比。

2 试件制作及养护

2.1 目的与适用范围

本试验规定了测定混凝土抗压极限强度试件的制作、养护方法。

2.2 主要仪器设备

主要仪器设备有振动台(标准振动台)、搅拌机(自由式或强制式)、试模、捣棒、抹刀等。

2.3 试件制作

(1)混凝土立方体抗压强度测定,以三个试件为一组。试件的尺寸按集料最大粒径选定,见表5-47。

表5-47 立方体抗压强度试件尺寸

集料公称最大粒径(mm)	试件尺寸(mm×mm×mm)	说明
31.5	150×150×150	标准尺寸
26.5	100×100×100	非标准尺寸
53	200×200×200	非标准尺寸

(2)每组试件所用水泥混凝土的拌和按前述方法进行。成型前应将试模擦干净并在试模内壁涂一薄层矿物油。

(3)取拌和物的总量至少应比所需量高20%以上,并取出少量混凝土拌和物代表样,在5 min内进行坍落度或维勃稠度试验,认为品质合格后,应在15 min内开始制作或做其他试验。

(4)当坍落度小于25 mm时,可采用ϕ25 mm的插入式振捣棒成型。将混凝土拌和物一次装入试模,装料时应用抹刀沿各试模壁插捣,并使混凝土拌和物高出试模口;振捣时振捣棒距底板10~20 mm,且不要接触底板。振捣直到表面出浆为止,且应避免过振,以防止混凝土离析,一般振捣时间为20 s。振捣棒拔出时要缓慢,拔出后不得留有孔洞。用刮刀刮去多余的混凝土,在临近初凝时,用抹刀抹平。试件抹面与试模边缘高低差不得超过0.5 mm。

注:这里不适于用水量非常低的水泥混凝土;同时,不适于直径或高度不大于100 mm的试件。

(5)当坍落度大于25 mm且小于70 mm时,用标准振动台成型。将试模放在振动台上夹牢,防止试模自由跳动,将拌和物一次装满试模并稍有富余,开动振动台至混凝土表面出现乳状水泥浆时，振动过程中随时添加混凝土使试模常满，记录振动时间（为维勃秒数的 2 ~ 3 倍，一般不超过 90 s）。振动结束后，用金属直尺沿试模边缘刮去多余混凝土，用镘刀将表面初次抹平，待试件收浆后，再次用镘刀将试件仔细抹平，试件抹面与试模边缘的高低差不得超过 0.5 mm。

（6）当坍落度大于 70 mm 时，用人工成型。将拌和物分厚度大致相等的两层装入试模。捣固时按螺旋方向从边缘到中心均匀地进行。插捣底层混凝土时，捣棒应到达模底；插捣上层时，捣棒应贯穿上层后插入下层 20 ~ 30 mm 处。插捣时应用力将捣棒压下，保持捣棒垂直，不得冲击，捣完一层后，用橡皮锤轻轻击打试模外端面 10 ~ 15 下，以填平插捣过程中留下的孔洞。

每次插捣次数 100 cm^2 截面面积内不得少于 12 次。试件抹面与试模边缘高低差不得超过 0.5 mm。

2.4　养护

（1）试件成型后，用湿布覆盖表面（或其他保持湿度办法），在室温（20 ± 5）℃、相对湿度大于 50% 的环境下，静放一个到两个昼夜，然后拆模并做第一次外观检查、编号，对有缺陷的试件应除去，或加工补平。

（2）将完好试件放入标准养护室进行养护，标准养护室温度（20 ± 2）℃，相对湿度在 95% 以上，试件宜放在铁架或木架上，间距至少 10 ~ 20 mm，试件表面应保持一层水膜，并避免用水直接冲淋。当无标准养护室时，将试件放入温度（20 ± 2）℃ 的不流动的 $Ca(OH)_2$ 饱和溶液中养护。

（3）标准养护龄期为 28 d（以搅拌加水开始），非标准的龄期为 1 d、3 d、7 d、60 d、90 d、180 d。

3　检验强度

3.1　目的与适用范围

本方法规定了测定水泥混凝土抗压极限强度的方法和步骤。本方法可用于确定水泥混凝土的强度等级，作为评定水泥混凝土品质的主要指标。本方法适于各类水泥混凝土立方体试件的极限抗压强度试验。

3.2　仪器设备

3.2.1　压力机或万能试验机

压力机除符合《液压式压力试验机》（GB/T 3159—2008）及《试验机通用技术要求》（GB/T 2611—2007）中的要求外，其测量精度为 ± 1%，试件破坏荷载应大于压力机全量程的 20% 且小于压力机全量程的 80%。同时应具有加荷速度指示装置或加荷速度控制装置。上、下压板平整并有足够的刚度，可以均匀地连续加荷、卸荷，可保持固定荷载，开机停机均灵活自如，能够满足试件破型吨位要求。

3.2.2　球座

钢质坚硬，面部平整度要求在 100 mm 距离内高低差值不超过 0.05 mm，球面及球窝粗糙度 Ra = 0.32 μm，研磨、转动灵活，不应在大球座上做小试件试验。球座最好放置在试件顶面，并凸面朝上，当试件均匀受力后，一般不宜敲动球座。

3.2.3 钢垫板

混凝土强度等级大于或等于 C60 时,试验机上、下压板之间应各垫一钢垫板,平面尺寸应不小于试件的承压面,其厚度至少为 25 mm。钢垫板应机械加工,其平面度允许偏差为 ±0.04 mm;表面硬度大于或等于 55HRC;硬化层面厚度约 5 mm。试件周围应设置防崩裂网罩。

3.3 试验准备

(1)混凝土抗压强度试件以边长 150 mm 的正立方体为标准试件,其集料公称最大粒径为 31.5 mm。

(2)混凝土抗压强度采用非标准试件时,其集料粒径应符合表 5-47 的规定。

(3)混凝土抗压强度试件应同龄期者为一组,每组为 3 个同条件制作和养护的混凝土试块。

3.4 试验步骤

(1)至试验龄期时,自养护室取出试件,应尽快试验,避免其湿度变化。

(2)取出试件,检查其尺寸及形状,相对两面应平行。量出棱边长度,精确至 1 mm。试件受力截面面积按其与压力机上、下接触面的平均值计算。在破型前,保持试件原有湿度,在试验时擦干试件。

(3)以成型时侧面为上、下受压面,试件中心应与压力机几何对中。

(4)强度等级小于 C30 的混凝土取 0.3 ~ 0.5 MPa/s 的加荷速度;强度等级大于 C30 且小于 C60 时,则取 0.5 ~ 0.8 MPa/s 的加荷速度;强度等级大于 C60 的混凝土则取 0.8 ~ 1.0 MPa/s的加荷速度。当试件接近破坏而开始迅速变形时,应停止调整试验机油门,直至试件破坏,记下破坏极限荷载 F(N)。

3.5 结果整理

(1)混凝土立方体试件抗压强度按下式计算:

$$f_{cu} = \frac{F}{A} \tag{5-26}$$

式中 f_{cu} ——混凝土立方体抗压强度,MPa;

F ——极限荷载,N;

A ——受压面积,mm^2。

(2)以 3 个试件测值的算术平均值为测定值,计算精确至 0.1 MPa。三个测值中的最大值和最小值中如有一个与中间值之差超过中间值的 15%,则取中间值为测定值;如最大值和最小值与中间值之差均超过中间值的 15%,则该组试验结果无效。

(3)混凝土强度等级小于 C60 时,非标准试件的抗压强度应乘以尺寸换算系数(见表 5-48),并应在报告中注明。当混凝土强度等级大于或等于 C60 时,宜用标准试件,使用非标准试件时,换算系数由试验确定,计算结果精确至 0.1 MPa。

表 5-48 立方体抗压强度尺寸换算系数

试件尺寸(mm × mm × mm)	尺寸换算系数	试件尺寸(mm × mm × mm)	尺寸换算系数
100 × 100 × 100	0.95	200 × 200 × 200	1.05

3.6　填表

填写水泥混凝土抗压强度试验记录表(见表 5-49)。

表 5-49　水泥混凝土抗压强度试验记录表

<table>
<tr><td>样品名称</td><td colspan="4"></td><td colspan="2">检测依据</td><td colspan="3"></td></tr>
<tr><td>环境条件</td><td colspan="4"></td><td colspan="2">检测地点</td><td colspan="3"></td></tr>
<tr><td>试验日期</td><td colspan="4"></td><td colspan="2">试验员</td><td colspan="3"></td></tr>
<tr><td>主要仪器</td><td colspan="9"></td></tr>
<tr><td rowspan="2">水胶比</td><td rowspan="2">试样编号</td><td rowspan="2">龄期
(d)</td><td rowspan="2">试件尺寸
(mm×mm
×mm)</td><td rowspan="2">破坏荷载
(kN)</td><td colspan="2">抗压强度(MPa)</td><td rowspan="2">设计值</td><td rowspan="2">判定</td></tr>
<tr><td>单值</td><td>平均值</td></tr>
<tr><td rowspan="3"></td><td>1</td><td></td><td></td><td></td><td></td><td rowspan="3"></td><td rowspan="3"></td><td rowspan="3"></td></tr>
<tr><td>2</td><td></td><td></td><td></td><td></td></tr>
<tr><td>3</td><td></td><td></td><td></td><td></td></tr>
<tr><td rowspan="3"></td><td>1</td><td></td><td></td><td></td><td></td><td rowspan="3"></td><td rowspan="3"></td><td rowspan="3"></td></tr>
<tr><td>2</td><td></td><td></td><td></td><td></td></tr>
<tr><td>3</td><td></td><td></td><td></td><td></td></tr>
<tr><td rowspan="3"></td><td>1</td><td></td><td></td><td></td><td></td><td rowspan="3"></td><td rowspan="3"></td><td rowspan="3"></td></tr>
<tr><td>2</td><td></td><td></td><td></td><td></td></tr>
<tr><td>3</td><td></td><td></td><td></td><td></td></tr>
<tr><td colspan="9">备注:</td></tr>
</table>

记录:　　　　　　　　　计算:　　　　　　　　　审核:

4　确定试验室配合比

根据强度检验结果和湿表观密度测定结果,进一步修正配合比,即可得到试验室配合比设计值。

4.1　根据强度检验结果修正配合比

(1)确定用水量(m_{wb})。取基准配合比中的用水量(m_{wa}),并根据制作强度检验试件时测得的坍落度或维勃稠度值加以适当调整确定。

本项目基准配合比 $m_{ca}:m_{fa}:m_{wa}:m_{sa}:m_{ga}=324:81:191:591:1\ 200$,用水量 $m_{wb}=m_{wa}=191\ kg/m^3$。

(2)确定胶凝材料用量(m_{bb})。取用水量乘以由强度—胶水比关系定出的为达到配制强度($f_{cu,0}$)所必需的胶水比值。

假若按三组配合比经拌制成型,在标准条件下养护 28 d 后,按规定方法测定其立方体抗压强度值列于表 5-50。

表 5-50　不同水胶比的混凝土强度值

组别	水胶比 W/B	胶水比 B/W	28 d 立方体抗压强度 $f_{cu,28}$（MPa）
A	0.42	2.38	45.3
B	0.47	2.13	39.5
C	0.52	1.92	34.2

根据表 5-50 的试验结果绘制混凝土 28 d 立方体抗压强度（$f_{cu,28}$）与胶水比（B/W）关系曲线，如图 5-9 所示。

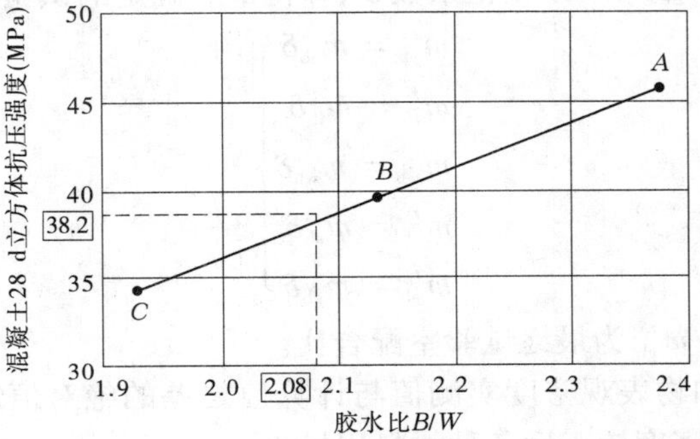

图 5-9　混凝土 28 d 立方体抗压强度与胶水比关系曲线

由图 5-9 可知，相应混凝土配制强度 $f_{cu,0}=38.2$ MPa 的胶水比 $B/W=2.08$，即水胶比为 0.48。所以，胶凝材料用量 $m_{cb}=191/0.48=398(\text{kg/m}^3)$，粉煤灰用量 $m_{fb}=398\times 20\%=80(\text{kg/m}^3)$，水泥用量 $m_{cb}=398-80=318(\text{kg/m}^3)$。

（3）确定粗、细集料用量（m_{gb} 和 m_{sb}）。应在用水量和胶凝材料用量调整的基础上，进行相应的调整。取基准配合比中的砂、石用量，并按定出的水胶比做适当调整。

对于本项目砂、石用量按体积法：

$$\left.\begin{aligned}&\frac{m_{gb}}{2\,700}+\frac{m_{sb}}{2\,650}=1-\frac{318}{3\,100}-\frac{80}{2\,200}-\frac{191}{1\,000}-0.01\times 1\\&\frac{m_{sb}}{m_{gb}+m_{sb}}\times 100\%=33\%\end{aligned}\right\}$$

解得：砂用量 $m_{sb}=590\ \text{kg/m}^3$，碎石用量 $m_{gb}=1\,197\ \text{kg/m}^3$。

修正后的配合比为

$$m_{cb}:m_{fb}:m_{wb}:m_{sb}:m_{gb}=318:80:191:590:1\,197$$

4.2　根据实测混凝土拌和物表观密度校正配合比

（1）根据强度检验结果校正后定出的混凝土配合比，按式（5-27）计算出混凝土拌和物表观密度计算值（$\rho_{c,c}$），即

$$\rho_{c,c}=m_{cb}+m_{fb}+m_{wb}+m_{sb}+m_{gb} \tag{5-27}$$

因此本项目 $\rho_{c,c}=318+80+191+590+1\,197=2\,376(\text{kg/m}^3)$，混凝土拌和物表观密度实测值 $\rho_{c,t}=2\,425\ \text{kg/m}^3$。

(2)将混凝土拌和物的表观密度实测值($\rho_{c,t}$)除以混凝土拌和物表观密度计算值($\rho_{c,c}$)得出校正系数 δ，即

$$\delta = \frac{\rho_{c,t}}{\rho_{c,c}} \tag{5-28}$$

对于本项目校正系数：$\delta = \frac{\rho_{c,t}}{\rho_{c,c}} = \frac{2\ 425}{2\ 376} = 1.02$。

(3)当混凝土拌和物表观密度实测值与计算值之差的绝对值不超过计算值的2%时，则 $m_{cb}:m_{fb}:m_{wb}:m_{sb}:m_{gb}$ 的比值即为确定的试验室配合比；当两者之差超过2%时，应将配合比中每项材料用量均乘以校正系数 δ，即得最终确定的试验室配合比设计值。

$$\left.\begin{aligned} m'_{cb} &= m_{cb}\delta \\ m'_{fb} &= m_{fb}\delta \\ m'_{wb} &= m_{wb}\delta \\ m'_{sb} &= m_{sb}\delta \\ m'_{gb} &= m_{gb}\delta \end{aligned}\right\} \tag{5-29}$$

即 $m'_{cb}:m'_{fb}:m'_{wb}:m'_{sb}:m'_{gb}$ 为最终试验室配合比。

本项目混凝土拌和物表观密度实测值与计算值之差的绝对值超过计算值的2%(为2.1%)，则按实测表观密度校正后各种材料用量为

水泥用量　$m'_{cb} = m_{cb}\delta = 318 \times 1.02 = 324(kg/m^3)$

粉煤灰用量　$m'_{fb} = m_{fb}\delta = 80 \times 1.02 = 82(kg/m^3)$

水用量　$m'_{wb} = m_{wb}\delta = 191 \times 1.02 = 195(kg/m^3)$

砂用量　$m'_{sb} = m_{sb}\delta = 590 \times 1.02 = 602(kg/m^3)$

碎石用量　$m'_{gb} = m_{gb}\delta = 1\ 197 \times 1.02 = 1\ 221(kg/m^3)$

因此，试验室配合比为 $m'_{cb}:m'_{fb}:m'_{wb}:m'_{sb}:m'_{gb} = 324:82:195:602:1\ 221$。

思考与讨论：

为什么要通过强度—胶水比关系图来重新确定胶水比值？

任务5.5　换算水泥混凝土施工配合比

引例：

试验室最后确定的配合比，是按干燥状态集料计算的。而施工现场砂、石材料为露天堆放，都有一定的含水率。因此，施工现场应根据现场砂、石的实际含水率的变化，将试验室配合比计算换算为施工配合比。

1　粗集料含水率试验

1.1　目的与适用范围

测定碎石或砾石等各种粗集料的含水率。

1.2　仪具与材料

(1)烘箱。能使温度控制在(105 ±5)℃。

(2)天平。称量 5 kg,感量不大于 5 g。

(3)容器。如浅盘等。

1.3　试验步骤

(1)根据最大粒径,取代表性试样,分成两份备用。

(2)将试样置于干净的容器中,称量试样和容器的总质量(m_1),并在(105 ±5)℃的烘箱中烘干至恒重。

(3)取出试样,冷却后称取试样和容器的总质量(m_2)。

1.4　计算

含水率按式(5-30)计算,精确至 0.1% 。

$$w = \frac{m_1 - m_2}{m_2 - m_3} \times 100\% \tag{5-30}$$

式中　w ——粗集料的含水率(%);

m_1 ——烘干前试样与容器总质量,g;

m_2 ——烘干后试样与容器总质量,g;

m_3 ——容器质量,g。

1.5　填表

填写粗集料含水率试验记录表(见表 5-51),以两次平行试验结果的算术平均值作为测定值。

表 5-51　粗集料含水率试验记录表

<table>
<tr><td>样品名称</td><td colspan="2"></td><td>检测依据</td><td colspan="2"></td></tr>
<tr><td>环境条件</td><td colspan="2"></td><td>检测地点</td><td colspan="2"></td></tr>
<tr><td>试验日期</td><td colspan="2"></td><td>试验员</td><td colspan="2"></td></tr>
<tr><td>主要仪器</td><td colspan="5"></td></tr>
<tr><td rowspan="2">试验次数</td><td rowspan="2">容器质量 m_3 (g)</td><td rowspan="2">烘干前的试样与容器总质量 m_1 (g)</td><td rowspan="2">烘干后的试样与容器总质量 m_2 (g)</td><td colspan="2">含水率 $w = \frac{m_1 - m_2}{m_2 - m_3} \times 100\%$</td></tr>
<tr><td>单值</td><td>平均值</td></tr>
<tr><td>1</td><td></td><td></td><td></td><td></td><td rowspan="2"></td></tr>
<tr><td>2</td><td></td><td></td><td></td><td></td></tr>
<tr><td colspan="6">备注:</td></tr>
</table>

记录:　　　　　　　　　计算:　　　　　　　　　审核:

2　细集料含水率试验

2.1　目的与适用范围

测定细集料的含水率。

2.2　仪具与材料

(1)烘箱。能控温在(105 ±5)℃。

(2)天平。称量 2 kg,感量不大于 2 g。

(3)容器:浅盘等。

2.3　试验步骤

从来样中取各约 500 g 的代表性试样两份,分别放入已知质量(m_1)的干燥容器中称量,记下每盘试样与容器的总量(m_2),将容器连同试样放入温度为(105 ±5)℃的烘箱中烘干至恒重,称烘干后的试样与容器的总量(m_3)。

2.4　计算

按式(5-31)计算细集料的含水率,精确至 0.1%。

$$w = \frac{m_2 - m_3}{m_3 - m_1} \times 100\% \tag{5-31}$$

式中　w ——细集料的含水率(%);

m_1 ——容器质量,g;

m_2 ——烘干前的试样与容器总质量,g;

m_3 ——烘干后的试样与容器总质量,g。

2.5　填表

填写细集料含水率试验记录表(见表 5-52),以两次试验结果的算术平均值作为测定值。

表 5-52　细集料含水率试验记录表

<table>
<tr><td>样品名称</td><td colspan="2"></td><td>检测依据</td><td colspan="2"></td></tr>
<tr><td>环境条件</td><td colspan="2"></td><td>检测地点</td><td colspan="2"></td></tr>
<tr><td>试验日期</td><td colspan="2"></td><td>试验员</td><td colspan="2"></td></tr>
<tr><td>主要仪器</td><td colspan="5"></td></tr>
<tr><td rowspan="2">试验次数</td><td rowspan="2">容器质量
m_1
(g)</td><td rowspan="2">烘干前的试样与容器总质量
m_2 (g)</td><td rowspan="2">烘干后的试样与容器总质量
m_3 (g)</td><td colspan="2">含水率
$w = \frac{m_2 - m_3}{m_3 - m_1} \times 100\%$</td></tr>
<tr><td>单值</td><td>平均值</td></tr>
<tr><td>1</td><td></td><td></td><td></td><td></td><td rowspan="2"></td></tr>
<tr><td>2</td><td></td><td></td><td></td><td></td></tr>
<tr><td colspan="6">备注:</td></tr>
</table>

记录:　　　　　　　　计算:　　　　　　　　审核:

3　施工配合比

设施工现场实测砂、石含水率分别为 $a\%$、$b\%$,则施工配合比的各种材料单位用量为

$$\left.\begin{aligned}
&\text{水泥} && m_c = m'_{cb} \\
&\text{矿物掺和料} && m_f = m'_{fb} \\
&\text{砂} && m_s = m'_{sb}(1 + a\%) \\
&\text{石} && m_g = m'_{gb}(1 + b\%) \\
&\text{水} && m_w = m'_{wb} - (m'_{sb}a\% + m'_{gb}b\%)
\end{aligned}\right\} \tag{5-32}$$

假若本项目根据工地现场实测，砂的含水率 $w_s = 3\%$，碎石的含水率 $w_g = 1\%$。各种材料的用量为

水泥用量　$m_c = 324\ \text{kg/m}^3$

粉煤灰用量　$m_f = 82\ \text{kg/m}^3$

砂用量　$m_s = 602 \times (1 + 3\%) = 620(\text{kg/m}^3)$

碎石用量　$m_g = 1\ 221 \times (1 + 1\%) = 1\ 233(\text{kg/m}^3)$

水用量　$m_w = 195 - (602 \times 3\% + 1\ 221 \times 1\%) = 165(\text{kg/m}^3)$

因此得到施工配合比为：$m_c : m_f : m_w : m_s : m_g = 324 : 82 : 165 : 620 : 1\ 233$。

思考与讨论：

混凝土的试验室配合比 $m'_{cb} : m'_{fb} : m'_{wb} : m'_{sb} : m'_{gb} = 449 : 87 : 193 : 721 : 1\ 128$，现场测得砂的含水率为5.0%，石子的含水率为1.0%。试求混凝土的施工配合比。

【知识拓展】

砂浆是由胶凝材料、细集料和水配制而成的建筑工程材料，在工程中起黏结、衬垫和传递应力的作用。根据胶凝材料的不同，砂浆可分为水泥砂浆、石灰砂浆、石膏砂浆和混合砂浆。混合砂浆有水泥石灰砂浆、水泥黏土砂浆和石灰黏土砂浆。常用的胶凝材料为水泥、石灰等，细集料则多采用天然砂。

在道路和桥隧工程中，砂浆主要用于砌筑挡土墙、桥涵或隧道等圬工砌体及砌体表面的抹面。因此，砂浆按用途可分为砌筑砂浆和抹面砂浆。

一、砌筑砂浆

砌筑砂浆是将砖、石或砌块等黏结成为整体的砂浆，它分为现场配制砂浆和预拌砌筑砂浆。现场配制砂浆又分为水泥砂浆和水泥混合砂浆。预拌砌筑砂浆（商品砂浆）是由专业生产厂生产的湿拌砌筑砂浆和干混砌筑砂浆，它的工作性、耐久性优良，生产时不分水泥砂浆和水泥混合砂浆。

水泥砂浆包括单纯用水泥为胶凝材料拌制的砂浆和掺入活性掺和料与水泥共同拌制的砂浆。现就其组成材料的要求、技术性质以及配合组成简述如下。

（一）组成材料

砂浆的组成材料除不含粗集料外，基本上与混凝土的组成材料要求相同，但亦有其差异之处。

1. 水泥

砌筑砂浆宜采用通用硅酸盐水泥或砌筑水泥，水泥强度等级应根据砂浆品种及强度等级的要求进行选择。M15 及以下强度等级的砌筑砂浆宜选用 32.5 级的通用硅酸盐水泥或砌筑水泥；M15 以上强度等级的砌筑砂浆宜选用 42.5 级通用硅酸盐水泥。

2. 掺和料

为提高砂浆的和易性，除水泥外还应掺加各种掺和料，如石灰膏、电石膏、粉煤灰、粒化高炉矿渣粉、硅灰、天然沸石粉等，其品质指标需符合国家现行有关标准的要求。如粉煤灰的品质应符合《用于水泥和混凝土中的粉煤灰》(GB/T 1596—2017)的规定。

当采用其他品种矿物掺和料时，应有充足的技术依据，并在使用前进行试验验证。粉煤灰不宜采用Ⅲ级粉煤灰。使用高钙粉煤灰时，必须检验安定性指标是否合格，合格后方可使用。

3. 砂

砌筑砂浆用砂宜选用中砂，应符合现行行业标准《普通混凝土用砂、石质量及检验方法标准》(JGJ 52—2006)的规定，且应全部通过 4.75 mm 的筛孔。

4. 水

拌制砂浆用水与混凝土用水相同，并符合现行行业标准《混凝土用水标准》(JGJ 63—2006)的规定。

5. 外加剂

与混凝土相似，为改善或提高砂浆的某些技术性能，更好地满足施工条件和使用功能的要求，可在砂浆中掺入一定种类的外加剂。对所选择的外加剂品种和掺量必须要通过试验来确定。

(二)技术性质

新拌砂浆应保证有较好的和易性，硬化后有足够的强度。

1. 新拌砂浆的和易性

砂浆的组成中没有粗集料，因此和易性包括流动性及保水性两方面要求。

(1)流动性。指新拌砂浆在自重或外力作用下，易于产生流动的性质。砂浆的流动性是用稠度表示的。

稠度是将新拌砂浆均匀装入砂浆筒中，置于砂浆稠度仪(见图 5-10)台座上，标准圆锥体锥尖由试样表面下沉，经 10 s 的沉入深度(以 mm 计)即为稠度。其稠度应按表 5-53 的规定选用。

砂浆的流动性主要取决于用水量以及胶结材料的种类和用量、细集料的种类、颗粒形状及粗糙程度和级配等。

(2)保水性。指新拌砂浆在运输和施工过程中保持水分不流失和各组分不分离的能力。保水性差的砂浆不仅易引起泌水、流浆现象，而且会影响砂浆和砌筑材料的黏结和砂浆的硬化，降低砌体的强度。

图 5-10　砂浆稠度仪

表5-53　砌筑砂浆的稠度

砌体种类	砂浆稠度(mm)
烧结普通砖砌体,粉煤灰砖砌体	70~90
混凝土砖砌体,普通混凝土小型空心砌块砌体,灰砂砖砌体	50~70
烧结多孔砖砌体,烧结空心砖砌体,轻集料混凝土小型砌块砌体,蒸压加气混凝土砌块砌体	60~80
石砌体	30~50

衡量砂浆保水性的指标是保水率,它是吸水处理后砂浆中保留水的质量,用原始水量百分数表示。砌筑砂浆的保水率具体见表5-54。

表5-54　砌筑砂浆的保水率

砂浆种类	保水率(%)	砂浆种类	保水率(%)
水泥泥浆	≥80	预拌砌筑砂浆	≥88
水泥混合砂浆	≥84		

影响保水性的主要因素是胶结材料的种类、用量和用水量,以及砂的品种、细度和用量等。掺有石灰膏和黏土膏的混合砂浆具有较好的保水性。

2. 硬化后砂浆的强度

砂浆硬化后应具有足够的强度。砂浆在圬工砌体中,主要是传递压力,所以要求砌筑砂浆应具有一定的抗压强度。砂浆抗压强度是确定其强度等级的重要依据。

我国现行标准《建筑砂浆基本性能试验方法标准》(JGJ/T 70—2009)规定:砂浆立方体抗压强度是以尺寸为70.7 mm×70.7 mm×70.7 mm的立方体试件,在标准条件[温度为(20±2)℃,相对湿度在90%以上]下,养护28 d龄期的单位承压面积上的破坏荷载。

$$f_{m,cu}=\frac{F_u}{A} \tag{5-33}$$

式中　$f_{m,cu}$——砂浆立方体抗压强度,MPa;

F_u——破坏荷载,N;

A——承压面积,mm^2。

我国现行标准《砌筑砂浆配合比设计规程》(JGJ/T 98—2010)规定,水泥砂浆及预拌砌筑砂浆的强度等级可分为M5、M7.5、M10、M15、M20、M25、M30,水泥混合砂浆的强度等级可分为M5、M7.5、M10、M15。

3. 黏结力

砂浆应具有较强的黏结力,以便将砌体材料牢固黏结成为一个整体。砂浆的黏结力与其强度密切相关,通常砂浆强度越高则黏结力越大。此外,砖石表面状态、清洁程度、湿润情况及施工养护条件也对其黏结力有一定的影响。

4. 耐久性

圬工砂浆经常受环境水的作用,故除强度外,还应考虑抗渗、抗冻、抗侵蚀等性能。有抗冻性要求的砌体工程，对砌体砂浆应进行冻融试验，根据不同的气候区对冻融次数进行了规定，以砂浆试件质量损失率不大于5%、抗压强度损失率不大于25%两项指标同时满足与否来衡量其抗冻性能是否合格。提高砂浆的耐久性，主要是提高其密实度。

（三）砌筑砂浆的配合比设计

1. 现场配制砌筑砂浆的试配要求

1）现场配制水泥混合砂浆的试配要求

（1）试配强度$f_{m,0}$计算式为

$$f_{m,0} = kf_2 \tag{5-34}$$

式中　$f_{m,0}$——砂浆的试配强度，MPa，应精确至0.1 MPa；

f_2——砂浆强度等级值，MPa，应精确至0.1 MPa；

k——系数，按表5-55取值。

表5-55　砂浆强度标准差σ及k值

施工水平	强度标准差σ（MPa）							k
	M5	M7.5	M10	M15	M20	M25	M30	
优良	1.00	1.50	2.00	3.00	4.00	5.00	6.00	1.15
一般	1.25	1.88	2.50	3.75	5.00	6.25	7.50	1.20
较差	1.50	2.25	3.00	4.50	6.00	7.50	9.00	1.25

（2）砂浆强度标准差σ的确定。

当有统计资料时，按式（5-35）计算：

$$\sigma = \sqrt{\frac{\sum_{i=1}^{n} f_{m,i}^2 - n\mu_{fm}^2}{n-1}} \tag{5-35}$$

式中　$f_{m,i}$——统计周期内同一品种砂浆第i组试件的强度，MPa；

μ_{fm}——统计周期内同一品种砂浆n组试件强度的平均值，MPa；

n——统计周期内同一品种砂浆试件的总组数，$n \geqslant 25$。

当无统计资料时，砂浆强度标准差可按表5-55取值。

（3）水泥用量的计算。

每立方米砂浆中的水泥用量按式（5-36）计算：

$$Q_C = \frac{1\,000(f_{m,0} - \beta)}{\alpha f_{ce}} \tag{5-36}$$

式中　Q_C——每立方米砂浆中的水泥用量，kg，精确至1 kg；

f_{ce}——水泥的实测强度，MPa，精确至0.1 MPa；

α、β——砂浆的特征系数，其中α取3.03，β取-15.09。

注意：各地区也可用本地区试验资料确定α、β值，统计用的试验组数不得少于30组。

在无法取得水泥的实测强度值时，可按式（5-37）计算f_{ce}：

$$f_{ce} = \gamma_c f_{ce,k} \tag{5-37}$$

式中　$f_{ce,k}$——水泥强度等级值,MPa;

γ_c——水泥强度等级值的富余系数,宜按实际统计资料确定,无统计资料时可取1.0。

(4)石灰膏用量的计算。

石灰膏用量按式(5-38)计算:

$$Q_D = Q_A - Q_C \tag{5-38}$$

式中　Q_D——每立方米砂浆的石灰膏用量,kg,精确至1 kg,石灰膏使用时的稠度为(120±5)mm;

Q_C——每立方米砂浆的水泥用量,kg,精确至1 kg;

Q_A——每立方米砂浆中水泥和石灰膏总量,kg,精确至1 kg,可为350 kg。

(5)每立方米砂浆中的砂用量,应以干燥状态(含水率小于0.5%)的堆积密度值作为计算值(kg)。

(6)每立方米砂浆中的用水量,可根据砂浆稠度等要求选用210~310 kg。

注意:①混合砂浆中的用水量,不包括石灰膏中的水;

②当采用细砂或粗砂时,用水量分别取上限或下限;

③稠度小于70 mm时,用水量可小于下限;

④施工现场气候炎热或干燥季节,可酌量增加用水量。

2)现场配制水泥砂浆的试配要求

(1)水泥砂浆的材料用量可按表5-56选用。

表5-56　每立方米水泥砂浆材料用量　(单位:kg/m^3)

强度等级	水泥	砂	用水量
M5	200~230	砂的堆积密度	270~330
M7.5	230~260		
M10	260~290		
M15	290~330		
M20	340~400		
M25	360~410		
M30	430~480		

注:1. M15及M15以下强度等级水泥砂浆,水泥强度等级为32.5级;M15以上强度等级水泥砂浆,水泥强度等级为42.5级。

2. 当采用细砂或粗砂时,用水量分别取上限或下限。

3. 砂浆稠度小于70 mm时,用水量可小于下限。

4. 施工现场气候炎热或干燥季节,可酌量增加用水量。

5. 试配强度应按式(5-34)计算。

(2)水泥粉煤灰砂浆材料用量可按表5-57选用。

表 5-57　每立方米水泥粉煤灰砂浆材料用量　（单位：kg/m^3）

强度等级	水泥和粉煤灰总量	粉煤灰	砂	用水量
M5	210～240	粉煤灰掺量可占胶凝材料总量的15%～25%	砂的堆积密度	270～330
M7.5	240～270			
M10	270～300			
M15	300～330			

注：1. 表中水泥强度等级为32.5级。
2. 当采用细砂或粗砂时，用水量分别取上限或下限。
3. 砂浆稠度小于70 mm时，用水量可小于下限。
4. 施工现场气候炎热或干燥季节，可酌量增加用水量。
5. 试配强度应按式（5-34）计算。

2. 预拌砌筑砂浆的试配要求

（1）预拌砌筑砂浆应满足下列规定：

①在确定湿拌砌筑砂浆稠度时，应考虑砂浆在运输和储存过程中的稠度损失。

②湿拌砌筑砂浆应根据凝结时间要求确定外加剂掺量。

③干混砌筑砂浆应明确拌制时的加水量范围。

④预拌砌筑砂浆的搅拌、运输、储存等应符合现行国家标准《预拌砂浆》（GB/T 25181—2010）的规定。

⑤预拌砌筑砂浆性能应符合现行国家标准《预拌砂浆》（JG/T 230—2007）的规定。

（2）预拌砌筑砂浆的试配应符合下列规定：

①预拌砌筑砂浆生产前应进行试配，试配强度应按式（5-34）计算确定，试配时稠度取70～80 mm。

②预拌砌筑砂浆中可掺入保水增稠材料、外加剂等，掺量应经试配后确定。

3. 砌筑砂浆配合比试配、调整与确定

（1）按计算或查表所得配合比进行试拌时，应按现行行业标准《建筑砂浆基本性能试验方法标准》（JGJ/T 70—2009）测定砌筑砂浆拌和物的稠度和保水率。当稠度和保水率不能满足要求时，应调整材料用量，直到符合要求为止，然后确定为试配时的砂浆基准配合比。

（2）试配时至少应采用3个不同的配合比，其中1个为基准配合比，其他2个配合比的水泥用量应按基准配合比分别增加或减少10%。在保证稠度、保水率合格的条件下，可将用水量、石灰膏、保水增稠材料或粉煤灰等活性掺和料用量做相应调整。

（3）砌筑砂浆试配时稠度应满足施工要求，应按现行标准《建筑砂浆基本性能试验方法标准》（JGJ/T 70—2009）分别测定不同的配合比砂浆的表观密度及强度，并应选定符合试配强度及和易性要求，水泥用最低的配合比作为砂浆的试配配合比。

（4）砌筑砂浆试配配合比应按下列步骤进行校正：

①应根据上述内容确定的砂浆配合比材料用量，按式（5-39）计算砂浆的理论表观密度值：

$$\rho_t = Q_C + Q_D + Q_S + Q_W \tag{5-39}$$

式中　ρ_t——砂浆的理论表观密度值，kg/m³，精确至10 kg/m³。

②计算砂浆配合比校正系数δ：

$$\delta = \frac{\rho_c}{\rho_t} \tag{5-40}$$

式中　ρ_c——砂浆的实测表观密度值，kg/m³，精确至10 kg/m³。

③当砂浆的实测表观密度值与理论表观密度值之差的绝对值不超过理论值的2%时，则将试配配合比确定为砂浆设计配合比；当砂浆的实测表观密度值与理论表观密度值之差的绝对值超过2%时，应将试配配合比中每项材料用量均乘以校正系数δ后，确定为砂浆设计配合比。

(5)预拌砌筑砂浆生产前应进行试配调整与确定，并应符合现行行业标准《预拌砂浆》(GB/T 25181—2010)的规定。

二、抹面砂浆

涂抹于建筑物或建筑构件表面的砂浆称为抹面砂浆。

由于抹面砂浆常用于桥涵圬工砌体和地下物的表面，一般对抹面砂浆的强度要求不高，但要求其保水性好，与基底的黏附性好。

按使用要求的不同，抹面砂浆又分为普通抹面砂浆和防水抹面砂浆等。

普通抹面砂浆可对砌体起保护作用，通常分两层或三层施工。要求砂浆具有较高的流动性和保水性。其组成可参考有关施工手册。

防水抹面砂浆主要用于隧道和地下工程。可用普通水泥砂浆制作，也可在水泥砂浆中掺入防水剂。常用的防水剂有：氯化物金属盐类防水剂、水玻璃防水剂和金属皂类防水剂等。近年来，还掺加高聚物涂料，使之尽快形成密实的刚性砂浆防水层。

小　结

水泥混凝土是道路路面、机场跑道、桥梁工程结构及其附属构造物的重要建筑材料之一。

水泥混凝土的基本组成包括水泥、细集料、粗集料、水和矿物掺和料。水泥混凝土的主要技术性质有新拌混凝土的和易性以及硬化后混凝土的强度和变形。新拌混凝土的和易性包括流动性、黏聚性和保水性三方面，采用坍落度和维勃稠度表示。水泥混凝土强度有抗压强度、抗弯拉强度、抗拉强度等。混凝土强度等级采用立方体抗压强度标准值确定，该值是桥梁混凝土结构设计的最主要的强度指标。道路混凝土的强度指标为抗弯拉强度。

水泥混凝土的耐久性包括抗渗性、抗冻性、耐磨性和碱－集料反应等，与混凝土的密实度关系显著，也与水泥用量和水胶比密切相关，因此在生产实践中对混凝土的耐久性极为重视。在进行水泥混凝土配合比设计时，应按照水泥混凝土的使用条件对最大水胶比和最小胶凝材料用量进行校核。

水泥混凝土的组成设计内容包括:组成材料的选择、配合比的计算和强度评定内容。主要设计参数有水胶比、单位用水量、砂率及外加剂数量。计算出的配合比应经试拌、试验验证后方可确定。以立方体抗压强度为指标的桥梁用混凝土和以抗弯拉强度为指标的道路用混凝土的配合比计算,基本原理和计算步骤基本上是相同的,但在具体参数选用上稍有差别。

高强混凝土、碾压式水泥混凝土、流态混凝土、滑模混凝土、再生混凝土等是路桥用混凝土的发展方向。

砂浆在建筑结构中起黏结、传递应力衬垫、防护和装饰作用。对砂浆的技术要求主要有施工和易性和抗压强度。

练习题

一、单选题

1. 坍落度小于(　　)的新拌混凝土,采用维勃稠度仪测定其工作性。

A. 20 mm　　B. 15 mm　　C. 10 mm　　D. 5 mm

2. 水泥混凝土坍落度试验时,用捣棒敲击混凝土拌和物是检测混凝土的(　　)。

A. 流动性　　B. 黏聚性　　C. 保水性　　D. 密实性

3. 混凝土的坍落度主要反映混凝土的(　　)。

A. 和易性　　B. 抗渗性　　C. 干缩性　　D. 耐久性

4. 普通混凝土的强度等级是以具有95%保证率的(　　)立方体抗压强度的标准值来确定的。

A. 3 d　　B. 7 d　　C. 28 d　　D. 30 d

5. 立方体混凝土试件成型时插捣结束,用镘刀刮去多出的部分,再收面抹平,试件表面与试模表面边缘高低差不得超过(　　)mm。

A. 0.3　　B. 0.5　　C. 1.0　　D. 2.0

6. 我国现行规范规定,混凝土粗集料的最大粒径不得超过结构截面最小尺寸的(　　),同时不得大于钢筋最小间距的(　　)。

A. 1/4,3/4　　B. 3/4,1/4　　C. 2/4,3/4　　D. 2/4,1/4

7. 一般来说,粗集料比较理想的颗粒形状是(　　)。

A. 针状　　B. 片状　　C. 正方体　　D. 蛋圆形

8. 混凝土的耐久性直接影响结构物的安全性和使用性能,(　　)是决定混凝土耐久性的最主要因素。

A. 抗渗性　　B. 抗冻性　　C. 耐磨性　　D. 碱-集料反应

9. 随着普通混凝土砂率的增大,混凝土的坍落度将(　　)。

A. 增大　　B. 减小　　C. 先增后减　　D. 先减后增

10. 混凝土采用机械搅拌时,其搅拌量应不小于搅拌机公称容量的(　　)且不应大于搅拌机公称容量。

A. 1/2　　B. 1/3　　C. 1/4　　D. 1/5

二、判断题

1. 新拌水泥混凝土的坍落度随砂率的增大而减小。（　　）

2. 粗集料粒径越大，其总面积越小，需要水泥浆数量越少。（　　）

3. 水泥混凝土配合比设计中，在满足强度、工作性、耐久性的前提下，原则上水泥用量能少则少。（　　）

4. 新拌水泥混凝土的工作性，就是拌和物的流动性。（　　）

5. 水泥混凝土强度试验，试件的干湿状况对试验结果没有什么影响。（　　）

6 混凝土的抗拉强度值较低，通常为抗压强度的1/10～1/20。（　　）

7. 一般而言，混凝土拌和物的流动性随着温度的升高而减小。（　　）

8. 砂率是指在水泥浆用量一定时，能使新拌混凝土获得最大流动性，又不离析、不泌水时的砂率。（　　）

9. 对于混凝土实心板，粗集料的最大粒径不宜超过板厚的1/4，且不得超过31.5 mm。（　　）

10. 一般来说，在混凝土的水泥用量与用水量相同的情况下，碎石混凝土比卵石混凝土的强度高10%左右。（　　）

三、多选题

1. 水泥混凝土配合比设计时，砂率是依据（　　）确定的。

A. 粗集料的种类　　B. 混凝土的设计强度

C. 粗集料的最大公称粒径　　D. 混凝土的水胶比

2. 在测混凝土坍落度的同时，还应观察拌和物的（　　），以综合评价混凝土拌和物的和易性。

A. 含砂情况　　B. 黏聚性　　C. 棍度　　D. 保水性

3. 在计算水泥混凝土初步配合比时，混凝土的耐久性通过限制（　　）来保证。

A. 单位用水量　　B. 最大水胶比

C. 最小胶凝材料用量　　D. 最小水胶比

4. 影响混凝土强度的因素有（　　）。

A. 材料组成　　B. 养护温度和湿度

C. 龄期　　D. 试验条件

5. 混凝土的耐久性是一项综合技术指标，包括（　　）。

A. 抗渗性　　B. 抗冻性　　C. 耐磨性　　D. 碱－集料反应

四、简答题

1. 水泥混凝土组成设计包括哪些内容？

2. 试述我国现行的混凝土配合比设计方法及其内容和步骤。

3. 试述混凝土耐久性的含义、影响混凝土耐久性的主要因素及改善措施。

五、计算题

设计资料：

1. 按桥梁设计图纸：混凝土设计强度等级为C30，强度标准差计算值为5.0 MPa。

2. 按预应力混凝土梁钢筋密集程度和现场施工机械设备，要求水泥混凝土拌和物的

坍落度 $H=30\sim50$ mm。

3. 可供选择的组成材料及性质。

(1)水泥:硅酸盐水泥Ⅰ型,强度等级为42.5级,实测28 d抗压强度为46.8 MPa,密度 $\rho_c=3\ 100\ kg/m^3$。

(2)碎石:一级石灰岩轧制的碎石;最大粒径 $d_{max}=31.5$ mm,表观密度 $\rho_g=2\ 780\ kg/m^3$,现场含水率 $w_g=1.0\%$。

(3)砂:清洁河砂,粗度属于中砂,表观密度 $\rho_s=2\ 680\ kg/m^3$,现场含水率 $w_s=4.0\%$。

(4)水:饮用水,符合混凝土拌和用水要求。

(5)粉煤灰:Ⅱ级,表观密度 $\rho_f=2\ 200\ kg/m^3$,掺量 $\beta_f=20\%$。

设计要求:

1. 确定水泥混凝土配制强度 $f_{cu,0}$,并选择适宜的组成材料;
2. 按我国国标现行方法计算初步配合比;
3. 通过试验室试样调整和强度试验,确定试验室配合比;
4. 按提供的现场材料含水率折算为施工配合比。

项目6　沥青混合料配合比的设计

知识目标

1. 掌握沥青混合料的结构类型、强度理论和组成材料的技术要求。
2. 掌握沥青混合料的技术性质及其影响因素、技术标准。
3. 掌握沥青混合料配合比设计方法和步骤。
4. 掌握沥青混合料的技术指标的测定、计算、评价方法。

能力目标

1. 能够进行沥青混合料配合比设计。
2. 能进行沥青混合料各项技术指标的检测。

【项目导入】

某试验室对2-2-2气候分区的某高速公路中面层(厚6 cm)AC-20型沥青混合料进行目标配合比设计。

沥青混合料是由矿料与沥青结合料拌和而成的混合料的总称。沥青混合料是一种复合材料,主要由沥青、粗集料、细集料、矿粉组成,有的还加入聚合物和木纤维素。由这些不同质量和数量的材料混合形成不同的结构,并具有不同的力学性质。

【知识储备】

沥青路面越来越多地被应用于不同等级的公路及城市道路,这主要是因为铺筑沥青路面所用的沥青混合料具有其他材料无法比拟的优越性。但沥青混合料也存在一些缺点,这就需要在工程中合理地运用它,以避免或减少路面病害的发生。

一、沥青混合料的特点

(一)优点

沥青混合料作为公路和城市道路路面最主要的材料,其优点如下:

(1)沥青混合料是一种黏弹性材料,具有良好的力学性质,铺筑的路面平整无接缝,振动小,噪声低,行车舒适。

(2)沥青混合料具有良好的路用性能,路面平整且具有一定的粗糙度,耐磨性好;路面为黑色,无强烈反光,有利于行车安全。

(3)施工方便,养护期短,能及时开放交通。

(4)沥青混合料路面可分期改造,旧沥青混合料可再生利用。

(二)缺点

当然,沥青混合料也有以下一些不足之处:

(1)由于沥青结合料存在老化问题,故在长期的大气因素作用下,因沥青塑性降低,脆性增强,黏聚力减小,导致沥青混合料路面表层产生松散,引起路面破坏。

(2)一些沥青混合料温度稳定性差。夏季高温沥青易软化,路面易产生车辙、波浪等现象;冬季低温时沥青易脆裂,在车辆重复荷载作用下易产生开裂。

二、沥青混合料的分类

(一)按结合料分类

(1)石油沥青混合料。指以石油沥青为结合料的沥青混合料。

(2)煤沥青混合料。指以煤沥青为结合料的沥青混合料。

(3)改性沥青混合料。指以改性沥青为结合料的沥青混合料。

(二)按矿质混合料级配类型分类

(1)连续级配沥青混合料。指沥青混合料中的矿料是按级配原则从大到小各级粒径都有,按比例相互搭配组成的混合料。

(2)间断级配沥青混合料。指连续级配沥青混合料中的矿料缺少一个或两个档次粒径的沥青混合料。

(三)按矿料级配组成及空隙率大小分类

按矿料级配组成及空隙率大小,沥青混合料可分为密级配沥青混合料、半开级配沥青混合料和开级配沥青混合料。

(1)密级配沥青混合料。指按密实级配原理设计组成的各种粒径颗粒的矿料与沥青拌和而成,设计空隙率较小(3% ~6%)的密实式沥青混凝土混合料(AC)和密实式沥青稳定碎石混合料(ATB)。按关键性筛孔通过率的不同又可分为粗型(C 型)或细型(F型)密级配沥青混合料等。

(2)半开级配沥青混合料。指由适当比例的粗集料、细集料及少量填料(或不加填料)与沥青拌和而成,经马歇尔标准击实成型试件的剩余空隙率在6% ~12%的半开式沥青碎石混合料(AM)。

(3)开级配沥青混合料。指矿料级配主要由粗集料嵌挤组成,细集料及填料较少,设计空隙率大于18%的混合料。

(四)按公称最大粒径分类

根据行业规程《公路工程集料试验规程》(JTG E42—2005)的定义:集料的最大粒径是指通过百分率为100%的最小标准筛筛孔尺寸,集料的公称最大粒径是指全部通过或允许少量不通过(一般允许筛余不超过10%)的最小标准筛筛孔尺寸。通常,公称最大粒径比最大粒径小一粒级。例如:某集料在16 mm筛孔的通过率为100% ,在13.2 mm筛孔上的筛余量小于10%,则此集料的最大粒径为16 mm,而公称最大粒径为13.2 mm。

按公称最大粒径可分为以下几种:

(1)特粗式沥青混合料。指公称最大粒径大于或等于31.5 mm的沥青混合料。

(2)粗粒式沥青混合料。指公称最大粒径为26.5 mm的沥青混合料。

(3)中粒式沥青混合料。指公称最大粒径为16 mm或19 mm的沥青混合料。

(4)细粒式沥青混合料。指公称最大粒径为9. 5 mm或13.2 mm的沥青混合料。

(5)砂粒式沥青混合料。指公称最大粒径小于9.5 mm的沥青混合料。

(五)按施工温度分类

(1)热拌热铺沥青混合料,简称热拌沥青混合料。指沥青与矿料在热态拌和、热态铺筑的混合料。

(2)常温沥青混合料。指以乳化沥青或稀释沥青与矿料在常温状态下拌制铺筑的混合料。

(3)温拌沥青混合料。指通过一定的技术措施,使沥青能在相对较低的温度下拌和及施工的混合料。

目前,公路工程中最常用的是热拌沥青混合料,其分类见表6-1。本项目重点介绍的是热拌沥青混合料,对其他沥青混合料只做简单介绍。

表6-1　热拌沥青混合料种类

混合料类型	密级配			开级配		半开级配	公称最大粒径(mm)	最大粒径(mm)
	连续级配		间断级配	间断级配				
	沥青混凝土	沥青稳点碎石	沥青玛琋脂碎石	排水式沥青磨耗层	排水式沥青碎石基层	沥青碎石		
特粗式	—	ATB－40	—	—	ATPB－40	—	37.5	53.0
粗粒式	—		—	—	ATPB－30	—	31.5	37.5
	AC－25		—	—	ATPB－25	—	26.5	31.5
中粒式	AC－20		SMA－20	—	—	AM－20	19.0	26.5
	AC－16		SMA－16	OGFC－16	—	AM－16	16.0	19.0
细粒式	AC－13		SMA－13	GOFC－13	—	AM－13	13.2	16.0
	AC－10		SMA－10	OGFC－10	—	AM－10	9.5	13.2
砂粒式	AC－5		—	—	—	AM－5	4.75	9.5
设计空隙率(%)	3～5	3～6	3～4	>18	>18	6～12	—	—

三、热拌沥青混合料

热拌沥青混合料是沥青混合料中最典型的品种,其他各种沥青混合料均由其发展而来。

(一)沥青混合料的组成结构

1.结构理论

沥青混合料是由粗集料、细集料、填料与沥青以及外掺材料所组成的一种复合材料。粗集料分散在沥青与细集料形成的沥青砂浆中;细集料又分散在沥青与填料形成的沥青胶浆中,形成具有空间网络结构的一种多相分散体系。

2. 沥青混合料组成结构类型

1）悬浮－密实结构

悬浮－密实结构采用连续级配，矿料颗粒从大到小连续存在，且细集料含量较多，将较大颗粒挤开，不能形成骨架，而较小颗粒与沥青胶浆结合比较充分，将空隙填充密实，使大颗粒悬浮于较小颗粒与沥青胶浆之间，如图 6-1(a)所示。这种沥青混合料黏聚力较大，内摩擦角较小，因而高温稳定性差，但抗疲劳性能强。我国常用的沥青混凝土混合料 AC 是典型的悬浮－密实结构。

2）骨架－空隙结构

骨架－空隙结构采用连续开级配，粗集料含量较高，可形成矿质骨架，细集料较少，不足以填满空隙，如图 6-1(b)所示。所以，此结构沥青混合料空隙率大，耐久性差，沥青与矿料的黏聚力差，高温稳定性较好，抗水损害、疲劳性能较差。这种结构沥青混合料的强度主要取决于内摩擦角。沥青碎石混合料 AM 和开级配磨耗层沥青混合料 OGFC 是典型的骨架－空隙结构。

3）骨架－密实结构

骨架－密实结构是指采用间断密级配矿料时，粗、细集料含量较高，中间料含量较少，使粗集料能形成骨架，细集料和沥青胶浆又能充分填充骨架间的空隙，如图 6-1(c)所示。这种结构密实度大，具有较高的黏聚力和内摩擦角，兼具以上两种结构的优点，是沥青混合料中最理想的一种结构类型。沥青玛瑞脂碎石混合料 SMA 是典型的骨架－密实结构。

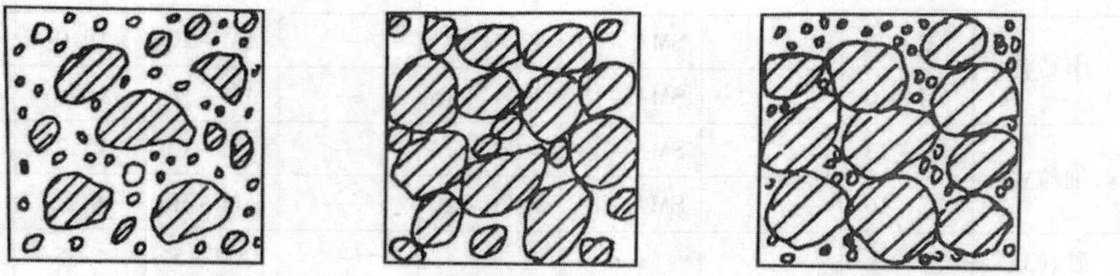

(a)悬浮–密实结构　　(b)骨架–空隙结构　　(c)骨架–密实结构

图 6-1　沥青混合料的典型组成结构

（二）沥青混合料的强度理论

沥青混合料的强度理论，主要是要求沥青混合料在高温时，必须具备抗剪强度和抵抗变形的能力，称为高温强度和稳定性。沥青路面结构破坏的原因，主要是高温时抗剪强度降低，塑性变形增大而产生推挤波浪、壅包等现象。低温时，塑性能力变差，使沥青路面易产生裂缝现象。

沥青混合料的抗剪强度(τ)主要取决于沥青与矿质集料物理、化学交互作用而产生的黏聚力(c)，以及矿质集料在沥青混合料中分散程度不同而产生的内摩擦角(φ)，如式(6-1)所示。

$$\tau = c + \sigma \tan\varphi \tag{6-1}$$

（三）影响沥青混合料抗剪强度的因素

沥青混合料抗剪强度的影响因素，主要是材料的组成、技术性质，以及外界因素，如车辆荷载、温度、环境条件等。

1. 沥青的黏度对沥青混合料抗剪强度的影响

沥青混合料中的矿质集料是分散在沥青中的分散系，因此它的抗剪强度与分散相的浓度和分散介质黏度有着密切的关系，在其他因素固定的条件下，沥青混合料的黏聚力 c 是随着沥青黏度的提高而增加的；同时，内摩擦角随着沥青黏度的提高稍有提高。这是因为沥青黏度大，表示沥青内部胶团相互位移时，分散介质抵抗剪切作用力大，使沥青混合料的黏滞阻力增大，因而具有较高的抗剪强度。

2. 沥青与矿料在界面上的交互作用

沥青混合料黏聚力除与沥青材料自身的黏聚力有关外，还取决于沥青与矿料的交互作用。矿质集料颗粒对于包裹在其表面的沥青分子具有一定的化学吸附作用，即沥青材料中的活性物质（如沥青酸）与矿料产生化学反应，在矿料表面构成化学吸附层（沥青酸盐）。化学吸附比矿料与沥青间的分子力吸附（物理吸附）要强得多，在水的作用下，这种吸附是不可逆的。也就是说，只有当矿料与沥青材料之间产生化学吸附时，沥青混合料的水稳定性才能得到保证。

化学吸附使矿料表面吸附沥青组分重新分布，形成一层吸附溶化膜，即“结构沥青”。结构沥青膜层较薄，黏度较高，与矿料之间有着较强的黏结力。在“结构沥青”层之外未与矿料发生交互作用的是“自由沥青”，“自由沥青”保持着沥青的初始黏聚力，如图 6-2 所示。在配制沥青混合料时，应控制沥青用量，使结合料能形成“结构沥青”，减少“自由沥青”。

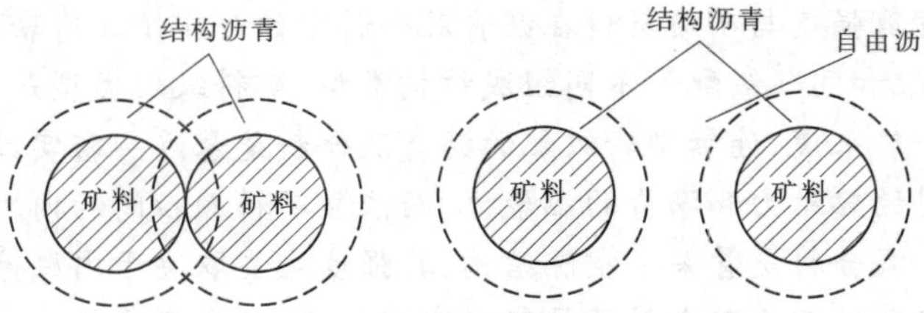

图 6-2　沥青与矿料交互作用示意

由于矿料颗粒表面对沥青的化学吸附是有选择性的，所以沥青与矿料表面交互作用取决于矿料的岩石学特性。试验结果表明，沥青在不同矿物组成的矿料颗粒表面形成不同成分和不同厚度的吸附溶化膜，碱性岩石（如石灰岩等）对石油沥青的吸附性强，而酸性岩石（如石英岩等）对石油沥青的吸附性弱。

3. 沥青与矿粉的用量比例

沥青用量对沥青混合料黏聚力（c）与内摩擦角（φ）的影响趋势如图 6-3 所示。沥青用量过少，沥青不足以形成薄膜黏结矿料颗粒表面，随着沥青用量的增加，沥青能完全地包裹在矿料表面，逐步形成结构沥青，使沥青与矿料间的黏聚力随沥青用量的增加而增加。当沥青用量为最适宜时，沥青胶结物具有最优的黏聚力。

随后，如沥青用量继续增加，则由于沥青用量过多，逐渐将矿料颗粒推开，在颗粒间形成未与矿料相互作用的“自由沥青”，则沥青胶结物的黏聚力随着自由沥青的增加而降低，当沥青用量增加至某一用量后，沥青混合料的黏聚力主要取决于自由沥青，所以抗剪强度几乎不变。随着沥青用量的增加,此时沥青不仅是黏结剂,而且起着润滑剂的作用,降低了粗集料的相互密挤结构,因而降低了沥青混合料的内摩擦力(参见图6-3)。

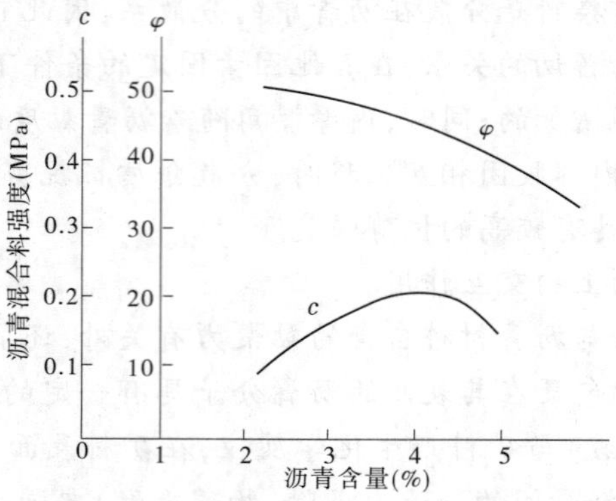

图6-3 沥青用量对沥青混合料强度的影响

在密实型沥青混合料中,矿粉的表面积通常占到矿料总面积的80%以上,所以矿粉的性质及数量对沥青混合料的强度影响非常大。在沥青混合料中保持一定的矿粉数量,对于减薄沥青膜厚度,增加"结构沥青"的比例有着重要作用。但在沥青用量固定的情况下,矿粉的用量多少也直接影响着沥青混合料的密实程度及黏聚力。但矿粉用量不能过多,尤其是小于0.075 mm的含量不宜过多;否则会使沥青混合料结团成块,不易施工。

4. 矿料的级配类型及表面性质对沥青混合料抗剪强度的影响

沥青混合料的抗剪强度与矿质集料在沥青混合料中的分布情况有密切关系。沥青混合料有密级配、开级配和间断级配等不同组成结构类型,矿料级配类型是影响沥青混合料强度的因素之一。一般来说,连续型密级配的沥青混合料是悬浮-密实结构,其结构强度主要依靠沥青与矿料的黏结力和沥青的黏聚力,而依靠矿料颗粒间的内摩擦力相对较小。连续型开级配的沥青混合料是骨架-空隙结构,其强度主要取决于内摩擦角,沥青的黏聚力为辅。间断型密级配的沥青混合料是骨架-密实结构,整体强度高。

此外,在沥青混合料中,矿质集料的粗度、形状对沥青混合料的抗剪强度也有明显影响。通常集料颗粒具有棱角,近似正立方体,表面有明显的粗糙度,铺筑路面具有很大的内摩擦角,提高了混合料的抗剪强度。所以,沥青混合料中,矿质集料越粗,配制成的沥青混合料的内摩擦角就越大。

5. 温度及形变速率对沥青混合料抗剪强度的影响

随着温度的升高,沥青的黏聚力(c)减小,而变形能力增强。当温度降低时,可使沥青混合料的黏聚力提高,强度增加,变形能力降低。但温度过低会使沥青混合料路面开裂。由于加荷频率高,可使沥青混合料产生过大的应力和塑性变形,弹性恢复很慢,产生不可恢复的永久变形。

同时,沥青混合料的抗剪强度与形变速率也有关。在其他条件相同的情况下,黏聚力(c)随形变速率的增加而显著提高,而内摩擦角随形变速率的变化很小。

四、沥青混合料的技术性质与技术标准

（一）沥青路面使用性能的气候分区

沥青混合料的技术性质与使用环境（如气温和湿度）关系密切。因此，在选择沥青材料的等级、进行沥青混合料配合比设计、检验沥青混合料的使用性能时，应考虑沥青路面工程的环境因素，尤其是温度和湿度条件。所以，应按照不同的气候分区的特点对沥青混合料的技术性能提出相应要求。

沥青路面使用性能气候分区由一、二、三级区划组合而成，以综合反映该地区的气候特征，见表 6-2。每个气候分区用 3 个数字表示：第一个数字代表高温分区，第二个数字代表低温分区，第三个数字代表雨量分区。数字越小，表示气候因素对沥青路面的影响越严重。如我国上海市属 1－3－1 气候分区，为夏炎热冬冷潮湿区，对沥青混合料的高温稳定性和水稳定性要求较高。

表 6-2　沥青路面使用性能气候分区

<table>
<tr><td>气候分区指标</td><td colspan="7">气候分区</td></tr>
<tr><td rowspan="3">按照高温指标</td><td>高温气候区</td><td colspan="2">1</td><td colspan="2">2</td><td colspan="2">3</td></tr>
<tr><td>气候区名称</td><td colspan="2">夏炎热区</td><td colspan="2">夏热区</td><td colspan="2">夏凉区</td></tr>
<tr><td>7 月平均最高温度（℃）</td><td colspan="2">>30</td><td colspan="2">20～30</td><td colspan="2"><20</td></tr>
<tr><td rowspan="3">按照低温指标</td><td>低温气候区</td><td>1</td><td colspan="2">2</td><td colspan="2">3</td><td>4</td></tr>
<tr><td>气候区名称</td><td>冬严寒区</td><td colspan="2">冬寒区</td><td colspan="2">冬冷区</td><td>冬温区</td></tr>
<tr><td>极端最低气温（℃）</td><td><－37.0</td><td colspan="2">－37.0～－21.5</td><td colspan="2">－21.5～－9.0</td><td>>－9.0</td></tr>
<tr><td rowspan="3">按照雨量指标</td><td>雨量气候区</td><td>1</td><td colspan="2">2</td><td colspan="2">3</td><td>4</td></tr>
<tr><td>气候区名称</td><td>潮湿区</td><td colspan="2">湿润区</td><td colspan="2">半干区</td><td>干旱区</td></tr>
<tr><td>年降雨量（mm）</td><td>>1 000</td><td colspan="2">1 000～500</td><td colspan="2">500～250</td><td><250</td></tr>
</table>

（二）沥青混合料的技术性质

1. 高温稳定性

沥青混合料的高温稳定性是指在高温（通常为 60 ℃）的条件下，沥青混合料能够抵抗车辆反复作用，不会产生显著永久变形（如车辙、壅包、波浪等），保证沥青路面平整的特性。

我国现行标准《公路沥青路面施工技术规范》（JTG F40—2004）规定，采用马歇尔稳定度试验（包括稳定度、流值）来评价沥青混合料的高温稳定性；对于高速公路、一级公路、城市快速路、主干路用沥青混合料，还应通过车辙试验检验其抗车辙能力。

1）马歇尔稳定度试验

马歇尔稳定度试验用于测定马歇尔稳定度（*MS*）、流值（*FL*）两项指标，用于评价沥青混合料的破坏荷载和抗变形能力。稳定度是指标准尺寸试件在规定温度和加荷速度下，在马歇尔仪中最大的破坏荷载（kN）；流值是达到最大破坏荷载时试件的垂直变形（以

mm 计)。马歇尔试验曲线见图 6-4。

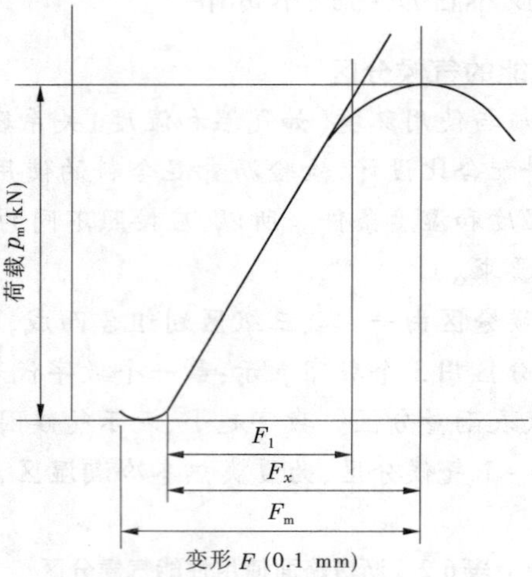

图 6-4 马歇尔试验曲线

2)车辙试验

车辙试验是一种模拟车辆轮胎在路面上滚动形成车辙的工程试验方法。我国车辙试验方法是用标准成型方法制成长 300 mm×宽 300 mm×厚 50~100 mm(根据需要确定)的沥青混合料试件,也可从路面切割得到需要尺寸的试件,在 60 ℃的温度条件下,以一定荷载的轮子在同一轨迹上做一定时间的反复行走,测定形成的车辙深度,然后计算试件产生 1 mm 变形所需试验车轮行车次数,即为动稳定度。

我国现行标准《公路沥青路面施工技术规范》(JTG F40—2004)规定:对于高速公路和一级公路的公称最大粒径小于或等于 19 mm 的密级配沥青混合料(AC)及 SMA、OGFC 混合料,必须在规定的试验条件下进行车辙试验,并符合表 6-3 的要求。

表 6-3 沥青混合料车辙试验动稳定度技术要求

气候条件与技术指标		相应气候分区所要求的动稳定度(次/mm)								
7 月平均最高气温(℃)及气候分区		>30				20~30				<20
		1. 夏炎热区				2. 夏热区				3. 夏凉区
		1-1	1-2	1-3	1-4	2-1	2-2	2-3	2-4	3-2
普通沥青混合料,不小于		800		1 000		600	800			600
SMA 混合料	非改性,不小于	1 500								
	改性,不小于	3 000								
OGFC 混合料		1 500(一般交通路段)、3 000(重交通路段)								

影响沥青混合料高温稳定性的主要因素有沥青的用量、沥青的黏度、矿料的级配、矿料的尺寸、形状等。提高路面的高温稳定性,可采用提高沥青混合料的黏聚力和内摩擦力的方法。增加粗集料含量可以提高沥青混合料的内摩擦力;适当提高沥青材料的黏度,控制沥青与矿料比值,严格控制沥青用量,均能改善沥青混合料的黏聚力。这样就可以增强

沥青混合料的高温稳定性。

2. 低温抗裂性

沥青混合料随着温度的降低，变形能力下降。当降温速率较慢时，所产生的温度应力会随着时间的增加逐渐松弛减小，不会对沥青路面产生较大的危害。但当气温骤降时，所产生的温度应力来不及松弛，当温度应力超过沥青混合料的容许应力时，沥青混合料就会被拉裂，在薄弱部位产生裂缝，从而影响道路的正常使用。因此，要求沥青混合料具有一定的低温抗裂性能，即要求沥青混合料具有较高的低温强度或较大的低温变形性能。

沥青混合料的低温裂缝是由混合料的低温脆化、低温缩裂和温度疲劳引起的。混合料的低温脆化是指其在低温条件下，变形能力降低；低温缩裂通常是材料本身的抗拉强度不足而造成的；对于温度疲劳，可以模拟温度循环进行疲劳破坏。因此，在寒冷地区，应选用稠度较低、温度敏感性低、抗老化能力强的沥青来提高沥青混合料的低温抗裂性。

3. 水稳定性

由水引起的沥青路面损坏称为水损坏。在沥青混合料配合比设计试验阶段，对抗水损坏能力应给予充分的考虑。沥青混合料的水稳定性从原材料和沥青混合料两个方面进行评价。评价指标主要有：沥青与石料的黏附性、残留稳定度、冻融劈裂强度比和饱水率。

(1) 黏附性。粗集料表面被沥青膜裹覆后，抵抗受水侵蚀造成剥落的能力称为沥青与粗集料的黏附性。

(2) 残留稳定度。是验证性试验指标。马歇尔试验按浸水条件不同，分为标准马歇尔试验、浸水马歇尔试验和真空饱水马歇尔试验。浸水马歇尔稳定度与标准马歇尔稳定度的比值称为残留稳定度。真空饱水马歇尔稳定度与标准马歇尔稳定度的比值称为真空饱水残留稳定度。二者均用百分数表示。

(3) 冻融劈裂强度比。对年最低平均气温低于 -21.5 ℃的寒冷地区，还要用冻融劈裂强度比检验沥青混合料的水稳定性。冻融劈裂强度比是按规定的试验方法对试件进行冻融循环后测定的劈裂强度与未进行冻融循环测定的劈裂强度之比，用百分数表示。

(4) 饱水率。是试件在真空条件下吸水的能力，用吸水的质量与试件干质量之比表示。饱水率不单独作为沥青混合料的性能指标，只针对其他试验有需要对试件进行饱水处理（如冻融劈裂）而设立的方法。另外，当试件的矿料配合比例和沥青含量未知，测定孔隙率有困难时，用饱水率可大体上反映其孔隙率，常用于旧路调查。饱水率也可用于沥青混合料生产质量的控制。

4. 耐久性

沥青混凝土结构长期受自然因素的作用，为保证路面具有较长的使用年限，要求沥青混合料必须具有较好的耐久性。我国现行规范采用黏附性、空隙率、饱和度（沥青填隙率）和残留稳定度等指标来表征沥青混合料的耐久性。

空隙率是指压实的沥青混合料试件中，空隙体积占试件总体积的百分数，由试件的表干相对密度和最大相对密度计算求得。就沥青混合料的组成结构而言，耐久性首先取决于沥青混合料的空隙率。空隙率的大小与矿质集料的级配、沥青材料的用量以及压实程度有关。从耐久性角度出发，希望沥青混合料的空隙率尽量小，以防止水的渗入和日光紫外线对沥青的老化作用等。但是，一般沥青混合料中均应留有一定的空隙率，以备夏季沥青材料膨胀,防止引起路面热稳定方面的问题。沥青混合料的空隙率与水稳定性有关,空隙率大,且沥青与矿料黏附性差的混合料,在饱水后石料与沥青黏附性降低,易发生剥落,同时颗粒相互推移产生体积膨胀以及出现力学强度显著降低等现象,引起路面早期破坏。

饱和度是压实沥青混合料中,沥青体积占矿料骨架以外的空隙体积的百分率,亦称沥青填隙率。饱和度和空隙率是沥青混合料配合比设计中要平衡的一对矛盾,饱和度越大,混合料的空隙率则越小,热稳定性相对较差,但低温稳定性较好,反之亦然。

沥青路面的使用寿命还与混合料中的沥青含量有很大的关系。当沥青用量较正常用量小时,则沥青膜变薄,混合料的延伸能力降低,脆性增加;沥青用量偏少还将使混合料的空隙率增大,饱和度降低,沥青膜暴露面积较大,加速了老化作用,同时增加了渗水率,加强了水对沥青的剥落作用。有研究认为,实际沥青用量较最佳沥青用量少0.5%的混合料能使路面使用寿命减少一半以上。

5. 抗滑性

沥青混合料路面的抗滑性与矿质集料的微表面性质、混合料的级配组成以及沥青含量等因素有关。从原材料的角度讲,用石料的磨光值、沥青的蜡含量来评价;从沥青混合料的角度讲,用沥青含量来评价;从路面结构讲,用路面的摩擦系数来评价。为了使沥青路面有足够的抗滑性,用于沥青混合料的粗集料要特别注意耐磨光性,应选择硬质有棱角的集料,但硬质集料往往属于酸性集料,与沥青的黏附性较差,可以通过掺加抗剥落剂改善。沥青用量对抗滑性的影响非常敏感,沥青用量超过最佳用量的0.5%即可使抗滑系数明显降低。

6. 抗老化性

老化试验分为短期老化和长期老化。短期老化采用松散试样,其效果相当于沥青混合料在施工拌和和铺筑过程中的老化;长期老化采用压实的混合料试样,其效果相当于压实的沥青混合料路面在5~7年的使用年限内的全部老化过程。

短期老化的混合料可以用来评价混合料的高温稳定性;长期老化的混合料可以用来评价混合料的低温抗裂、疲劳、水损害等在使用过程中逐渐发生的破坏性性能指标。老化试验也适用于与未进行老化试验的混合料的性能比较,以评价混合料的老化性能。现阶段,老化试验主要用于添加抗剥落剂的沥青混合料的试验,以评价抗剥落剂的效果。试验证明,一些抗剥落剂在刚加入混合料后效果很明显,但经老化后黏附性等级显著下降,因此用老化后的沥青混合料加抗剥落剂的效果不失为一种好方法。

7. 施工和易性

沥青混合料的施工和易性,是指沥青混合料在施工过程中是否容易拌和、摊铺和压实的性能。它主要取决于矿料的级配、沥青的品种及用量,以及施工环境条件等。

单纯从混合材料性质而言,影响施工和易性的首先是混合料的级配情况和沥青用量。在间断级配的矿质混合料中,如粗集料的颗粒尺寸相差过大,缺乏中间尺寸,混合料容易分层(粗集料集中在表面,细集料集中在底部);如细集料太少,沥青层就不容易均匀地留在粗颗粒表面;如细集料过多,则使拌和困难。间断级配混合料的施工和易性比较差。此外,当沥青用量过少,或矿粉用量过多时,混合料容易产生疏松,不易压实;反之,如沥青用量过多,或矿粉质量不好,则容易使混合料黏结成块,不易摊铺。间断级配混合料的施工和易性比较差。

沥青混合料的施工和易性还受拌和时间、拌和设备、摊铺机械和压实工具等因素的影响,应结合其施工方式和施工条件考虑。

(三)热拌沥青混合料的技术标准

我国现行标准《公路沥青路面施工技术规范》(JTG F40—2004)对热拌沥青混合料的技术要求见表6-4、表6-5。

表6-4　密级配热拌沥青混合料马歇尔试验技术标准

试验项目		密级配热拌沥青混合料(AC)						密级配沥青碎石(ATB)	沥青碎石(AM)	排水式开级配(OGFC)
		高速公路、一级公路、城市快速路、主干路				其他等级道路	行人道路			
		中轻交通	重交通	中轻交通	重交通					
		夏炎热区		夏热区及夏凉区						
击实次数(双面,次)		75	75	75	75	50	50	75(112)	50	50
空隙率(%)	深度在90 mm以内	3~5	4~6	2~4	3~5	3~6	2~4	3~6	6~10	≥18
	深度大于90 mm	3~6	3~6	2~4	3~6	3~6	—			
沥青饱和度(%)		见表6-5的要求						55~70	40~70	—
矿料间隙率(%)		见表6-5的要求						≥11	—	—
稳定度(kN),≥		8	8	8	8	5	3	7.5(15)	3.5	3.5
流值(mm)		2~4	1.5~4	2~4.5	2~4	2~4.5	2~5	1.5~4	—	—

表6-5　密级配热拌沥青混合料的沥青饱和度与矿料间隙率的要求

集料公称最大粒径(mm)			4.75	9.5	13.2	16.0	19.0	26.5	31.5	37.5	53
沥青饱和度 *VFA*(%)			70~85		65~75			55~70			
矿料间隙率 *VMA*(%),≥	设计空隙率 *VV*(%)	2	15	13	12	11.5	11	10	9.5	9	8.5
		3	16	14	13	12.5	12	11	10.5	10	9.5
		4	17	15	14	13.5	13	12	11.5	11	10.5
		5	18	16	15	14.5	14	13	12.5	12	11.5
		6	19	17	16	15.5	15	14	13.5	13	12.5

五、沥青混合料配合比设计

沥青混合料配合比设计是采用马歇尔试验配合比设计方法，适用于密级配沥青混凝土及沥青稳定碎石混合料。沥青混合料配合比设计包括目标配合比设计、生产配合比设计和生产配合比验证三个阶段。后两个设计阶段是在目标配合比设计的基础上进行的，借助施工单位的拌和、摊铺和碾压设备，在进行沥青混合料的试拌试铺的基础上，完成对沥青混合料的调整。本项目着重介绍目标配合比设计。

目标配合比设计可分为矿质混合料配合比设计和确定沥青混合料的最佳沥青用量两部分。

（一）矿质混合料配合比设计

矿质混合料配合比设计的目的，是选配一个具有足够密实度和较高内摩擦力的矿质混合料。按《公路沥青路面施工技术规范》（JTG F40—2004）的规定，设计步骤如下。

1. 确定沥青混合料类型

热拌沥青混合料适用于各等级公路的沥青路面。沥青混合料的类型，根据道路等级、路面类型、所处的结构层位按表 6-6 选定。

表 6-6　沥青混合料

<table>
<tr><th rowspan="2">结构层次</th><th colspan="6">高速公路、一级公路、城市快速路、主干路</th><th colspan="2" rowspan="2">其他等级公路</th><th colspan="3" rowspan="2">一般城市道路及其他道路工程</th></tr>
<tr><th colspan="3">三层式路面</th><th colspan="3">二层式路面</th></tr>
<tr><td>上层面</td><td>AC－13
AC－16
AC－20</td><td>AK－13
AK－16</td><td>SMA－13
SMA－16</td><td>AC－13
AC－16</td><td>AK－13
AK－16</td><td>SMA－13
SMA－16</td><td>AC－13
AC－16</td><td>SMA－13
SMA－16</td><td>AC－13
AC－16
AC－20</td><td>AK－13
AK－16</td><td>SMA－13
SMA－16</td></tr>
<tr><td>中层面</td><td colspan="3">AC－20
AC－25</td><td colspan="3">—</td><td colspan="2">—</td><td colspan="3">AC－20
AC－25</td></tr>
<tr><td>下层面</td><td colspan="3">AC－25
AC－30</td><td colspan="3">AC－20
AC－25
AC－30</td><td>AC－20
AC－25
AC－30</td><td>AM－25
AM－30</td><td colspan="2">AC－25
AC－30</td><td>AM－25
AM－30</td></tr>
</table>

2. 确定矿质混合料的级配范围

根据已确定的沥青混合料类型，采用规范推荐的矿质混合料级配范围来确定，见表 6-7。也可以根据研究成果和实践经验，选择其他类型的沥青混合料及相应的级配范围，经技术、经济论证后确定。

3. 矿质混合料配合比的确定

（1）组成材料的原始数据测定。根据现场取样，对粗集料、细集料和矿粉进行筛分试验，按筛分结果分别绘出各组成材料的筛分曲线。同时测出各组成材料的相对密度，以供计算物理常数备用。

（2）拟订初始配合比。根据各组成材料的筛分试验资料，采用图解法或试配法（高速公路和一级公路沥青路面矿料配合比设计宜借助电子计算机的电子表格用试配法进行），在设计级配范围中，设计了 3 组初选配合比，确定符合级配范围的各组成材料用量比例，计算矿质混合料的合成级配。

表 6-7　沥青混合料矿料级配范围

级配类型		通过下列筛孔(方孔筛,mm)的质量百分率(%)														
		53.0	37.5	31.5	26.5	19.0	16.0	13.2	9.5	4.75	2.36	1.18	0.6	0.3	0.15	0.075
密级配沥青混凝土混合料 AC																
粗粒式	AC-25			100	90~100	75~90	65~83	57~76	45~65	24~52	16~42	12~33	8~24	5~17	4~13	3~7
中粒式	AC-20				100	90~100	78~92	62~80	50~72	26~56	16~44	12~33	8~24	5~17	4~13	3~7
	AC-16					100	90~100	76~92	60~80	34~62	20~48	13~36	9~26	7~18	5~14	4~8
细粒式	AC-13						100	90~100	68~85	38~68	24~50	15~38	10~28	7~20	5~15	4~8
	AC-10							100	90~100	45~75	30~58	20~44	13~32	9~23	6~16	4~8
砂粒式	AC-5								100	90~100	55~75	35~55	20~40	12~38	7~18	5~10
密级配沥青稳定碎石 ATB																
特粗	ATB-40	100	90~100	75~92	65~85	49~71	43~63	37~57	30~50	20~40	15~32	10~25	8~18	5~14	3~10	2~6
粗粒式	ATB-30		100	90~100	70~90	53~72	44~66	39~60	31~51	20~40	15~32	10~25	8~18	5~14	3~10	2~6
	ATB-25			100	90~100	60~80	48~68	42~62	32~52	20~40	15~32	10~25	8~18	5~14	3~10	2~6
半开级配沥青稳定碎石 AM																
中粒式	AM-20				100	90~100	60~85	50~75	40~65	15~40	5~22	2~16	1~12	0~10	0~8	0~5
	AM-16					100	90~100	60~85	45~68	18~40	6~25	3~18	1~14	0~10	0~8	0~5
细粒式	AM-13						100	90~100	50~80	20~45	8~28	4~20	2~16	0~10	0~8	0~6
	AM-10							100	90~100	35~65	10~35	5~22	2~16	0~12	0~9	0~6

续表 6-7

级配类型		通过下列筛孔(方孔筛,mm)的质量百分率(%)														
		53.0	37.5	31.5	26.5	19.0	16.0	13.2	9.5	4.75	2.36	1.18	0.6	0.3	0.15	0.075
开级配沥青稳定碎石 ATPB																
特粗	ATPB-40	100	70~100	65~90	55~85	43~75	32~70	20~65	12~50	0~3	0~3	0~3	0~3	0~3	0~3	0~3
粗粒式	ATPB-30		100	80~100	70~95	53~85	36~80	26~75	14~60	0~3	0~3	0~3	0~3	0~3	0~3	0~3
	ATPB-25			100	80~100	60~100	45~90	30~82	16~70	0~3	0~3	0~3	0~3	0~3	0~3	0~3
开级配排水性磨耗层混合料																
中粒式	OGFC-16					100	90~100	70~90	45~70	12~30	10~22	6~18	4~15	3~12	3~8	2~6
细粒式	OGFC-13						100	90~100	60~80	12~30	10~22	6~18	4~15	3~12	3~8	2~6
	OGFC-10							100	90~100	50~70	10~22	6~18	4~15	3~12	3~8	2~6
传统的 AC-Ⅰ型沥青混合料																
粗粒式	AC-301		100	90~100	79~92	66~82	59~77	52~72	43~63	32~52	25~42	18~32	13~25	8~18	5~13	3~7
	AC-251			100	95~100	75~90	62~80	53~73	43~63	32~52	25~42	18~32	13~25	8~18	5~13	3~7
中粒式	AC-201				100	95~100	75~90	62~80	52~72	38~58	28~46	20~34	15~27	10~20	6~14	4~8
	AC-161					100	95~100	75~90	58~78	42~63	32~50	22~37	16~28	11~21	7~15	4~8
细粒式	AC-131						100	95~100	70~88	48~68	36~53	24~41	18~30	12~22	8~16	4~8
	AC-101								95~100	55~75	38~58	26~43	17~33	10~24	6~16	4~9
砂粒式	AC-51								100	95~100	55~75	35~55	20~40	12~28	7~18	5~10

(3)调整配合比。对计算得出的合成级配应根据下列要求做必要的配合比调整:

①通常情况下,合成级配曲线宜尽量接近设计级配中限,尤其应使0.075 mm、2.36 mm和4.75 mm筛孔的通过量尽量接近设计级配范围的中限。

②对高速公路、一级公路、城市快速路、主干路等交通量大及轴载重的道路,宜偏向级配范围的下(粗)限。对一般道路、中小交通量或人行道路等宜偏向级配范围的上(细)限。

③合成级配曲线应接近连续的或合理的间断级配,但不应有过多的犬牙交错。当经过反复调整仍有两个以上的筛孔超出设计级配范围时,必须对原材料进行调整或更换原材料重新设计。

(二)确定沥青混合料的最佳沥青用量

沥青用量可用沥青含量或油石比两种方式表示。沥青含量是指沥青混合料中沥青结合料质量与沥青混合料质量的百分比;油石比是指沥青混合料中沥青结合料质量与矿料总质量的百分比。为便于计算,本文用油石比表示沥青用量。

沥青混合料的最佳沥青用量(简称OAC)可以通过各种理论计算方法求得。但是,由于实际材料性质的差异,按理论公式计算得到的最佳沥青用量,仍然要通过试验方法修正。我国现行标准《公路沥青路面施工技术规范》(JTG F40—2004)规定的方法是采用马歇尔试验法确定最佳沥青用量。

1. 沥青混合料马歇尔试验

1)制备试样

(1)按确定的矿质混合料配合比,计算各种矿质材料的用量,称量各种集料和矿粉。

(2)根据经验估计适宜的沥青用量。以预估的沥青用量为中值,按一定间隔(对密级配沥青混合料通常为0.5%,对沥青碎石混合料可适当缩小间隔为0.3%~0.4%),取5个或5个以上不同的沥青用量分别成型马歇尔试件。

2)测定物理指标

按规定的试验方法测定试件的毛体积相对密度、理论最大相对密度等,并计算空隙率、矿料间隙率及有效沥青的饱和度等体积参数。各物理指标如下:

(1)毛体积相对密度。压实沥青混合料单位体积(含混合料的实体矿物成分及不吸收水分的闭口孔隙、能吸收水分的开口孔隙等颗粒表面轮廓线所包围的全部毛体积)的干质量称为毛体积密度。沥青混合料的毛体积相对密度是指压实沥青混合料毛体积密度与同水温水密度的比值。

(2)理论最大相对密度。指假设压实沥青混合料试件全部为矿料(包括矿料自身内部的孔隙)及沥青所占有、空隙率为零的理想状态下的最大密度。同一温度条件下,沥青混合料理论最大密度与水密度的比值称为理论最大相对密度。理论最大相对密度可采用真空法实测。

(3)试件的空隙率。空隙率是指压实沥青混合料内矿料及沥青以外的空隙(不包括矿料自身内部已被沥青封闭的孔隙)的体积占混合料总体积的百分率,用*VV*表示。

(4)矿料间隙率。指压实沥青混合料内矿料部分以外的体积占混合料总体积的百分率,用*VMA*表示。

(5)有效沥青的饱和度。指沥青混合料内有效沥青部分(扣除被集料吸收的沥青以外的沥青)的体积占矿料部分以外的体积的百分率,用 *VFA* 表示。

3)测定力学指标

为确定沥青混合料的最佳沥青用量,用马歇尔稳定度仪测定沥青混合料的力学指标,如马歇尔稳定度、流值。

2. 确定最佳沥青用量

以沥青用量(或油石化)为横坐标、马歇尔试验的各项指标为纵坐标,将试验结果点入图中,连成圆滑的曲线,如图 6-5 所示。确定均符合规范规定的沥青混合料技术标准的沥青用量范围 $OAC_{min} \sim OAC_{max}$(选择的沥青用量范围必须涵盖设计空隙率的全部范围,并尽可能涵盖沥青饱和度的要求范围,使密度及稳定度曲线出现峰值)。

注意:绘制曲线时含 *VMA* 指标,且应为下凹形曲线,但确定 $OAC_{min} \sim OAC_{max}$ 时不包括 *VMA*。

1)确定最佳沥青用量初始值 OAC_1

(1)在图 6-5 上求取相应于密度最大值、稳定度最大值、目标空隙率(或中值)、沥青饱和度范围的中值的沥青用量 a_1、a_2、a_3、a_4,按式(6-2)取平均值作为 OAC_1:

$$OAC_1 = \frac{a_1 + a_2 + a_3 + a_4}{4} \tag{6-2}$$

(2)如果在所选择的沥青用量范围未能涵盖沥青饱和度的要求范围,按式(6-3)求取三者的平均值作为 OAC_1:

$$OAC_1 = \frac{a_1 + a_2 + a_3}{3} \tag{6-3}$$

(3)对所选择试验的沥青用量范围,密度或稳定度没有出现峰值(最大值经常在曲线的两端)时,可直接以目标空隙率所对应的沥青用量 a_3 作为 OAC_1,但 OAC_1 必须介于 $OAC_{min} \sim OAC_{max}$,否则应重新进行配合比设计。

2)确定最佳沥青用量初始值 OAC_2

以各项指标均符合技术标准(不含 *VMA*)的沥青用量范围 $OAC_{min} \sim OAC_{max}$ 的中值作为 OAC_2。

$$OAC_2 = \frac{OAC_{min} + OAC_{max}}{2} \tag{6-4}$$

3)综合确定最佳沥青用量 *OAC*

(1)通常情况下取 OAC_1 及 OAC_2 的中值作为计算的最佳沥青用量 *OAC*。

$$OAC = \frac{OAC_1 + OAC_2}{2} \tag{6-5}$$

(2)按式(6-5)计算的最佳沥青用量 *OAC*,从图 6-5 中得出所对应的空隙率和 *VMA* 值,检验是否能满足表 6-5 关于最小 *VMA* 值的要求(*OAC* 宜位于 *VMA* 凹形曲线最小值的贫油一侧;当空隙率不是整数时,最小 *VMA* 按内插法确定,并将其画入图 6-5 中)。

(3)检查图 6-5 中相应于此的 *OAC* 的各项指标是否均符合马歇尔试验技术标准。

(4)根据实践经验和公路等级、气候条件、交通情况,调整确定最佳沥青用量 *OAC*。

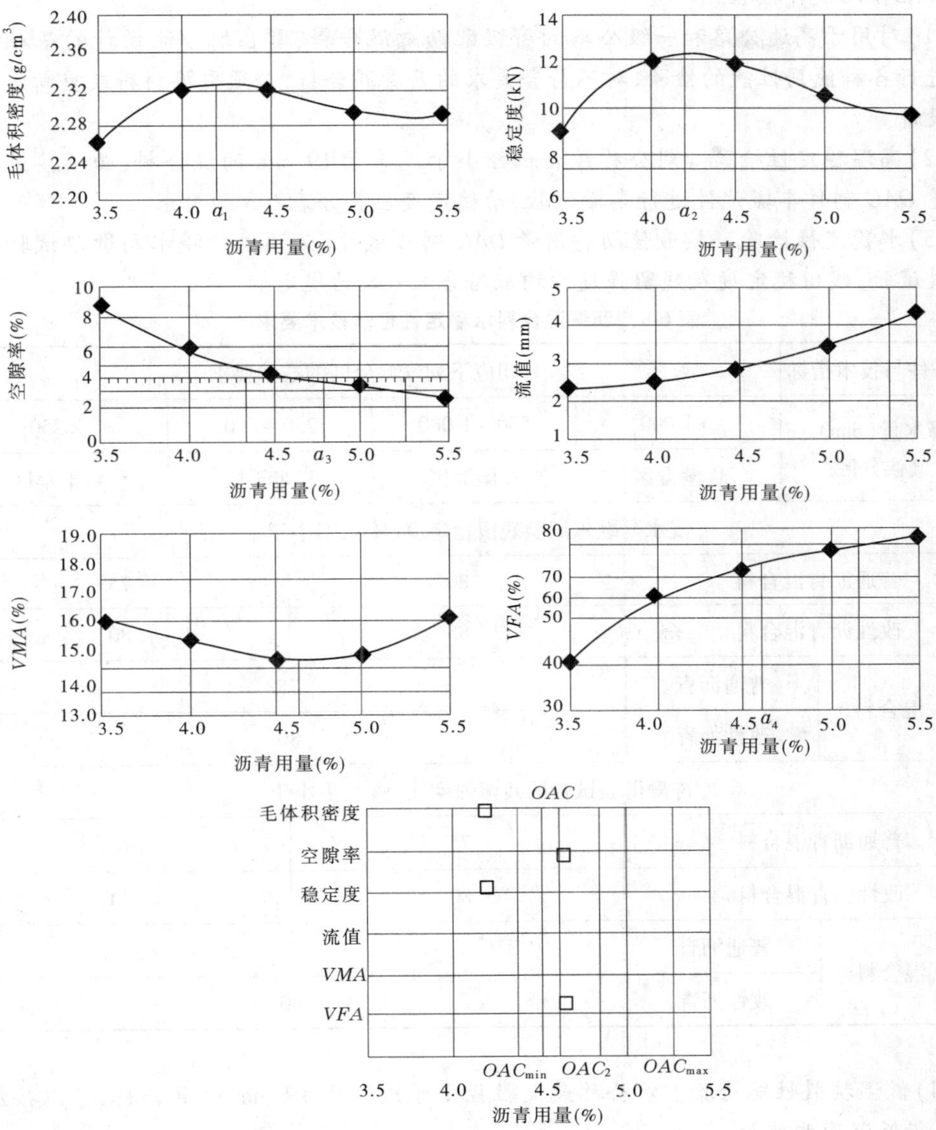

图6-5　沥青用量与马歇尔试验结果关系

①调查当地各项条件相接近的工程的沥青用量及使用效果，论证适宜的最佳沥青用量。

②对炎热地区公路以及高速公路、一级公路的重载交通路段，山区公路的长大坡度路段，预计有可能产生较大车辙时，宜在空隙率符合要求的范围内将计算的最佳沥青用量减小0.1%～0.5%作为设计沥青用量。

③对寒区公路、旅游公路、交通量很小的公路，最佳沥青用量可以在 *OAC* 的基础上增加0.1%～0.3%，以适当减小设计空隙率，但不得降低压实度要求。

3. 配合比设计检验

(1)对用于高速公路和一级公路的密级配沥青混合料，需在配合比设计的基础上按要求进行各种使用性能的检验，对不符合要求的沥青混合料，必须更换材料或重新进行配合比设计。

(2)高温稳定性检验。对公称最大粒径小于或等于 19 mm 的混合料，必须按最佳沥青用量 *OAC* 制作车辙试件进行车辙试验，动稳定度应符合表 6-3 的要求。

(3)水稳定性检验。按最佳沥青用量 *OAC* 制作试件，必须进行浸水马歇尔试验和冻融劈裂试验，残留稳定度及残留强度比均应符合表 6-8 的规定。

表 6-8　沥青混合料水稳定性检验技术要求

<table>
<tr><th colspan="2">气候条件与技术指标</th><th colspan="4">相应下列气候分区的技术要求</th></tr>
<tr><td colspan="2" rowspan="2">年降水量(mm)
及气候分区</td><td>>1 000</td><td>500～1 000</td><td>250～500</td><td><250</td></tr>
<tr><td>1. 潮湿区</td><td>2. 湿润区</td><td>3. 半干区</td><td>4. 干旱区</td></tr>
<tr><td colspan="6">浸水马歇尔试验残留稳定度(%)，不小于</td></tr>
<tr><td colspan="2">普通沥青混合料</td><td colspan="2">80</td><td colspan="2">75</td></tr>
<tr><td colspan="2">改性沥青混合料</td><td colspan="2">85</td><td colspan="2">80</td></tr>
<tr><td rowspan="2">SMA 混合料</td><td>普通沥青</td><td colspan="4">75</td></tr>
<tr><td>改性沥青</td><td colspan="4">80</td></tr>
<tr><td colspan="6">冻融劈裂试验的残留强度比(%)，不小于</td></tr>
<tr><td colspan="2">普通沥青混合料</td><td colspan="2">75</td><td colspan="2">70</td></tr>
<tr><td colspan="2">改性沥青混合料</td><td colspan="2">80</td><td colspan="2">70</td></tr>
<tr><td rowspan="2">SMA 混合料</td><td>普通沥青</td><td colspan="4">75</td></tr>
<tr><td>改性沥青</td><td colspan="4">80</td></tr>
</table>

(4)低温抗裂性能检验。对公称最大粒径小于或等于 19 mm 的混合料，可以按规定方法进行低温弯曲试验。

(5)渗水系数检验。可以利用轮碾机成型的车辙试件进行渗水试验。

任务 6.1　原材料要求及检测

引例：

沥青混合料的性质和质量与其组成材料的性质和质量有密切关系。为保证沥青混合料具有良好的性质和质量，必须正确选择符合质量要求的组成材料。那么，沥青混合料是由哪些原材料组成的呢？分别有什么要求呢？

1　原材料的技术要求

1.1　沥青材料

沥青是沥青混合料的重要组成材料，在选择沥青标号时，宜按照公路等级、气候条件、交通条件、路面类型，以及在结构层中的层位与受力特点、施工方法等，结合当地的使用经验，经技术论证后确认。

对高速公路、一级公路，夏季温度高、高温持续时间长、重载交通、山区及丘陵区上坡路段，服务区、停车场等行车速度慢的路段，尤其是汽车荷载剪应力大的层次，宜采用稠度大、60 ℃黏度大的沥青，也可以提高高温气候分区的温度水平来选用沥青等级；对冬季寒冷的地区或交通量小的公路、旅游公路，宜选用稠度小、低温延度大的沥青；对日温差大、年温差大的地区宜注意选用针入度指数大的沥青。当高温要求与低温要求发生矛盾时，应优先考虑满足高温性能的要求。

当缺乏所需标号的沥青时，可采用不同标号掺配的调和沥青，其掺配比例由试验确定。掺配后的沥青质量应符合表 3-5 的要求。

1.2　粗集料

（1）沥青混合料的粗集料要求洁净、干燥、无风化、无杂质，并且具有足够的强度和耐磨性，形状要接近正立方体，针、片状颗粒的含量应符合表 6-9 的要求，且要求表面粗糙，有一定的棱角。我国现行标准《公路沥青路面施工技术规范》（JTG F40—2004）规定其各项质量要求应符合表 6-9 的要求，沥青面层用粗集料的规格应符合表 6-10 的要求。

表 6-9　沥青混合料用粗集料质量技术要求

指标	单位	高速公路及一级公路		其他等级公路	试验方法
		表面层	其他层次		
石料压碎值，不大于	%	26	28	30	T0316
洛杉矶磨耗损失，不大于	%	28	30	35	T0317
表观相对密度，不小于	—	2.60	2.50	2.45	T0304
吸水率，不大于	%	2.0	3.0	3.0	T0304
坚固性，不大于	%	12	12	—	T0314
针、片状颗粒含量： 粒径大于 9.5 mm，不大于 粒径小于 9.5 mm，不大于	 % %	 12 18	 15 20	 — —	T0312
水洗法 <0.075 mm 颗粒含量，不大于	%	1	1	1	T0310
软石含量，不大于	%	3	5	5	T0320

注：1. 坚固性试验可根据需要进行。

2. 用于高速公路、一级公路时，多孔玄武岩的视密度可放宽至 2.45 t/m^3，吸水率可放宽至 3%，但必须得到建设单位的批准，且不得用于 SMA 路面。

3. 对 S14 即公称粒径 3 ~ 5 mm 的粗集料，针、片状颗粒含量可不予要求，粒径小于 0.075 mm 含量可放宽到 3%。

表 6-10　沥青面层用粗集料的规格

规格	公称粒径（mm）	通过下列筛孔（方孔筛，mm）的质量百分率（%）								
		37.5	31.5	26.5	19	13.2	9.5	4.75	2.36	0.6
S6	15～30	100	90～100	—	—	0～15	—	0～5		
S7	10～30	100	90～100	—	—	—	0～15	0～5		
S8	10～25		100	90～100		0～15	—	0～5		
S9	10～20			100	90～100	—	0～15	0～5		
S10	10～15				100	90～100	0～15	0～5		
S11	5～15				100	90～100	40～70	0～15	0～5	
S12	5～10					100	90～100	0～15	0～5	
S13	3～10					100	90～100	40～70	0～20	0～5
S14	3～5						100	90～100	0～15	0～3

（2）选用岩石应尽量为碱性岩石。由于碱性岩石与沥青具有较强的黏附力，组成沥青混合料可得到较高的力学强度。在缺少碱性岩石的情况下，也可采用酸性岩石代替，但必须对沥青或粗集料进行适当的处理，以增加混合料的黏聚力。粗集料与沥青的黏附性应符合表 6-11 的规定。对高速公路、一级公路沥青路面的表面层（或磨耗层）的粗集料的磨光值也应满足表 6-11 的规定。

表 6-11　粗集料与沥青的黏附性、磨光值的技术要求

雨量气候区	1（潮湿区）	2（湿润区）	3（半干区）	4（干旱区）	试验方法
年降水量（mm）	>1 000	1 000～500	500～250	<250	
粗集料的磨光值 *PSV*，不小于 高速公路、一级公路表面层	42	40	38	36	T0321
粗集料与沥青黏附性，不小于 高速公路、一级公路表面层	5	4	4	3	T0616
高速公路、一级公路的其他层次及其他等级公路的各个层次	4	4	3	3	T0663

1.3　细集料

热拌沥青混合料的细集料一般采用天然砂、机制砂和石屑，天然砂可采用河砂或海砂，其规格应符合表 6-12 的要求，通常采用粗砂、中砂。在热拌密级配沥青混合料中，天然砂的用量不宜超过集料总量的 20%。石屑是指采石场破碎石料时通过 4.75 mm 或 2.36 mm 的筛下部分，其规格应符合表 6-13 的要求。细集料与粗集料和填料配制成矿质混合料，其级配应符合要求。当一种细集料不能满足级配要求时，可采用两种或两种以上的细集料掺和使用。

我国现行标准《公路沥青路面施工技术规范》（JTG F40—2004）对细集料的技术要求

见表6-14。

表6-12 沥青混合料用天然砂规格

筛孔尺寸(mm)	通过各孔筛的质量百分率(%)		
	粗砂	中砂	细砂
9.5	100	100	100
4.75	90~100	90~100	90~100
2.36	65~95	75~90	85~100
1.18	35~65	50~90	75~100
0.6	15~30	30~60	60~84
0.3	5~20	8~30	15~45
0.15	0~10	0~10	0~10
0.075	0~5	0~5	0~5

表6-13 沥青混合料用机制砂或石屑规格

规格	公称粒径(mm)	水洗法通过各筛孔的质量百分率(%)							
		9.5	4.75	2.36	1.18	0.6	0.3	0.15	0.075
S15	0~5	100	90~100	60~90	40~75	20~55	7~40	2~20	0~15
S16	0~3	—	100	80~100	50~80	25~60	8~45	0~25	0~15

注:当生产石屑采用喷水抑制扬尘工艺时,应特别注意含粉量不得超过表中要求。

表6-14 沥青混合料用细集料质量要求

项目	单位	高速公路、一级公路	其他等级公路	试验方法
表观相对密度,不小于	—	2.50	2.45	T0328
坚固性(>0.3 mm部分),不小于	%	12	—	T0340
含泥量(<0.075 mm的含量),不大于	%	3	5	T0330
砂当量,不小于	%	60	50	T0334
亚甲蓝值,不大于	g/kg	25	—	T0346
棱角性(流动时间),不小于	s	30	—	T0345

1.4 填料

沥青混合料的填料多为矿粉,矿粉是采用石灰岩或岩浆岩中的强基性岩石(碱性岩石)磨细制得的。矿粉应干燥洁净,其质量应符合表6-15的要求。若使用粉煤灰作为填料,其用量不得超过填料总量的50%,烧失量应小于12%,与矿粉混合后塑性指数应小于4%,其余质量要求与矿粉相同。高速公路、一级公路沥青面层不宜采用粉煤灰作填料。

表 6-15　沥青混合料用矿粉质量要求

项目	单位	高速公路、一级公路	其他等级公路	试验方法
表观密度,不小于	t/m^3	2.50	2.45	T0352
含水率,不大于	%	1	1	T0103 烘干法
粒度范围 <0.6 mm	%	100	100	T0351
<0.15 mm	%	90 ~ 100	90 ~ 100	
<0.075 mm	%	75 ~ 100	70 ~ 100	
外观	—	无团粒结块		—
亲水系数	—	<1		T0353
塑性指数	—	<4		T0354
加热安定性	—	实测记录		T0355

2　原材料检测

2.1　沥青材料

普通 90 号道路石油沥青相对密度为 1.006,经检验,技术性能均符合表 3-5 要求。

2.2　粗集料

粗集料为憎水性石灰岩。粗集料有两种:10 ~ 20 mm 碎石和 5 ~ 10 mm 碎石。对粗集料进行检测,其密度试验结果见表 6-16,筛分试验结果见表 6-17。其余技术性能要求都符合表 6-9 和表 6-11 的要求。

表 6-16　集料和矿粉密度试验结果

集料	表观相对密度	毛体积相对密度
10 ~ 20 mm 碎石	2.712	2.671
5 ~ 10 mm 碎石	2.717	2.673
3 ~ 5 mm 机制砂	2.726	2.681
0 ~ 3 mm 机制砂	2.725	2.676
矿粉	2.757	2.757

2.3　细集料

细集料也为憎水性石灰岩。细集料有两种:3 ~ 5 mm 机制砂和 0 ~ 3 mm 机制砂。对细集料进行检测,其密度试验结果见表 6-16,筛分试验结果见表 6-17。其余技术性能要求都符合表 6-14 的要求。

2.4　矿粉

矿粉是憎水性石灰岩经磨细得到的。对矿粉进行检测,其密度试验结果见表 6-16,筛分试验结果见表 6-17。其余技术性能要求都符合表 6-15 的要求。

表6-17　各种集料和矿粉的筛分试验结果

集料	水洗法通过方孔筛(mm)的百分率(%)											
	26.5	19.0	16.0	13.2	9.5	4.75	2.36	1.18	0.6	0.3	0.15	0.075
10~20 mm碎石	100.0	95.3	72.3	37.3	1.4	0.3	0.6	0.3	0.3	0.3	0.3	0.3
5~10 mm碎石	100.0	100.0	100.0	100.0	98.3	21.3	3.8	0.5	0.5	0.5	0.5	0.2
3~5 mm机制砂	100.0	100.0	100.0	100.0	100.0	98.3	36.2	17.6	8.9	5.2	2.3	0.8
0~3 mm机制砂	100.0	100.0	100.0	100.0	100.0	100.0	80.3	56.3	34.3	18.5	10.8	6.4
矿粉	100.0	100.0	100.0	100.0	100.0	100.0	100.0	100.0	100.0	97.3	93.1	80.8

思考与讨论：

表6-16和表6-17中五种集料作为AC-20型沥青混合料的原材料。判断其密度和级配是否满足技术要求。

任务6.2　矿料的配合比设计

引例：

天然的或人工轧制的单一集料的级配一般很难满足某一级配范围的要求，因此必须采用几种集料按照一定比例进行搭配才能达到级配范围的要求，这就需要对矿质混合料进行配合比设计。

1　设计方法

确定矿质混合料配合比的方法有很多，但一般主要采用图解法和数解法。

不管采用哪种方法，必须具备以下两项已知条件：

(1)各种集料的筛分结果。

(2)按技术规范(或理论级配)要求的矿质混合料的级配范围。

1.1　数解法

1.1.1　试算法

1.1.1.1　基本原理

试算法适用于2~3种集料组成的混合料，是最简单的一种方法。此方法的基本原理是：现有几种矿质集料，欲配制成某一种符合一定级配要求的矿质混合料，在决定各组成集料在混合料中的比例时，先假定混合料中某种粒径的颗粒是由某种对这一粒径占优势的集料组成的，而其他各种集料中不含有此粒径颗粒。这样即可根据各个主要粒径去试算各种集料在混合料中的大致比例，再经过校核调整，最终获得满足混合料级配要求的各集料的配合比例。

例如，现有A、B、C三种集料，欲配制成某一级配要求的混合料M。确定这三种集料在混合料M中的配合比例(配合比)，按题意做下列两点假设：

(1)设 X、Y、Z 为 A、B C 三种集料组成矿质混合料 M 的配合比例,则:

$$X + Y + Z = 100\% \tag{6-6}$$

(2)又设混合料 M 中某级粒径(i)要求的含量为 $a_{M(i)}$,A、B、C 三种集料在原来级配中此粒径(i)颗粒的含量分别为 $a_{A(i)}$、$a_{B(i)}$、$a_{C(i)}$,则:

$$a_{A(i)} \cdot X + a_{B(i)} \cdot Y + a_{C(i)} \cdot Z = a_{M(i)} \times 100\% \tag{6-7}$$

1.1.1.2　计算步骤

(1)由假设(1),混合料 M 中某级粒径(i)主要由 A 集料所提供(A 集料占优势),而忽略其他集料在此粒径的含量,这样即可计算出 A 集料在混合料中的用量比例。

按假设(1)得 $a_{B(i)} = a_{C(i)} = 0$,代入式(6-7),得 $a_{A(i)} \cdot X = a_{M(i)} \times 100\%$,故:

$$X = \frac{a_{M(i)}}{a_{A(i)}} \times 100\% \tag{6-8}$$

(2)由假设(2),混合料 M 中某级粒径(j)中 C 集料占优势,同理可计算出 C 集料在混合料中的用量比例。

按假设(2)得,$a_{C(j)} \cdot Z = a_{M(j)} \times 100\%$,故:

$$Z = \frac{a_{M(j)}}{a_{C(j)}} \times 100\% \tag{6-9}$$

(3)由式(6-10)可计算出 B 集料在混合料中的用量比例,即

$$Y = 100\% - (X - Z) \tag{6-10}$$

(4)校核。

按上述步骤即可计算 A、B、C 三种集料组成矿质混合料的配合比 X、Y、Z。经校核,如不在要求的级配范围内,应调整配合比,重新计算和复核。

【例 6-1】　现有碎石、砂和矿粉三种集料,经筛分试验,各集料的分计筛余百分率列于表 6-18,并列出按推荐要求设计混合料的级配范围。试求碎石、砂和矿粉三种集料在矿质混合料中的用量比例。

表 6-18　原有集料的分计筛余和混合料要求的级配范围

筛孔尺寸 d_i (mm)	碎石分计筛余百分率 $a_{A(i)}$(%)	砂分计筛余百分率 $a_{B(i)}$(%)	矿粉分计筛余百分率 $a_{C(i)}$(%)	矿质混合料要求级配范围通过百分率(%)
13.2	0.8	—	—	100
4.75	60.0	—	—	63 ~ 78
2.36	23.5	10.5	—	40 ~ 63
1.18	14.4	22.1	—	30 ~ 53
0.6	1.3	19.4	4.0	22 ~ 45
0.3	—	36.0	4.0	15 ~ 35
0.15	—	7.0	5.5	12 ~ 30
0.075	—	3.0	3.2	10 ~ 25
<0.075	—	2.0	83.3	—

解:(1)先将矿质混合料要求级配范围通过百分率换算为分计筛余百分率,计算结果列于表 6-19,并设碎石、砂、矿粉的配合比为 X、Y、Z。

表 6-19　原有集料和要求级配范围的分计筛余

筛孔尺寸 d_i(mm)	碎石分计筛余百分率 $a_{A(i)}$(%)	砂分计筛余百分率 $a_{B(i)}$(%)	矿粉分计筛余百分率 $a_{C(i)}$(%)	要求级配范围通过率的中值 $P_{(i)}$(%)	要求级配范围累计筛余百分率中值 $A_{(i)}$(%)	要求级配范围分计筛余百分率中值 $a_{M(i)}$(%)
13.2	0.8	—	—	100	—	—
4.75	60.0	—	—	70.5	29.5	29.5
2.36	23.5	10.5	—	51.5	48.5	19.0
1.18	14.4	22.1	—	41.5	58.5	10.0
0.6	1.3	19.4	4.0	33.5	66.5	8.0
0.3	—	36.0	4.0	25.0	75.0	8.5
0.15	—	7.0	5.5	21.0	79.0	4.0
0.075	—	3.0	3.2	17.5	82.5	3.5
<0.075	—	2.0	83.3	—	100.0	17.5

(2)由表 6-19 可知,粒径 4.75 mm 碎石含量占优势,假设混合料中 4.75 mm 的粒径全部由碎石提供,$a_{B(4.75)}=a_{C(4.75)}=0$,由式(6-8)可得碎石在矿质混合料中的用量比例:

$$X=\frac{a_{M(4.75)}}{a_{A(4.75)}}\times 100\% = \frac{29.5}{60.0}\times 100\% = 49\%$$

(3)同理,由表 6-19 可知,粒径小于 0.075 mm 颗粒矿粉中含量占优势,忽略碎石和砂中此粒径颗粒的含量,即 $a_{A(<0.075)}=a_{B(<0.075)}=0$,则由式(6-9)可得矿粉在矿质混合料中的用量比例:

$$X=\frac{a_{M(<0.075)}}{a_{C(<0.075)}}\times 100\% = \frac{17.5}{83.3}\times 100\% = 21\%$$

(4)由式(6-10)可得砂在矿质混合料中的用量比例:

$$Y=100\%-(X-Z)=100\%-(49\%+21\%)=30\%$$

(5)校核。以试算所得配合比 $X=49\%$,$Y=30\%$,$Z=21\%$,按表 6-20 进行校核。

根据校核结果,符合级配范围要求。如不符合级配范围要求,应调整配合比再进行试算,经几次调整,逐步接近,直至达到要求。如经计算确实不能符合级配要求,应调整或增加集料品种。

1.1.2　规划求解法

规划求解法采用办公软件 Excel 电子表格中的规划求解分析工具,通过设置规划求解中的约束条件,可较为准确地计算出各种集料的用量。

表 6-20 矿质混合料配合组成计算校核

筛孔尺寸 d_i (mm)	碎石			砂			矿粉			矿质混合料			要求级配范围通过百分率(%)
	原来级配分计筛余百分率 $a_{A(i)}$(%)	用量比例 X(%)	占混合料百分率 $a_{A(i)} \cdot X$(%)	原来级配分计筛余百分率 $a_{B(i)}$(%)	用量比例 Y(%)	占混合料百分率 $a_{B(i)} \cdot Y$(%)	原来级配分计筛余百分率 $a_{C(i)}$(%)	用量比例 Z(%)	占混合料百分率 $a_{C(i)} \cdot Z$(%)	分计筛余百分率 $a_{M(i)}$(%)	累计筛余百分率 $A_{M(i)}$(%)	通过百分率 $p_{M(i)}$(%)	
13.2	0.8		0.4	—		—	—		—	0.4	0.4	99.6	100
4.75	60.0		29.4	—		—	—		—	29.4	29.8	70.2	63 ~ 78
2.36	23.5	49	11.5	10.5		3.2	—		—	14.7	44.5	55.5	40 ~ 63
1.18	14.4		7.1	22.1		6.6	—		—	13.7	58.2	41.8	30 ~ 53
0.6	1.3		0.6	19.4		5.8	4.0		0.8	7.2	65.4	34.6	22 ~ 45
0.3	—		—	36.0	30	10.8	4.0		0.8	11.6	77.0	23.0	15 ~ 35
0.15	—		—	7.0		2.1	5.5	21	1.2	3.3	80.3	19.7	12 ~ 30
0.075	—		—	3.0		0.9	3.2		0.7	1.6	81.9	18.1	10 ~ 25
<0.075	—		—	2.0		0.6	83.3		17.5	18.1	100	—	—
校核	Σ = 100		Σ = 49	Σ = 100		Σ = 30	Σ = 100		Σ = 21	Σ = 100			

1.2 图解法

我国现行规范推荐采用的图解法为修正平衡面积法。由三种以上的多种集料进行组配时,采用此方法进行设计十分方便。

修正平衡面积法的设计步骤如下。

1.2.1 绘制级配曲线图

(1)计算要求级配范围通过百分率的中值,作为设计依据。

(2)根据级配范围中值,确定相应横坐标的位置。先绘制一长方形图框,通常纵坐标通过百分率的线长取 10 cm,横坐标筛孔尺寸的线长取 15 cm,连接对角线 OO'(见图 6-6)作为合成级配的中值。纵坐标按算术坐标,标出通过百分率(0 ~ 100%)。根据合成级配中值要求的各筛孔通过百分率,从纵坐标引平行线与对角线相交,再从交点作垂线与横坐标相交,其交点即为级配范围中值所对应的各筛孔尺寸(mm)的位置。

(3)在坐标图上绘制各种集料的级配曲线(见图 6-7)。

1.2.2 确定各种集料的用量比例

从级配曲线图(见图 6-7)上最粗集料开始,依次分析两种相邻集料的级配曲线,直至最细集料,在分析过程中两相邻集料的级配曲线可能出现的情况有如图 6-7 所示的三种情况。

1.2.2.1 两相邻级配曲线重叠

如 A 集料级配曲线下部与 B 集料级配曲线上部重叠,此时应进行等分,即在两级配曲线相重叠的部分引一条使 $a = a'$ 的垂线 AA',再通过垂线 AA' 与对角线 OO' 的交点 M 作

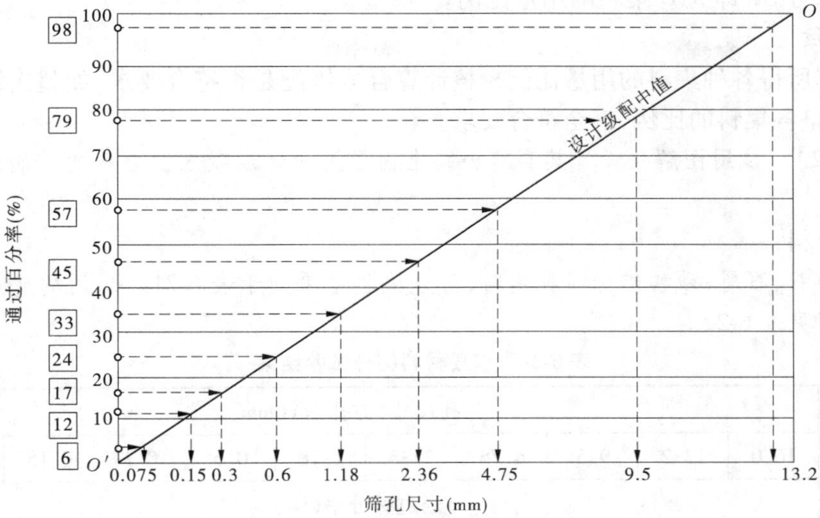

图 6-6　图解法级配曲线坐标图

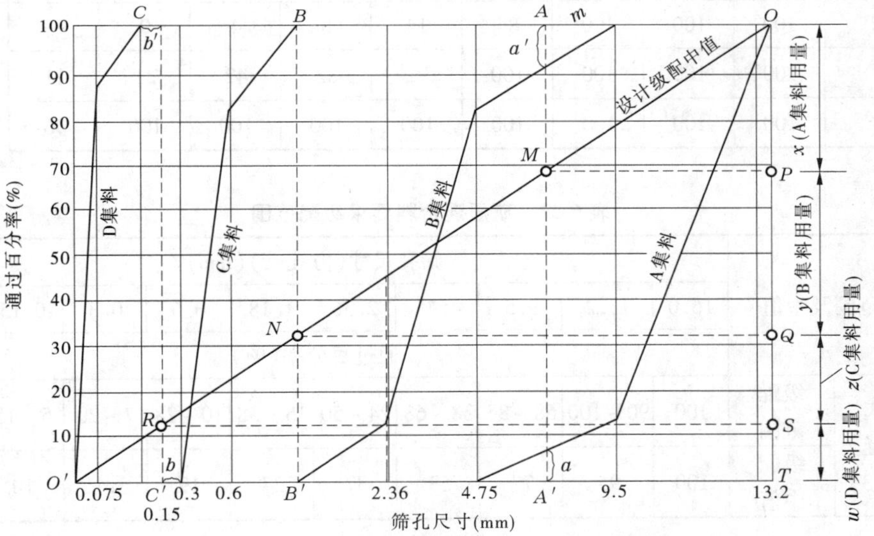

图 6-7　组成集料级配曲线和合成级配曲线

一水平线交纵坐标于 *P* 点。*OP* 即为 A 集料的用量比例。

1.2.2.2　两相邻级配曲线相接

如 B 集料的级配曲线末端与 C 集料的级配曲线首端正好在一垂直线上，此时，应进行连接，即将 B 集料级配曲线的末端与 C 集料级配曲线的首端相连，即为垂线 *BB′*，再通过垂线 *BB′* 与对角线 *OO′* 的交点 *N* 作一水平线交纵坐标于 *Q* 点。*PQ* 即为 B 集料的用量比例。

1.2.2.3　两相邻级配曲线相离

如 C 集料级配曲线的末端与 D 集料级配曲线的首端相离一段距离，此时应进行平分，即作垂线 *CC′* 平分相离的距离（$b=b'$），再通过垂线 *CC′* 与对角线 *OO′* 的交点 *R* 作一水平线交纵坐标于 *S* 点。*QS* 即为 C 集料的用量比例。

剩余部分 ST 即为 D 集料的用量比例。

1.2.3　校核

按图解所得各种集料的用量比例校核计算合成级配是否符合要求，如超出级配范围要求，应调整各集料的比例，直至符合要求。

【例 6-2】　试用图解法设计某高速公路上面层用沥青混凝土混合料的矿质混合料的配合比。

设计资料：

现有碎石、石屑、砂和矿粉四种集料，筛分试验结果列于表 6-21。选用的矿质混合料的级配范围见表 6-22。

表 6-21　组成材料筛分试验结果

材料名称	筛孔尺寸(方孔筛)(mm)									
	16.0	13.2	9.5	4.75	2.36	1.18	0.6	0.3	0.15	0.075
	通过百分率(%)									
碎石	100	93	17	0	—	—	—	—	—	—
石屑	100	100	100	84	14	8	4	0	—	—
砂	100	100	100	100	92	82	42	21	11	5
矿粉	100	100	100	100	100	100	100	100	96	87

表 6-22　矿质混合料要求级配范围

级配范围及中值		筛孔尺寸(方孔筛)(mm)									
		16.0	13.2	9.5	4.75	2.36	1.18	0.6	0.3	0.15	0.075
		通过百分率(%)									
细粒式沥青混凝土(AC－13)	级配范围	100	90～100	68～85	38～68	24～50	15～38	10～28	7～20	5～15	4～8
	级配中值	100	95	77	53	37	27	19	14	10	6

设计要求：

采用图解法进行矿质混合料配合比设计，确定各种集料的比例，校核矿质混合料的合成级配是否符合设计级配范围的要求。

解：(1)绘制图解法用图如图 6-8 所示。

(2)在碎石和石屑级配曲线相重叠部分作垂线 AA'(使得 $a=a'$)，自 AA' 与对角线 OO' 的交点 M 引一水平线交纵坐标于 P 点。OP 的长度 $x=35\%$，即为碎石的用量比例。同理，求出石屑的用量比例 $y=31\%$，砂的用量比例 $z=26\%$，矿粉的用量比例 $w=8\%$。

(3)按图解所得，各集料的用量比例进行校核，见表 6-23。

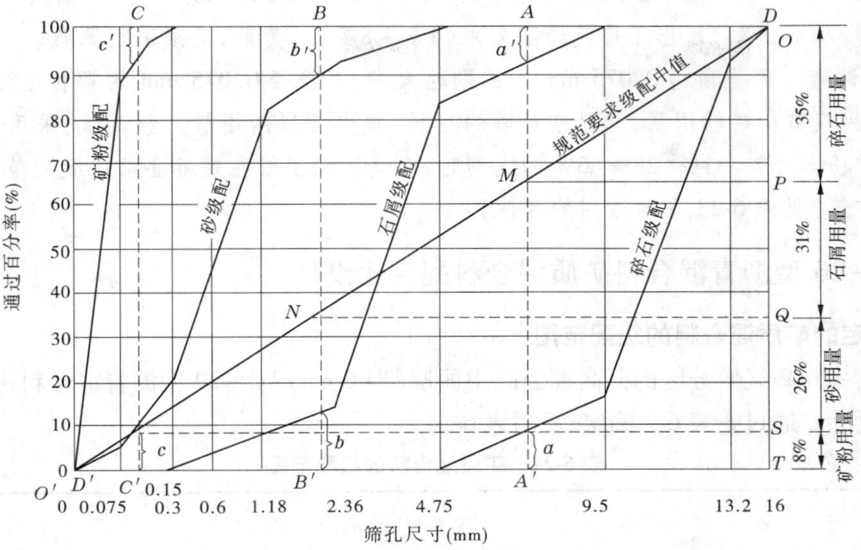

图 6-8　级配曲线图

表 6-23　矿质混合料组成配合校核

材料名称		筛孔尺寸(方孔筛)(mm)									
		16.0	13.2	9.5	4.75	2.36	1.18	0.6	0.3	0.15	0.075
		通过百分率(%)									
原材料级配	碎石 100%	100	93	17	0	—	—	—	—	—	—
	石屑 100%	100	100	100	84	14	8	4	0	—	—
	砂 100%	100	100	100	100	92	82	42	21	11	5
	矿粉 100%	100	100	100	100	100	100	100	10	96	87
各矿质材料在混合料中的级配	碎石 35% (35%)	35.0 (35.0)	32.6 (32.6)	6.0 (6.0)	0 (0)	—	—	—	—	—	—
	石屑 31% (31%)	31.0 (31.0)	31.0 (31.0)	31.0 (31.0)	26.0 (26.0)	4.3 (4.3)	2.5 (2.5)	1.2 (1.2)	0 (0)	—	—
	砂 26% (28%)	26.0 (28.0)	26.0 (28.0)	26.0 (28.0)	26.0 (28.0)	23.9 (25.8)	21.3 (23.0)	10.9 (11.8)	5.5 (5.9)	2.9 (3.1)	1.3 (1.4)
	矿粉 8% (6%)	8.0 (6.0)	8.0 (6.0)	8.0 (6.0)	8.0 (6.0)	8.0 (6.0)	8.0 (6.0)	8.0 (6.0)	8.0 (6.0)	7.7 (5.8)	7.0 (5.2)
合成级配		100 (100)	97.6 (97.6)	71.0 (71.0)	60.0 (60.0)	36.2 (36.1)	31.8 (31.5)	20.1 (19.0)	13.5 (11.9)	10.6 (8.9)	8.3 (6.6)
级配范围(AC－13)		100	90～100	68～85	38～68	24～50	15～38	10～28	7～20	5～15	4～8
级配中值		100	95	77	53	37	27	19	14	10	6

注:括号内的数字为级配调整后的各项相应数值。

从表 6-23 可以看出，按碎石∶石屑∶砂∶矿粉 = 35%∶31%∶26%∶8% 计算结果合成级配中 $P_{0.075}$ = 8.3%，超出了规范级配要求(4% ~ 8%)。为此，必须进行调整。

(4)调整。因为通过 0.075 mm 筛的颗粒太多，而粒径 0.075 mm 的颗粒主要分布于矿粉中，故应减少矿粉用量，同时增加砂的用量，减少石屑的用量。经调试，采用碎石∶石屑∶砂∶矿粉 = 35%∶31%∶28%∶6% 的比例时，合成级配正好在规范要求的级配范围内，并且接近中值(见表 6-23 中括号内的数值)。

2　AC－20 型沥青混合料矿质混合料配合比设计

2.1　确定的矿质混合料的级配范围

对 2－2－2 气候分区的某高速公路中面层(厚 6 cm)AC－20 型沥青混合料进行目标配合比设计。通过查表 6-7 确定，填写表 6-24。

表 6-24　矿质混合料的级配范围

级配类型	筛孔尺寸(mm)											
	26.5	19.0	16.0	13.2	9.5	4.75	2.36	1.18	0.6	0.3	0.15	0.075
AC－20												

2.2　矿质混合料配合比的确定

根据任务 6.1 中各组成材料的筛分试验资料，依据所选定的设计级配范围，采用规划求解法或图解法，确定符合设计级配范围的各组成材料用量比例，并完成表 6-25 的填写。

表 6-25　三组矿质混合料的配合比

矿料名称	10 ~ 20 mm 碎石 (%)	5 ~ 10 mm 碎石 (%)	3 ~ 5 mm 机制砂 (%)	0 ~ 3 mm 机制砂 (%)	矿粉 (%)
用量比例					

2.3　计算矿质混合料的合成级配

根据确定的符合设计级配范围的各组成材料用量比例计算矿质混合料的合成级配，完成表 6-26 的填写。

表6-26　矿质混合料合成级配

材料名称		筛孔尺寸(方孔筛)(mm)											
		26.5	19.0	16.0	13.2	9.5	4.75	2.36	1.18	0.6	0.3	0.15	0.075
		通过百分率(%)											
原材料级配	10～20 mm碎石100%												
	5～10 mm碎石100%												
	3～5 mm机制砂100%												
	0～3 mm机制砂100%												
	矿粉100%												
各矿质材料在混合料中的级配	10～20 mm碎石(　)%												
	5～10 mm碎石(　)%												
	3～5 mm机制砂(　)%												
	0～3 mm机制砂(　)%												
	矿粉8%(　)%												
合成级配													
级配范围(AC－20)													
级配中值													

思考与讨论：

根据实际情况，对上述计算的矿质混合料的配制比例应该做怎样的调整？

任务 6.3　沥青混合料马歇尔试件的制作

1　目的与任务

根据《公路工程沥青及沥青混合料试验规程》(JTG E20—2011)中的击实法制作马歇尔试件。

(1)击实法适用于采用标准击实法或大型击实法制作沥青混合料试件,以供试验室进行沥青混合料物理力学性质试验使用。

(2)标准击实法适用于标准马歇尔试验、间接抗拉试验(劈裂法)等所使用的ϕ101.6 mm×63.5 mm 圆柱体试件的成型。大型击实法适用于大型马歇尔试验和ϕ152.4 mm×95.3 mm 大型圆柱体试件成型。

(3)沥青混合料试件制作时的条件及试件数量应符合下列规定:

①当集料公称最大粒径小于或等于 26.5 mm 时,采用标准击实法。一组试件的数量不少于 4 个。

②当集料公称最大粒径大于 26.5 mm 时,宜采用大型击实法。一组试件的数量不少于 6 个。

2　仪器设备

(1)电动击实仪。击实仪应具有自动记数、控制仪表、按钮设置、复位及暂停等功能(见图 6-9)。按其用途分为以下两种:

①标准击实仪。由击实锤、ϕ98.5 mm 平圆形压实头及带手柄的导向棒组成。用机械将压实锤举起,从(457.2 ±1.5)mm 高度沿导向棒自由落下击实。标准击实锤质量为(4 536 ±9)g。

②大型击实仪。由击实锤、ϕ(149.5 ±0.1)mm 平圆形压实头及带手柄的导向棒组成。用机械将压实锤举起,从(457.2 ±2.5)mm 高度沿导向棒自由落下击实。大型击实锤质量为(10 210 ±10)g。

(2)试验室用沥青混合料拌和机。能保证拌和温度并充分拌和均匀,可控制拌和时间,容量不小于 10 L,如图 6-10 所示。搅拌叶自转速度为 70 ~ 80 r/min,公转速度为 40 ~ 50 r/min。

(3)试模。由高碳钢或工具钢制成,几何尺寸如下:

①标准击实仪试模的内径为(101.6 ±0.2)mm,圆柱形金属筒高 87 mm,底座直径约为 120.6 mm,套筒内径为 104.8 mm、高 70 mm。

②大型击实仪的试模与套筒尺寸如下:套筒外径为(165 ±0.3) mm,总高 83 mm。试模内径为(152.4 ±0.2)mm,总高 115 mm;底座板厚 12.7 mm,直径为 172 mm。

(4)脱模器。有电动或手动,应能无破损地推出圆柱体试件,备有标准试件及大型尺寸的推出环。

(5)烘箱。大、中型各 1 台,应有温度调节器。

图6-9　马歇尔电动击实仪

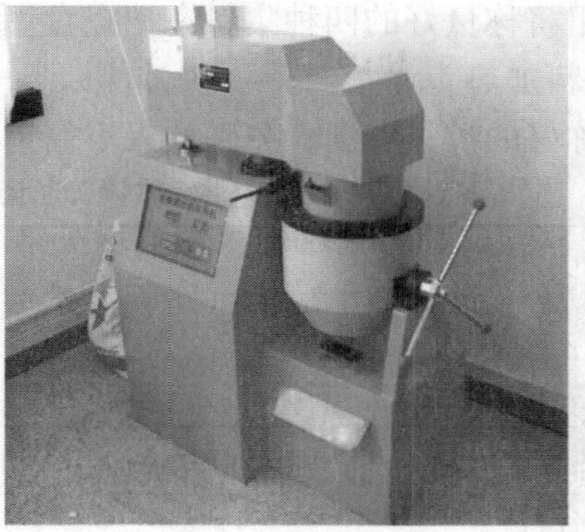

图6-10　沥青混合料拌和机

(6)天平或电子秤。用于称量矿料的,感量不大于0.5 g;用于称量沥青的,感量不大于0.1 g。

(7)布洛克菲尔德黏度计。

(8)温度计。分度值为1 ℃。宜采用有金属插杆的插入式数显温度计,金属插杆的长度不小于150 mm,量程为0~300 ℃。

(9)其他。电炉或煤气炉、沥青熔化锅、拌和铲、标准筛、滤纸(或普通纸)、胶布、卡尺、秒表、粉笔、棉纱等。

3　试验准备

3.1　材料称量

以预估的油石比为中值,按0.5%为间隔,取5个不同的油石比。本项目根据经验预估油石比为5.0%,于是取5个不同的沥青油石比为4.0%、4.5%、5.0%、5.5%、6.0%。

全班学生共分5组,每组一个沥青油石比,矿料总质量为8 000 g,按照任务6.2中所求得的矿质混合料配合比。每组要称的集料和矿粉质量见表6-27。

表6-27　材料称量

组号	油石比(%)	10~20 mm碎石(g)	5~10 mm碎石(g)	3~5 mm机制砂(g)	0~3 mm机制砂(g)	矿粉(g)	沥青(g)
1	4.0	8 000×a	8 000×b	8 000×c	8 000×d	8 000×e	8 000×0.04
2	4.5	8 000×a	8 000×b	8 000×c	8 000×d	8 000×e	8 000×0.045
3	5.0	8 000×a	8 000×b	8 000×c	8 000×d	8 000×e	8 000×0.05
4	5.5	8 000×a	8 000×b	8 000×c	8 000×d	8 000×e	8 000×0.055
5	6.0	8 000×a	8 000×b	8 000×c	8 000×d	8 000×e	8 000×0.06

注:a表示矿质混合料中10~20 mm碎石的含量;b表示矿质混合料中5~10 mm碎石的含量;c表示矿质混合料中3~5 mm机制砂的含量;d表示矿质混合料中0~3 mm机制砂的含量;e表示矿质混合料中矿粉的含量。

每组将称量好的四种集料在搪瓷盘里拌和均匀，矿料单独放在另一个容器里。

3.2　材料加热

把称好的矿料和沥青分别放入烘箱里加热。加热温度要求见表 6-28。

表 6-28　热拌普通沥青混合料试件的制作温度　（单位：℃）

施工工序	石油沥青的标号				
	50 号	70 号	90 号	110 号	130 号
沥青加热温度	160 ~ 170	155 ~ 165	150 ~ 160	145 ~ 155	140 ~ 150
矿料加热温度	比沥青温度高 10 ~ 30				
沥青混合料拌和温度	150 ~ 170	145 ~ 165	140 ~ 160	135 ~ 155	130 ~ 150
试件击实成型温度	140 ~ 160	135 ~ 155	130 ~ 150	125 ~ 145	120 ~ 140

4　试验步骤

4.1　拌制沥青混合料

（1）用蘸有少许黄油的棉纱擦净试模、套筒及击实仪等，置于 100 ℃左右的烘箱中加热 1 h 备用。常温沥青混合料用试模不加热。

（2）将沥青混合料拌和机提前预热至拌和温度以上 10 ℃。

（3）将加热的粗、细集料置于拌和机中，用小铲子适当混合，然后加入需要数量的沥青（如沥青已称量在一专用容器内，可在倒掉沥青后用一部分热矿粉将粘在容器壁上的沥青擦拭后一起倒入拌和锅中），开动拌和机一边搅拌一边将拌和叶片插入混合料中拌和 1 ~ 1.5 min，暂停拌和，加入加热的矿粉，继续拌和至均匀，并使沥青混合料保持在要求的拌和温度范围内。标准的总拌和时间为 3 min。

4.2　成型方法

（1）击实法的成型步骤如下：

①将拌好的沥青混合料用小铲适当拌和均匀，均匀称取一个试件所需的用量（标准马歇尔试件约 1 200 g，大型马歇尔试件约 4 050 g）。当已知沥青混合料的密度时，可根据试件的标准尺寸计算，并乘以 1.03 得到要求的混合料数量。当一次拌和几个试件时，宜将其倒入经预热的金属盘中，用小铲适当拌和均匀，分成几份，分别取用。在试件制作过程中，为防止混合料温度下降，应连盘放在烘箱中保温。

②从烘箱中取预热的试模及套筒，用蘸有少许黄油的棉纱擦拭套筒、底座及击实锤底面，将试模装在底座上，放一张圆形的吸油性小的纸，用小铲将混合料铲入试模中，用插刀和大螺丝刀沿周边插捣 15 次，中间插捣 10 次。插捣后将沥青混合料表面整平。对大型击实法的试件，混合料分两次加入，每次插捣次数同上。

③插入温度计，至混合料中心附近，检查混合料温度。

④待混合料温度符合要求的压实温度，将试模连同底座一起放在击实台上固定，在装好的混合料上面垫一张吸油性小的纸，再将装有击实锤及导向棒的压实头放入试模中，开

启电机将击实锤从 457 mm 的高度自由下落击实规定的次数(75 次、50 次)。对大型试件,击实次数为 75 次(相应于标准击实 50 次)或 112 次(相当于标准击实 75 次)。

⑤试件击实一面后,取下套筒,将试模翻面,装上套筒,然后以同样的方法和次数击实另一面。

⑥试件击实结束后,立即用镊子取掉上、下面的纸,用卡尺量取试件离试模上口的高度并由此计算试件高度。如高度不符合要求,试件应作废,并按式(6-11)调整试件的混合料质量,以保证高度符合(63.5 ±1.3)mm(标准试件)或(95.3 ±2.5)m(大型试件)的要求。

$$\text{调整后混合料质量} = \frac{\text{要求试件高度} \times \text{原用混合料质量}}{\text{所得试件的高度}} \tag{6-11}$$

(2)卸去套筒和底座,将装有试件的试模横向放置冷却至室温后(不少于 12 h),置脱模机上脱出试件。

(3)将试件仔细置于干燥洁净的平面上,供试验用。

思考与讨论:

请对图 6-11 两个沥青混合料试件进行比较,分析缺陷试件存在的问题和原因,并提出改善措施。

(a)　(b)

图 6-11　沥青混合料两成型试件对比

任务 6.4　马歇尔物理 - 力学指标的测定

引例:

马歇尔物理指标测定是指沥青混合料的密度测定后,计算出沥青混合料试件的空隙率、矿料间率 *VMA*、有效沥青的饱和度 *VFA* 等体积指标;马歇尔力学指标测定是指沥青混合料的马歇尔稳定度、流值的测定。通过测定马歇尔物理 - 力学指标,可以得出沥青混合料配合比设计中的最佳沥青用量。

1　沥青混合料理论最大相对密度测定

1.1　目的与任务

根据《公路工程沥青及沥青混合料试验规程》(JTG E20—2011),采用真空法测定沥青混合料理论最大相对密度,供沥青混合料配合比设计使用。

1.2　仪器设备

(1)天平。称量 5 kg 以上,感量不大于 0.1 g;称量 2 kg 以下,感量不大于 0.05 g。

(2)负压容器。根据试样数量选用表 6-29 中的 A、B、C 任何一种类型。负压容器口带橡皮塞,上接橡皮管,管口下方有滤网,防止细料部分吸入胶管。为便于抽真空时观察气泡情况,负压容器至少有一面透明或者采用透明的密封盖。

表 6-29　负压容器类型

类型	容器	附属设备
A	耐压玻璃,塑料或金属制的罐,容积大于 2 000 mL	密封盖、接真空胶管分别与真空装置和压力表连接
B	容积大于 2 000 mL 的真空容量瓶	带胶皮塞、接真空胶管,分别与真空装置和压力表连接
C	4 000 mL 耐压真空器皿或干燥器	带胶皮塞、接真空胶管,分别与真空装置和压力表连接

(3)最大理论密度仪(真空负压装置)(见图 6-12)。由机架、抽气机、空气阀、真空表、真空容器及控制电器等组成。

(4)振动装置。试验过程中根据需要可以开启或关闭。

(5)恒温水槽(见图 6-13)。水温控制在(25 ±0.5)℃。

图 6-12　最大理论密度仪

图 6-13　恒温水槽

(6)温度计。分度值为 0.5 ℃。

(7)其他。玻璃板、平底盘、铲子等。

1.3　试验准备

1.3.1　拌和沥青混合料

按照任务 6.3 中的方法拌和沥青混合料,分别拌制两个平行试样,放置于平底盘中。

试样数量不宜小于表6-30中规定的数量。

表6-30　沥青混合料试样数量

公称最大粒径(mm)	试样最小质量(g)	公称最大粒径(mm)	试样最小质量(g)
4.75	500	26.5	2 500
9.5	1 000	31.5	3 000
13.2、16	1 500	37.5	3 500
19	2 000		

1.3.2　试样处理

将平底盘中的热拌沥青混合料,在室温中冷却或者用电风扇吹,一边冷却一边将沥青混合料团块仔细分散,粗集料不破碎,细集料团块分散到小于6.4 mm。若混合料坚硬可用烘箱适当加热后分散,一般加热温度不超过60 ℃,分散试样时可用铲子翻动、分散,在温度较低时应用手掰开,不得用锤打碎,防止集料破碎。

1.3.3　负压容器标定

(1)采用A类容器时,将容器全部浸入(25±0.5)℃的恒温水槽中,负压容器完全浸没、恒温(10±1)min后,称取容器的水中质量m_1。

(2)B、C类负压容器。

①大端口的负压容器,需要有大于负压容器端口的玻璃板。将负压容器和玻璃板放进水槽中,注意轻轻摇动负压容器使容器内气泡排除。恒温(10±1)min,取出负压容器和玻璃板,向负压容器内加满(25±0.5)℃水至液面稍微溢出,用玻璃板先盖住容器端口1/3,然后慢慢沿容器端口水平方向移动盖住整个端口,注意查看有无气泡。擦除负压容器四周的水,称取盛满水的负压容器质量为m_b。

②小端口的负压容器,需要采用中间带垂直孔的塞子,其下部为凹槽,以便于空气从孔中排除。将负压容器和塞子放进水槽中,注意轻轻摇动负压容器使容器内气泡排除。恒温(10±1)min,在水中将瓶塞塞进瓶口,使多余的水由瓶塞上的孔中挤出。取出负压容器,负压容器用干净软布将瓶塞顶部擦拭一次,再迅速擦除负压容器外面的水分,最后称其质量m_b。

1.3.4　称量

将负压容器干燥、编号,称取其干燥质量。

1.4　试验步骤

(1)将沥青混合料试样装入干燥的负压容器中,称负压容器及沥青混合料总质量,得到试样的净质量m_a,试样质量应不小于表6-30规定的最小数量。

(2)在负压容器中注入(25±0.5)℃的水,将混合料全部浸没,并较混合料顶面高出约2 cm。

(3)将负压容器放在试验仪上,与真空泵、真空表连接,开动真空泵,使负压容器负压在2 min内达到(3.7±0.3)kPa,开始计时,同时开动振动装置和抽真空,持续(15±2)min,直至不见气泡出现。为使气泡容易除去,可在水中加入0.01%浓度的表面活性剂

(如每升水中加0.01 g洗涤灵)。

(4)当抽真空结束后,关闭真空装置和振动装置,打开调压阀慢慢卸压,卸压速度不得大于8 kPa/s,使负压容器内压力逐渐恢复。

(5)当负压容器采用A类容器时,将盛试样的容器浸入保温至(25 ±0.5)℃的水槽,恒温(10 ±1)min后,称取负压容器与沥青混合料的水中质量(m_2)。当负压容器采用B、C类容器时,将装有沥青混合料试样的容器浸入保温至(25 ±0.5)℃的恒温水槽,恒温(10 ±1)min后取出,加上盖,使容器中没有空气,擦净容器外的水分,称取容器、水和沥青混合料试样的总质量(m_c)。

1.5　结果整理

(1)采用A类容器时,沥青混合料的理论最大相对密度按式(6-12)计算:

$$\gamma_t = \frac{m_a}{m_a - (m_2 - m_1)} \tag{6-12}$$

式中　γ_t——沥青混合料的理论最大相对密度;

m_a——干燥沥青混合料试样的空气中质量,g;

m_1——负压容器在25 ℃水中的质量,g;

m_2——负压容器与沥青混合料一起在25 ℃水中的质量,g。

(2)采用B、C类容器作负压容器时,沥青混合料的最大相对密度按式(6-13)计算。

$$\gamma_t = \frac{m_a}{m_a + m_b - m_c} \tag{6-13}$$

式中　m_b——装满25 ℃水的负压容器的总质量,g;

m_c——25 ℃时试样、水与负压容器的总质量,g。

(3)沥青混合料25 ℃时的理论最大密度按式(6-14)计算。

$$\rho_t = \gamma_t \times \rho_w \tag{6-14}$$

式中　ρ_t——沥青混合料的理论最大密度,g/cm^3;

γ_t——沥青混合料的理论最大相对密度,无量纲;

ρ_w——25 ℃时水的密度,取0.997 1 g/cm^3。

同一试样至少进行两次平行试验,取平均值作为试验结果,计算至小数点后3位;重复性的允许误差为0.011 g/cm^3,再现性试验的允许误差为0.019 g/cm^3。

1.6　填表

填写沥青混合料最大理论密度试验记录表(见表6-31)。

2　压实沥青混合料密度测定(表干法)

2.1　目的与任务

根据《公路工程沥青及沥青混合料试验规程》(JTG E20—2011),采用表干法测定沥青混合料毛体积相对密度和毛体积密度,供沥青混合料配合比设计使用。

(1)本方法适用于测定吸水率不大于2%的各种沥青混合料试件,包括密级配沥青混凝土、沥青玛瑅脂碎石混合料(SMA)和沥青稳定碎石等沥青混合料试件的毛体积相对密度或毛体积密度。标准温度为(25 ±0.5)℃。

表6-31　沥青混合料最大理论密度试验记录表（真空法）

样品名称				检测依据		
环境条件				检测地点		
试验日期				试验员		
主要仪器						
试验次数	干燥沥青混合料试样的空气中质量(g)	装满25 ℃水的负压容器质量(g)	25 ℃时试样、水与负压容器的总质量(g)	沥青混合料的理论最大相对密度	平均沥青混合料的理论最大相对密度	沥青混合料的理论最大密度(g/cm^3)
1						
2						
备注：						

记录：　　　　　　　　计算：　　　　　　　　审核：

(2)本方法测定的毛体积相对密度和毛体积密度适用于计算沥青混合料试件的空隙率、矿料间隙率等各项体积指标。

2.2　仪器设备

(1)浸水天平或电子秤。当最大称量在3 kg以下时，感量不大于0.1 g；当最大称量在3 kg以上时，感量不大于0.5 g。应有测量水中重的挂钩。

(2)水中称重装置。网篮、溢流水箱(见图6-14)和试件悬吊装置。

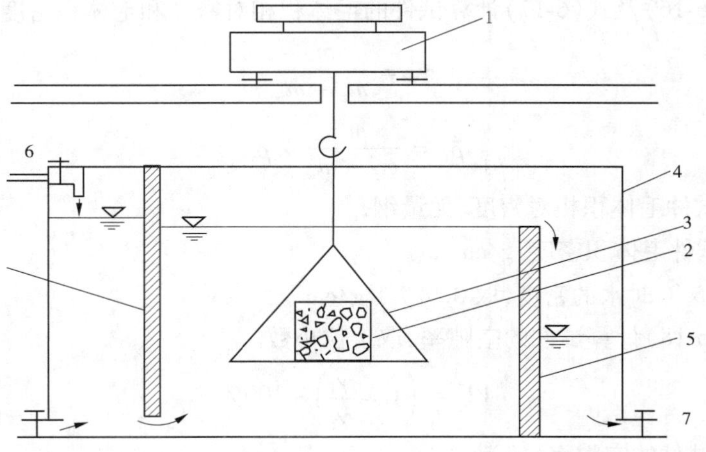

1—浸水天平或电子天平；2—试件；3—网篮；4—溢流水箱；5—水位搁板；6—注入口；7—放水阀门

图6-14　溢流水箱及下挂法水中称重方法示意图

（3）其他。秒表、毛巾、电风扇或烘箱等。

2.3 试验步骤

（1）选择适宜的浸水天平或电子天平，最大称量应满足试件质量的要求。

（2）除去试件表面的浮粒，称取干燥试件的空中质量（m_a），根据选择的天平的感量读数，精确至0.1 g或0.5 g。

（3）将溢流水箱水温保持在（25 ±0.5）℃。挂上网篮，浸入溢流水箱中，调节水位，将天平调平或复零，把试件置于网篮中（注意不要晃动水）浸入水中3 ~5 min，称取水中质量（m_w）。若天平读数持续变化，不能很快达到稳定，说明试件吸水较严重，不适用于此法测定，应改用蜡封法测定。

（4）从水中取出试件，用洁净柔软的拧干湿毛巾轻轻擦去试件的表面水（不得吸走空隙内的水），称取试件的表干质量（m_f）。从试件拿出水面到擦拭结束不宜超过5 s，称量过程中流出的水不得再擦拭。

（5）对从施工现场钻取的非干燥试件可先称取水中质量（m_w）和表干质量（m_f），然后用电风扇将试件吹干至恒重［一般不少于12 h，当不需进行其他试验时，也可用（60 ±5）℃烘箱烘干至恒重］，再称取空气中质量（m_a）。

2.4 结果整理

（1）按式（6-15）计算试件的吸水率，取1位小数。

$$S_a = \frac{m_f - m_a}{m_f - m_w} \times 100\% \tag{6-15}$$

式中 S_a——试件的吸水率（%）；

m_a——干燥试件的空中质量，g；

m_w——试件的水中质量，g；

m_f——试件的表干质量，g。

（2）按式（6-16）及式（6-17）计算试件的毛体积相对密度和毛体积密度，取3位小数。

$$\gamma_f = \frac{m_a}{m_f - m_w} \tag{6-16}$$

$$\rho_f = \frac{m_a}{m_f - m_w} \times \rho_w \tag{6-17}$$

式中 γ_f——试件毛体积相对密度，无量纲；

ρ_f——试件毛体积密度，g/cm^3；

ρ_w——25 ℃时水的密度，取0.997 1 g/cm^3。

（3）按式（6-18）计算试件的空隙率，取1位小数。

$$VV = \left(1 - \frac{\gamma_f}{\gamma_t}\right) \times 100\% \tag{6-18}$$

式中 VV——试件的空隙率（%）；

γ_t——沥青混合料理论最大相对密度，按方法计算或实测得到，无量纲；

γ_f——试件的毛体积相对密度，无量纲。

试件的毛体积相对密度用表干法测定；当试件吸水率大于2%时，用蜡封法测定；对于吸水率小于0.5%的密实沥青混合料的试件,适用水中重法测定;对于不能用表干法、蜡封法测定的空隙率较大的沥青碎石混合料及大空隙透水性开级配沥青混合料等,适用体积法测定。

(4)按式(6-19)计算矿料的合成毛体积相对密度,取3位小数。

$$\gamma_{sb} = \frac{100\%}{\frac{P_1}{\gamma_1} + \frac{P_2}{\gamma_2} + \cdots + \frac{P_n}{\gamma_n}} \tag{6-19}$$

式中 γ_{sb}——矿料的合成毛体积相对密度,无量纲;

P_1、P_2、…、P_n——各种矿料占矿料总质量的百分率(%),其和为100%;

γ_1、γ_2、…、γ_n——各种矿料的相对密度,无量纲。

矿料的相对密度采用《公路工程集料试验规程》(JTG E42—2005)的方法测定,粗集料按T0304方法测定;机制砂及石屑可按T0330方法测定,也可以用筛出的2.36~4.75 mm部分按T0304方法测定的毛体积相对密度代替。矿粉(含消石灰、水泥)采用表观相对密度。

(5)按式(6-20)计算矿料的合成表观相对密度,取3位小数。

$$\gamma_{sa} = \frac{100\%}{\frac{P_1}{\gamma_1'} + \frac{P_2}{\gamma_2'} + \cdots + \frac{P_n}{\gamma_n'}} \tag{6-20}$$

式中 γ_{sa}——矿料的合成表观相对密度,无量纲;

γ_1'、γ_2'、…、γ_n'——各种矿料的表观相对密度,无量纲。

(6)确定矿料的有效相对密度,取3位小数。

①对非改性沥青混合料,采用真空法实测理论最大相对密度,取平均值。按式(6-21)计算合成矿料的有效相对密度γ_{se}。

$$\gamma_{se} = \frac{100\% - P_b}{\frac{100\%}{\gamma_t} - \frac{P_b}{\gamma_b}} \tag{6-21}$$

式中 γ_{se}——合成矿料的有效相对密度,无量纲;

P_b——沥青含量,即沥青质量占沥青混合料总质量的百分比(%);

γ_t——实测的沥青混合料理论最大相对密度,无量纲;

γ_b——25 ℃时沥青的相对密度,无量纲。

②对改性沥青及SMA混合料等难以分散的混合料,有效相对密度宜直接由矿料的合成毛体积相对密度与合成表观相对密度按式(6-22)计算确定,其中沥青吸收系数C值根据材料的吸水率由式(6-23)求得,合成矿料的吸水率按式(6-24)计算。

$$\gamma_{se} = C \times \gamma_{sa} + (1 - C) \times \gamma_{sb} \tag{6-22}$$

$$C = 0.033w_X^2 - 0.293\,6w_X + 0.933\,9 \tag{6-23}$$

$$w_X = \left(\frac{1}{\gamma_{sb}} - \frac{1}{\gamma_{sa}}\right) \times 100\% \tag{6-24}$$

式中 C——沥青吸收系数,无量纲;

w_X——合成矿料的吸水率(%);

其他符号意义同前。

(7)确定沥青混合料的理论最大相对密度,取3位小数。

①对非改性沥青的普通沥青混合料,采用真空法实测沥青混合料的理论最大相对密度 γ_t。

②对改性沥青及SMA混合料,宜按式(6-25)或式(6-26)计算沥青混合料对应油石比的理论最大相对密度。

$$\gamma_t = \frac{100\% + p_a}{\frac{100\%}{\gamma_{sb}} + \frac{P_a}{\gamma_b}} \tag{6-25}$$

$$\gamma_t = \frac{100\% + P_a + P_X}{\frac{100\%}{\gamma_{se}} + \frac{P_a}{\gamma_b} + \frac{P_X}{\gamma_X}} \tag{6-26}$$

$$P_a = \left(\frac{P_b}{100\% - P_b}\right) \times 100\% \tag{6-27}$$

式中　γ_t——计算沥青混合料对应油石比的理论最大相对密度,无量纲;

P_a——油石比,即沥青质量占矿料总质量的百分比(%);

P_X——纤维用量,即纤维质量占矿料总质量的百分比(%):

γ_{se}——合成矿料的有效相对密度;

γ_X——25 ℃时纤维的相对密度,由厂方提供或实测得到,无量纲;

γ_b——25 ℃时沥青的相对密度,无量纲。

③对旧路面钻取芯样的试件缺乏材料密度、配合比及油石比的沥青混合料,可以采用真空法实测沥青混合料的理论最大相对密度 γ_t。

(8)按式(6-28)~式(6-30)计算试件的空隙率、矿料间隙率 *VMA* 和有效沥青饱和度 *VFA*,取1位小数。

$$VV = \left(1 - \frac{\gamma_f}{\gamma_t}\right) \times 100\% \tag{6-28}$$

$$VMA = \left(1 - \frac{\gamma_f}{\gamma_{sb}} \times \frac{P_s}{100\%}\right) \times 100\% \tag{6-29}$$

$$VFA = \frac{VMA - VV}{VMA} \times 100\% \tag{6-30}$$

式中　*VV*——沥青混合料试件的空隙率(%);

VMA——沥青混合料试件的矿料间隙率(%);

VFA——沥青混合料试件的有效沥青饱和度(%);

γ_{sb}——矿料的合成毛体积相对密度,无量纲;

P_s——各种矿料占沥青混合料总质量的百分率之和(%):

$$P_s = 100\% - P_b \tag{6-31}$$

试件毛体积密度试验重复性的允许误差为0.020 g/cm³,试件毛体积相对密度试验重复性的允许误差为0.020。

2.5　填表

填写沥青混合料密度试验(表干法)与马歇尔稳定度试验记录表(见表6-32)。

表 6-32　沥青混合料密度试验(表干法)与马歇尔稳定度试验记录表

<table>
<tr><td colspan="5">样品名称</td><td colspan="5"></td><td colspan="4">检测依据</td><td colspan="3"></td></tr>
<tr><td colspan="5">环境条件</td><td colspan="5"></td><td colspan="4">检测地点</td><td colspan="3"></td></tr>
<tr><td colspan="5">试验日期</td><td colspan="5"></td><td colspan="4">试验员</td><td colspan="3"></td></tr>
<tr><td colspan="5">主要仪器</td><td colspan="12"></td></tr>
<tr><td colspan="5">矿料名称</td><td>10 ~ 20 mm
碎石</td><td>5 ~ 10 mm
碎石</td><td>3 ~ 5 mm
机制砂</td><td>0 ~ 3 mm
机制砂</td><td>矿粉</td><td colspan="2">合成毛体积相对密度
γ_{sb}</td><td colspan="2">沥青相对密度
(25 ℃/25 ℃)</td><td colspan="3"></td></tr>
<tr><td colspan="5">矿料毛体积相对密度</td><td></td><td></td><td></td><td></td><td></td><td colspan="2"></td><td colspan="2">试验温度时水的密度
(g/cm^3)</td><td colspan="3"></td></tr>
<tr><td colspan="5">矿料表观相对密度</td><td></td><td></td><td></td><td></td><td></td><td colspan="2">合成表观相对密度 γ_{sa}</td><td colspan="2" rowspan="2">油石比(%)</td><td colspan="3" rowspan="2"></td></tr>
<tr><td colspan="5">矿料比例(%)</td><td></td><td></td><td></td><td></td><td></td><td colspan="2"></td></tr>
<tr><td rowspan="2">试件编号</td><td colspan="5">试件厚度(mm)</td><td rowspan="2">试件空气中质量 m_a
(g)</td><td rowspan="2">试件水中质量 m_w
(g)</td><td rowspan="2">试件表干质量 m_f
(g)</td><td colspan="2">理论最大相对密度</td><td rowspan="2">空隙率
VV(%)</td><td rowspan="2">矿料间隙率
VMA(%)</td><td rowspan="2">有效沥青饱和度
VFA(%)</td><td rowspan="2">稳定度 MS
(kN)</td><td rowspan="2">流值 FL
(mm)</td></tr>
<tr><td colspan="4">单值</td><td>均值</td><td>毛体积相对密度
γ_t</td><td>毛体积密度 ρ_t
(g/cm^3)</td></tr>
<tr><td>1</td><td></td><td></td><td></td><td></td><td></td><td></td><td></td><td></td><td></td><td></td><td></td><td></td><td></td><td></td><td></td></tr>
<tr><td>2</td><td></td><td></td><td></td><td></td><td></td><td></td><td></td><td></td><td></td><td></td><td></td><td></td><td></td><td></td><td></td></tr>
<tr><td>3</td><td></td><td></td><td></td><td></td><td></td><td></td><td></td><td></td><td></td><td></td><td></td><td></td><td></td><td></td><td></td></tr>
<tr><td>4</td><td></td><td></td><td></td><td></td><td></td><td></td><td></td><td></td><td></td><td></td><td></td><td></td><td></td><td></td><td></td></tr>
<tr><td colspan="9">平均值</td><td></td><td></td><td></td><td></td><td></td><td></td><td></td></tr>
</table>

3　沥青混合料马歇尔稳定度试验

3.1　目的与适用范围

根据《公路工程沥青及沥青混合料试验规程》(JTG E20—2011),测定马歇尔稳定度和流值。

(1)本方法适用于马歇尔稳定度试验和浸水马歇尔稳定度试验,以进行沥青混合料的配合比设计或沥青路面施工质量检验。

(2)本方法适用于标准马歇尔试件圆柱体和大型马歇尔试件圆柱体。

3.2　仪器设备

(1)马歇尔稳定度试验仪(见图6-15)。分为自动式和手动式。自动式马歇尔稳定度试验仪应具备控制装置记录荷载—位移曲线、自动测定荷载与试件的垂直变形,能自动显示和存储或打印试验结果等功能。手动式马歇尔稳定度试验仪由人工操作,试验数据通过操作者目测后读取数据。

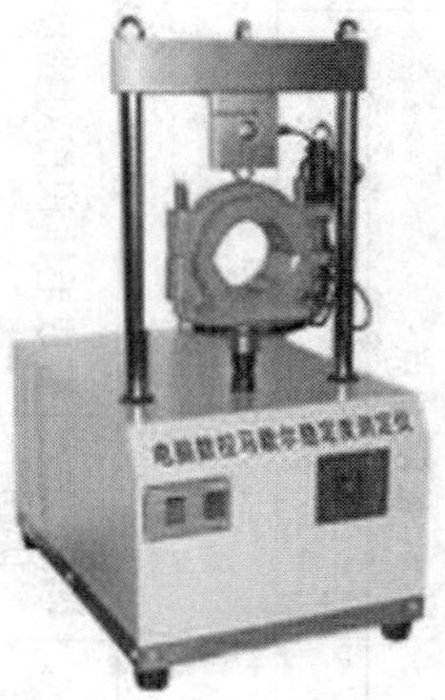

图6-15　马歇尔稳定度试验仪

对用于高等级道路的沥青混合料,宜采用自动式马歇尔稳定度试验仪。

①当集料公称最大粒径小于或等于26.5 mm时,宜采用ϕ101.6 mm×63.5 mm的标准马歇尔试件。马歇尔稳定度试验仪最大荷载不得小于25 kN,读数精确至0.1 kN,加载速率应保持(50±5)mm/min。钢球直径为(16±0.05)mm,上、下压头曲率半径为(50.8±0.08)mm。

②当集料公称最大粒径大于26.5 mm时,宜采用ϕ152.4×95.3 mm的大型马歇尔试件,马歇尔稳定度试验仪最大荷载不得小于50 kN,读数精确至0.1 kN,上、下压头曲率半径为(152.4±0.2)mm,上、下压头间距为(19.05±0.1)mm。

(2)恒温水槽。控温准确度为1 ℃,深度不小于150 mm。

(3)真空饱水容器。包括真空泵及真空干燥器。

(4)其他。烘箱、天平、温度计、卡尺、棉纱、黄油等。

3.3　试验准备和试验步骤

3.3.1　标准马歇尔试验方法

3.3.1.1　试验准备

(1)按标准击实法成型马歇尔试件,试件尺寸应符合要求。一组试件的数量不得少于4个,并符合规程的规定。

(2)量测试件的直径及高度。用卡尺测量试件中部的直径,用马歇尔试件高度测定器或用卡尺在十字对称的4个方向量测离试件边缘10 mm处的高度,精确至0.1 mm,并以其平均值作为试件的高度。如试件高度不符合(63.5±1.3)mm或(95.3±2.5)mm要求或两侧高度差大于2 mm,此试件应作废。

(3)将恒温水槽调节至要求的试验温度,对黏稠石油沥青混合料或烘箱养护过的乳化沥青混合料为(60±1)℃,对煤沥青混合料为(33.8±1)℃,对空气养护的乳化沥青混合料或液体沥青混合料为(25±1)℃。

3.3.1.2 试验步骤

(1)将试件置于已达规定温度的恒温水槽中保温,保温时间对标准马歇尔试件需30~40 min,对大型马歇尔试件需45~60 min。试件之间应有间隔,底下应垫起,距容器底都不小于5 cm。

(2)将马歇尔稳定度试验仪的上、下压头放入水槽或烘箱中达到同样温度。将上、下压头从恒温水槽或烘箱中取出擦拭干净内面。为使上、下压头滑动自如,可在下压头的导棒上涂少量黄油,再将试件取出置于下压头上,盖上上压头,然后装在加载设备上。

(3)在上压头的球座上放妥钢球,并对准荷载测定装置的压头。

(4)当采用自动式马歇尔稳定度试验仪时,将自动式马歇尔稳定度试验仪的压力传感器、位移传感器与计算机X—Y记录仪正确连接,调整好适宜的放大比例,将压力和位移传感器调零。

(5)当采用压力环和流值计时,将流值计安装在捣棒上,使导向套管轻轻压住上压头,同时将流值计读数调零。调整压力环中百分表,对零。

(6)启动加载设备,使试件承受荷载,加载速度为(50±5)mm/min。计算机X-Y记录仪自动记录传感器和试件变形曲线,并将数据自动存入计算机。

(7)当试验荷载达到最大值的瞬间,取下流值计。同时读取压力环中百分表读数及流值计的流值读数。

(8)从恒温水槽中取出试件至测出最大荷载值的时间,不得超过30 s。

3.3.2 *浸水马歇尔试验方法*

浸水马歇尔试验方法与标准马歇尔试验方法的不同之处在于,试件在已达规定温度恒温水槽中的保温时间为48 h,其余均与标准马歇尔试验方法相同。

将试件先放入真空干燥器中,关闭进水胶管,开动真空泵,使干燥器的真空度达到97.3 kPa(730 mmHg)以上,维持15 min;然后打开进水胶管,靠负压进入冷水流使试件全部浸入水中,浸水15 min后恢复常压,取出试件再放入已达规定温度的恒温水槽中保温48 h。其余均与标准马歇尔试验方法相同。

3.4 结果整理

3.4.1 计算

(1)试件的稳定度及流值。

①当采用自动式马歇尔稳定度试验仪时,将计算机采集的数据绘制成压力和试件变形曲线,或由X-Y记录仪自动记录的荷载—变形曲线,按图6-16所示的方法在切线方向延长曲线与横坐标相交于O_1,将O_1作为修正原点,从O_1起量取相应于荷载最大值时的变形作为流值(FL),以mm计,精确至0.1 mm。最大荷载即为稳定度(MS),以kN计,精确至0.01 kN。

②采用压力环和流值计测定时,根据压力环标定曲线,将压力环中百分表的读数换算为荷载值,或者由荷载测定装置读取的最大值即为试样的稳定度(MS),以kN计,精确至0.01 kN。由流值计及位移传感器测定装置读取的试件垂直变形,即为试件的流值(FL),

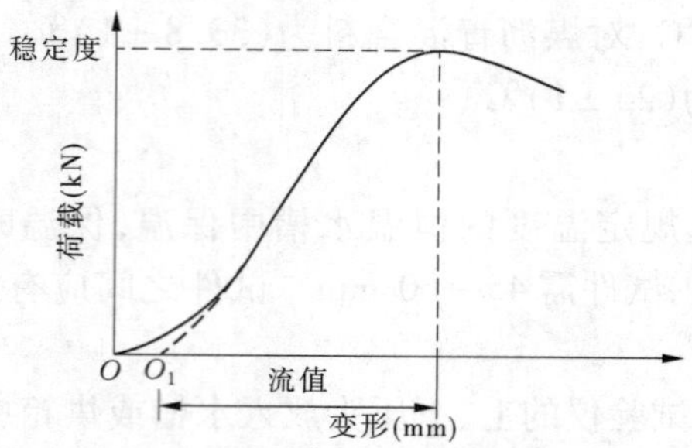

图 6-16　马歇尔试验结果的修正方法

以 mm 计，精确至 0.1 mm。

(2)试件的马歇尔模数按式(6-32)计算：

$$T = \frac{MS}{FL} \tag{6-32}$$

式中　T——试件的马歇尔模数，kN/mm；

MS——试件的稳定度，kN；

FL——试件的流值，mm。

(3)试件的浸水残留稳定度按式(6-33)计算：

$$MS_0 = \frac{MS_1}{MS} \times 100 \tag{6-33}$$

式中　MS_0——试件的浸水残留稳定度(%)；

MS_1——试件浸水 48 h 后的稳定度，kN。

(4)试件的真空饱水残留稳定度按式(6-34)计算：

$$MS'_0 = \frac{MS_2}{MS} \times 100 \tag{6-34}$$

式中　MS'_0——试件的真空饱水残留稳定度(%)；

MS_2——试件真空饱水后浸水 48 h 后的稳定度，kN。

3.4.2　报告

(1)当一组测定值中某个测定值与平均值之差大于标准差的 k 倍时，该测定值应予舍弃，并以其余测定值的平均值作为试验结果。当试件数目 n 为 3 个、4 个、5 个、6 个时，k 值分别为 1.15、1.46、1.67、1.82。

(2)报告中需列出马歇尔稳定度、流值、马歇尔模数，以及试件尺寸、试件密度、空隙率、沥青用量、沥青体积百分率、沥青饱和度、矿料间隙率等各项物理指标。

3.5　填表

填写沥青混合料密度试验(表干法)与马歇尔稳定度试验记录表(见表 6-32)。

思考与讨论：

测定沥青混合料毛体积密度的试验方法有哪些？分别适用什么范围？

任务6.5　确定最佳沥青用量

引例：

沥青混合料设计主要是混合料集料级配和最佳沥青用量的确定。在集料级配相对固定的情况下，沥青用量是影响空隙率、有效沥青的饱和度等马歇尔技术指标的唯一因素。因此，在混合料设计中能否准确确定出最佳沥青用量将对混合料的性能产生很大的影响。此处沥青用量是指沥青质量与矿质混合料的比值，即油石比，用百分率表示。

1　汇总测定结果

按设计的混合料比例配料，采用5种沥青用量，进行马歇尔稳定度试验，试验结果汇总于表6-33。

表6-33　AC－20型设计配合比马歇尔稳定度试验结果

试验组号	沥青用量（%）	毛体积相对密度	最大理论相对密度	空隙率 *VV*（%）	矿料间隙率 *VMA*（%）	沥青饱和度 *VFA*（%）	稳定度（kN）	流值（mm）
第1组	4.0							
第2组	4.5							
第3组	5.0							
第4组	5.5							
第5组	6.0							
技术要求	—	—	—					

通过查表6-4、表6-5，将规范要求的沥青混合料的各项技术标准列于表6-33中供对照评定。

2　绘制沥青用量与物理－力学指标关系图

根据表6-33绘制沥青用量与毛体积相对密度、孔隙率、饱和度、矿料间隙率、稳定度、流值的关系图。

3　确定最佳沥青用量 *OAC*

3.1　确定最佳沥青用量初始值 *OAC*

根据绘制的沥青用量与物理—力学指标关系图，确定相应于密度最大值的沥青用量 a_1，相应于稳定度最大值的沥青用量 a_2，相应于规定空隙率范围中值的沥青用量比 a_3，相

应于沥青饱和度范围中值的沥青用量 a_4。根据式(6-2)计算 OAC_1,即

$$OAC_1 = \frac{a_1 + a_2 + a_3 + a_4}{4}$$

如果在所选择的油石比范围未能涵盖沥青饱和度的要求范围,按式(6-3)求取三者的平均值为 OAC_1,即

$$OAC_1 = \frac{a_1 + a_2 + a_3}{3}$$

对所选择试验的沥青用量范围,密度或稳定度没有出现峰值时,可直接以目标空隙率所对应的沥青用量 a_3 作为 OAC_1,但 OAC_1必须介于 $OAC_{min} \sim OAC_{max}$ 的范围内;否则应重新进行配合比的设计。

3.2 确定最佳沥青用量初始值 OAC_2

由绘制的沥青用量与物理—力学指标关系图,确定各指标符合沥青混合料技术指标的油石比范围 $OAC_{min} \sim OAC_{max}$。根据式(6-4)计算 OAC_2,即

$$OAC_2 = \frac{OAC_{min} + OAC_{max}}{2}$$

3.3 综合确定最佳沥青用量 OAC

通常情况下取 OAC_1和 OAC_2的中值作为最佳沥青用量,即

$$OAC = \frac{OAC_1 + OAC_2}{2}$$

3.4 检验最佳沥青用量 OAC 的各项指标符合性

从绘制的沥青用量与物理—力学指标关系图中得出所对应的空隙率和 *VMA* 值,检验是否能满足规范关于最小 *VMA* 值的要求。*OAC* 宜位于 *VMA* 凹形曲线最小值的贫油一侧。当空隙率不是整数时,最小 *VMA* 值按内插法确定,并将其画入沥青用量与物理—力学指标关系图中。检查相对应用 *OAC* 的各项指标均符合马歇尔试验技术标准。

3.5 调整确定最佳沥青用量 OAC

根据实践经验和公路等级、气候条件、交通情况,调整确定最佳沥青用量 *OAC*。

(1)调查当地各项条件相接近的工程的沥青用量及使用效果,论证适宜的最佳沥青用量。

(2)对炎热地区公路以及高速公路、一级公路的重载交通路段,山区公路的长大坡度路段,预计有可能产生较大车辙时,宜在空隙率符合要求的范围内将计算的最佳沥青用量减小0.1% ~0.5%作为设计沥青用量。

(3)对寒区公路、旅游公路、交通量很小的公路,最佳沥青用量可以在 *OAC* 的基础上增加0.1% ~0.3%,以适当减小设计空隙率,但不得降低压实度要求。

思考与讨论

沥青油石比的增减对空隙率、矿料间隙率等体积指标有什么影响?

任务6.6 配合比设计的检验

引例：

对于高等级道路(高速公路、一级公路)的密级配沥青混合料,需在配合比设计的基础上按要求进行各种使用性能的检验,对不符合要求的沥青混合料,必须更换材料或重新进行配合比设计。

动稳定度是评价沥青混凝土路面高温稳定性的一个指标,也是沥青混合料配合比设计时的一个辅助性的检验指标。沥青混合料动稳定度是沥青混合料车辙试验的评价指标。

沥青混合料车辙试验是用标准的成型方法,制成标准试件(通常尺寸为300 mm×300 mm×50 mm),在60 ℃规定温度下,以一个轮压为0.7 MPa的实心橡胶轮胎在其上行走,测量试件在变形稳定时期,每增加1 mm变形需要行走的次数,即动稳定度,以次/mm表示。

对公称最大粒径小于或等于19 mm的混合料,必须按最佳沥青用量制作车辙试验,动稳定度应该符合表6-3的规定。

1 车辙试验目的

根据《公路工程沥青与沥青混合料试验规程》(JTG E20—2011),测定沥青混合料的高温抗车辙能力,供沥青混合料配合比设计的高温稳定性检验使用。

2 仪器设备

(1)车辙试验机。如图6-17所示,主要由下列部分组成:

图6-17 全自动车辙试验机

①试件台。可牢固地安装两种宽度(300 mm及150 mm)规定尺寸试件的试模。

②试验轮。橡胶制的实心轮胎,外径200 mm,橡胶层厚15 mm。橡胶硬度(国际标准

硬度):20 ℃时为84 ±4,60 ℃时为78 ±2。试验轮行走距离为(230 ±10)mm,往返碾压速度为(42 ±1)次/min(往返21次/min)。允许采用曲柄连杆驱动加载轮往返运行方式。

注意:应注意检验轮胎橡胶,不符合要求者应及时更换。

③加载装置。使试验轮与试件接触压强在60 ℃时为0.7 MPa,施加的总荷载为780 N左右,根据需要可以调整地面接触压强。

④试模。由钢板制成,由底板及侧板组成,试模内侧尺寸宜采用长300 mm、宽30 mm、厚50~100 mm,也可根据需要对厚度进行调整。

⑤试件变形测量装置。自动检测车辙变形并记录曲线的装置,通常用位移传感器或接触位移计,位移测量范围为0~130 mm,精度为±0.01 mm。

⑥温度检测装置。自动检测并记录试件表面及恒温室内温度的温度传感器,精度为±0.5 ℃。温度应能自动连续记录。

(2)恒温室。恒温室应有足够的空间。车辙试验机必须整机安放在恒温室内,装有加热器、气流循环装置及自动温度控制设备,同时恒温室还应有至少能保温3块试件并进行试验的条件。保持恒温室温度在(60 ±0.5)℃[试件内部温度为(60 ±0.5)℃],根据需要亦可采用其他试验温度。

(3)台秤。称量15 kg,感量不大于5 g。

3　试验准备

(1)试验轮接地压强测定。测定在60 ℃时进行,在试验台上放置一块50 mm厚的钢板,其上铺一张毫米方格纸,上铺一张新的复写纸,以规定的700 N荷载使试验轮静压复写纸,即可在方格纸上得出轮压面,并由此求得接地压强。当压强不符合(0.7 ±0.05)MPa时,对荷载应予适当调整。

(2)用轮碾成型法制作车辙试验试块,试件尺寸为长300 mm×宽300 mm×厚50~100 mm(厚度根据需要确定)。

(3)试件成型后,连同试模一起在常温条件下放置的时间不得少于12 h。

注意:为使试件与试模紧密接触,应记住四边的方向位置不变。

4　试验步骤

(1)将试件连同试模一起,置于已达到试验温度为(60 ±1)℃的恒温室中,保温不少于5 h,也不得超过12 h,在试件的试验轮不行走的部位粘贴一个热电耦温度计(也可在试件制作时预先将热电耦导线埋入试件一角),控制试件温度稳定在(60 ±0.5)℃。

(2)将试件连同试模移置于车辙试验机的试验台上,试验轮在试件的中央部位,其行走方向须与试件碾压或行车方向一致,开动车辙变形自动记录仪,然后启动试验机,使试验轮往返行走,时间约1 h,或最大变形达到25 mm时为止。试验时,记录仪自动记录变形曲线(见图6-18)及试件温度。

注意:对试验时变形较小的试件,也可对一块试件在两侧1/3位置上进行两次试验取平均值。

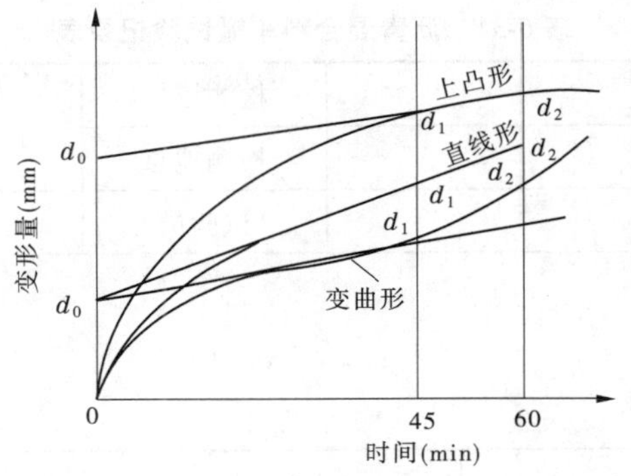

图6-18　车辙试验自动记录的变形曲线

5　结果整理

5.1　计算

(1)从图6-18上读取45 min(t_1)及60 min(t_2)时的车辙变形 d_1 及 d_2,精确至0.01 mm。

当变形过大,在未到60 min,变形已达25 mm(d_2)时的时间为 t_2,将其前15 min为 t_1,此时的变形量为 d_1。

(2)沥青混合料试件的动稳定度按式(6-35)计算

$$DS=\frac{(t_2-t_1)\times N}{d_2-d_1}\times C_1\times C_2 \tag{6-35}$$

式中　DS——沥青混合料的动稳定度,次/mm;

d_1——对应于时间 t_1 的变形量,mm;

d_2——对应于时间 t_2 的变形量,mm;

C_1——试验机类型修正系数,曲柄连杆驱动加载轮往返运作方式为1.0;

C_2——试件系数,试验室制备的宽300 mm的试件为1.0;

N——试验轮往返碾压速度,通常为42次/min。

5.2　报告

同一沥青混合料或同一路段的路面,至少平行试验3个试件,当3个试件的动稳定度变异系数小于20%时,取其平均值作为试验结果。当变异系数大于20%时应分析原因,并追加试验。如计算动稳定度值大于6 000次/mm,记作>6 000次/mm。

6　填表

填写沥青混合料车辙试验记录表(见表6-34)。

表6-34　沥青混合料车辙试验记录表

样品名称				检测依据				
环境条件				检测地点				
试验日期				试验员				
主要仪器								
试验温度		轮压		试件尺寸		制作方法		
试件编号	时间 t_1 (min)	时间 t_2 (min)	时间 t_1 的变形量 d_1(mm)	时间 t_2 的变形量 d_2(mm)	试验往返碾压速度 N(次/min)	试验机修正系数 C_1	试件系数 C_2	动稳定度 DS (次/mm)
1								
2								
3								
技术要求					检验评定			
备注：								

记录：　　　　　　　　　　计算：　　　　　　　　　　审核：

思考与讨论：

沥青混合料配合比的检验除高温稳定性检验外，还有哪些性能需要检验？评价指标分别是什么？

【知识拓展】

一、沥青玛瑞脂碎石混合料（SMA）

沥青玛瑞脂碎石混合料是由沥青与少量的纤维稳定剂、细集料以及较多量的填料（矿粉）组成的沥青玛瑞脂填充于间断级配的粗集料骨架的间隙，组成一体的沥青混合料，简称SMA。它具有优良的路用性能，广泛地应用于世界各地。

(一)SMA 的技术性质

1. 抗车辙能力强

较高百分率的破碎粗集料组成一个紧密嵌锁的骨架结构,帮助消散对下层的冲击力,有效防止车辙。90% 的 SMA 项目测试车辙深度小于 4 mm,约 25% 项目未出现车辙。

2. 优良的抗裂性能

对于 SMA 路面,很少发现温度和反射裂缝,这主要由于其采用优良性质的沥青混合料和较厚的沥青膜。

3. 良好的耐久性

较厚的沥青膜能减少氧化、水分渗透、沥青剥落和集料破碎,从而使面层有较长的使用寿命。

4. 较好的抗滑性能

缺少中等尺寸集料可以产生一个较深的表面构造深度,增加抗滑性能和吸音性,减少雨天水漂现象。

5. 摊铺和压实性能好

传统沥青混凝土中碎石较少,沥青砂胶也较少,不足以填充全部孔隙。SMA 是由较多沥青砂胶将碎石骨架结构胶结成整体的,所以容易摊铺和压实。

6. 能见度好

SMA 路面可减少车灯反射,减少水雾,提高路面能见度。

7. 降低噪声

行车时 SMA 路面噪声较低。

(二)SMA 的组成材料要求

1. 沥青

SMA 混合料采用的沥青较黏稠,以适应其高沥青含量的低流淌性。一般使用针入度等级 90 级以下的道路石油沥青。在寒冷地区,采用此范围内较大针入度的沥青时,还应考虑其沥青改性。在其他地区,应使用较黏稠的沥青。SMA 的沥青用量比沥青混凝土的用量要高,这主要是混合料中的矿粉用量较高引起的。在实际设计和铺筑中,聚合物改性沥青在 SMA 中的用量范围为 5.0% ~6.5%。而当有机物或矿质纤维作为稳定剂时,沥青用量一般可达 5.5% ~7.0% ,甚至更高。

2. 集料

用于 SMA 混合料的粗集料应是高质量的轧制碎石,该碎石为不吸水的硬质石料,表面粗糙,以便更好地发挥其骨架间的锁结摩擦作用及增强沥青与集料的黏结作用。应严格限制软石含量,其形状接近正立方体,针、片状颗粒含量应尽可能的低。集料的力学性质,如耐磨耗性、压碎性、耐磨光性等,要高于沥青混凝土的要求,还要尽量选择碱性集料。若不能满足要求,必须采取有效的抗剥落措施。

细集料最好选用机制砂。当采用普通石屑作为细集料时,宜采用石灰石石屑,且不得含有泥土类杂物。当细集料与天然砂混用时,天然砂的含量不宜超过机制砂或石屑的比例。另外,细集料的棱角性最好大于 45% 。

粗、细集料的技术要求还要符合表 6-7、表 6-10 的规定。

填料必须采用石灰石等碱性岩石磨细的矿粉。矿粉的质量应满足普通热拌沥青混合料对矿粉的要求。粉煤灰不得作为 SMA 混合料的填料使用。回收粉尘的比例不得超过填料总量的 25%。

3. 稳定剂——纤维

稳定剂在 SMA 中的作用:一是稳定沥青,二是增加沥青混合料的抗拉强度和抗滑能力。沥青玛瑞脂碎石混合料在没有纤维、沥青含量多、矿粉用量大的情况下,沥青矿粉胶浆在运输、摊铺过程中会产生流淌离析,或在成型后由于沥青膜厚而引起路面抗滑性差等现象。所以,有必要加入纤维聚合物作为稳定剂。稳定剂包括纤维和聚合物两类,也有用橡胶粉的。

有机纤维目前主要采用木质纤维素,纤维的用量一般为集料质量的 0.3% ~0.6%。

(三)SMA 的应用

目前,SMA 被广泛地用于高速公路、城市快速路、干线道路的抗滑表层、公路重交通路段、重载及超载车多的路段、城市道路的公交汽车专用道、城市道路交叉口、公共汽车站、停车场、城镇地区需要降低噪声路段的铺装,特别是钢桥面铺装。

在我国,20 世纪 90 年代初引入 SMA 后,许多省份都采用这种路面结构来修筑高速公路,如北京长安街、首都机场高速公路、北京二环路改造,上海、深圳世纪大道,山东同三高速公路、竹曲高速公路等。但随着我国国民经济的不断发展,以前所修建的许多高速公路已经不堪重负,亟待修复。国外成功的经验表明,用 SMA 在原有路面上进行加铺是非常经济有效的一种方法。

二、冷拌沥青混合料

冷拌沥青混合料也称常温沥青混合料,是指矿料与乳化沥青或液体沥青在常温状态下拌和、铺筑的沥青混合料。这种混合料一般比较松散,存放时间达 3 个月以上,可随时取料施工。

(一)组成材料

冷拌沥青混合料中对矿料的要求与热拌沥青混合料大致相同。冷拌沥青混合料中的沥青可采用液体石油沥青、乳化沥青,我国普遍采用乳化沥青。乳化沥青用量应根据当地实践经验以及交通量、气候、石料情况、沥青标号、施工机械等条件确定,一般情况较热拌沥青碎石混合料沥青用量可减少 15% ~20%。

(二)技术性质

1. 混合料压实前的性质

(1)冷拌沥青混合料在道路铺筑前,常温条件下应保持疏松,易于施工,不易结团。

(2)对于冷拌沥青混合料,不能在道路修筑时达到完全固结压实的程度,而是在开发交通后,在车辆的作用下逐渐使路面固结起来,达到要求的密实度。

2. 冷拌冷铺混合料在铺筑压实后的性质

(1)抗压强度。以标准试件(h =50 mm, d =50 mm)在温度 20 ℃的极限抗压强度值表示。

(2)水稳定性。以标准试件在常温下,经真空抽气 1 h 后的饱水率表示,饱水率为

3% ~6%。

(三)应用

冷拌沥青混合料适用于三级及三级以下公路的沥青面层、二级公路的罩面层,以及各级公路沥青路面的基层、联结层或整平层。冷拌改性沥青混合料可用于沥青路面的坑槽冷补。

三、桥面铺装材料

对于大中型水泥混凝土桥,为保护桥面板,应在上面铺筑沥青铺装层。铺装层应具有下列要求:沥青混凝土与桥面有良好的黏结性,能防渗、抗滑以及有较高抵抗振动变形的能力,对于钢桥还要防止钢桥面生锈。

沥青铺装层由粘层、防水层、保护层及沥青面层组成,总厚度为 6 ~ 10 cm。对潮湿多雨、纵坡度较大或设计车速较高的桥面还应加设抗滑表层。

(一)粘层

粘层可采用快裂的洒布型乳化沥青,或快中凝液体石油沥青、煤沥青,其种类、标号应与面层所使用沥青相同。

(二)防水层

防水层厚度宜为 1.0 ~ 1.5 mm。可做沥青涂胶类下封层,用高分子聚合物涂刷或铺设沥青防水卷材。

(三)保护层

保护层厚度宜为 1.0 cm,主要为防止损伤防水层而设置。一般采用 AC－10 或 AC－5 型沥青混凝土或单层式沥青表面处治。

(四)沥青面层

沥青面层可采用高温稳定性好的 AC－16 或 AC－20 型中粒式热拌热铺沥青混凝土混合料铺筑。面层所用沥青最好为改性沥青。

四、乳化沥青稀浆封层混合料

乳化沥青稀浆封层混合料是用适当级配的石屑或砂、填料(水泥、石灰、粉煤灰、石粉等)与乳化沥青、外加剂和水,按一定比例拌和而成的流动状态的沥青混合料,将其均匀地摊铺在路面上形成的沥青封层。

(一)乳化沥青稀浆封层混合料的组成

(1)集料。必须是坚硬、耐磨、无风化并且表面干净的碱性矿料。若采用酸性矿料,须掺加消石灰或抗剥离剂。细集料可采用机制砂或石屑,不得使用天然砂。

(2)乳化沥青。常用阳离子慢凝乳液。可采用慢裂或中裂的拌和型乳化沥青,国外也较多采用改性沥青。

(3)填料。为提高集料的密实度,需掺加石灰或粉煤灰和石粉等粒径小于 0.075 mm 的粉料。

(4)水。为润湿集料,使稀浆混合料具有要求的流动度,需掺加适量的水。

(5)外加剂。为调节稀浆混合料的和易性和凝结时间,需添加各种辅助剂,如氯化铵、氯化钠、硫酸铝等。

(二)乳化沥青稀浆封层混合料的应用

由于稀浆封层具有防水、防滑、耐磨、平整及恢复路面表面功能的作用,因此它既可作为新建、改建路面的表面磨耗层,又可作为维修旧路面病害的加铺层,可以处理路面早期病害如磨损、老化、细小裂缝、光滑、松散等,延长路面使用寿命。

五、多孔隙沥青混凝土表面层(PAWC)

多孔隙沥青混凝土表面层或多孔隙沥青混凝土磨耗层(PAWC)在一些国家称开级配磨耗层(OGFC)或称排水沥青混凝土磨耗层或透水沥青混凝土磨耗层。多孔隙沥青混凝土经压实后,其空隙率为15% ~30% ,从而在层内形成一个水道网。

(一)技术性能

(1)降低噪声。PAWC 有降低噪声水平的性能,主要是由于:层内孔隙吸音,消除了轮胎与路面接触面的吸气,有良好的平整度。

(2)改善抗滑能力。多孔隙沥青混凝土的主要优点在于改善潮湿气候(降雨时)条件下和高速行驶时的抗滑能力。

(3)减少行车引起的水雾。多孔隙沥青路面可以在相当程度上减少由交通引起的水雾现象,40 mm 厚的多孔隙沥青路面可以吸收 8 mm 的雨量。

(4)耐久性较差。多孔隙沥青混凝土的缺点是易剥落,如掺加改性剂改善沥青性质,则可以延长寿命。

(5)多孔隙沥青混凝土沥青含量允许范围较小。如果沥青含量过低则集料裹覆不够或是沥青膜太薄而很快地被氧化导致路面提早破坏,沥青含量过多则会导致沥青从集料中析出,摊铺时材料中沥青含量不均匀。

(二)混合料组成和设计

多孔隙沥青混合料组成设计目标:保证混合料压实后具有较大的空隙率;混合料不被氧化,具有较高的耐久性;易于拌和、摊铺和压实;与普通沥青混凝土同样要求强度、稳定性、表面抗滑性等指标。

(1)组成材料的选择。应采用坚固、耐久、高强度(集料压碎值不大于20%)、低扁平指数和高磨光值的碎石。混合料应耐久、与填料和细料混合后有足够的黏度,以防施工中流失。采用聚合物、废橡胶粉或纤维可加强耐久性,改善抗形变和抗疲劳能力,预防沥青流失。填料用熟石灰比用石灰石粉更好。

(2)合适级配的选择。选定的矿料级配应使混合料的孔隙率大于20%。通常采用在2.36 ~9.5 mm 的间断级配的矿料,间断的量值取决于所用混合料和设计的空隙率。为达到目标空隙率,级配中应含高比例的粗集料,粒径大于4.75 mm 的矿料含量宜超过75%,填料含量为2% ~5%,并取决于所用混合料。

(三)应用

由于 PAWC 既有利于环境,又有利于交通安全,所以自20世纪70年代末以来,在国外高等级公路上得到较多的应用,如要求低噪声的高速公路,都尽可能地使用 PAWC。

六、再生沥青混合料

(一)概述

再生沥青路面就是利用已破坏的旧沥青路面材料,通过添加再生剂、新沥青和新集料,合理设计配合比,重新铺筑的沥青路面。再生沥青混合料有表面处治型再生混合料、再生沥青碎石以及再生沥青混凝土三种形式,按集料最大粒径的尺寸可以分成粗粒式、中粒式和细粒式三种,按施工温度可分成热拌再生混合料和冷拌再生混合料两种。热拌再生沥青混合料由于在热态下拌和,旧油和新沥青处于熔融状态,经过机械搅拌,能够充分地混合,再生效果较好;而冷拌再生沥青混合料再生效果较差,成型期较长,通常限于在低交通量的道路上使用。

(二)组成材料

再生沥青混合料由再生沥青和集料组成。再生沥青由旧沥青、添加剂以及新沥青材料组成。集料包括旧集料和新集料。

从化学角度讲,沥青再生就是老化的逆过程。沥青老化就是沥青中化学组分含量比值失去平衡,胶体结构产生变化,可以采用再生剂调节沥青(旧油)的化学组分,使其达到平衡。再生剂的作用在于:

(1)调节旧油的黏度,使旧油过高的黏度降低,使过于脆硬的旧沥青混合料软化,以便于机械拌和,并同新的沥青、新的集料均匀混合。

(2)使老化的旧油中凝聚的沥青质重新分解,调节沥青的胶体结构,从而达到改善沥青流变性质的目的。

(三)技术性能

(1)再生沥青混合料必须具有足够的强度和热稳定性。

(2)再生沥青混合料具有良好的低温抗裂性,低温下表现为较低的线收缩系数、较高的抗弯强度和较低的弯拉模量。

(3)再生沥青路面具有足够的抗滑性和防渗性。

(4)再生沥青路面具有良好的耐久性。

(5)尽可能地使用旧路面材料,最大限度地节约沥青和砂石材料。

(四)再生沥青混合料配合比设计

(1)确定旧路面材料掺配比例。

(2)选择再生剂和新沥青材料并确定其用量。

(3)选择砂石集料,确定新、旧集料的配合比例。

(4)检验再生沥青品质,并确定再生混合料最佳油石比。

(5)根据路用要求,检验再生混合料的物理力学性质。

七、温拌沥青混合料(WMA)

温拌沥青混合料(WMA)是采用温拌技术生产的混合料,通过使用特定的技术或添加剂,使沥青混合料施工温度介于热拌沥青混合料和冷拌(常温)沥青混合料之间,同时,采用温拌技术生产的混合料的路用性能应能够达到热拌沥青混合料的路用性能的要求。

(一)温拌沥青混合料的节能减排功能

(1)节能效果。沥青混合料生产过程中能量的消耗主要用于集料的加热。研究表明,生产热拌沥青混合料每吨可节约燃油 3 L 左右。

(2)减排环保效果。温拌沥青混合料不仅可节约燃料的消耗,而且可明显降低粉尘、废气等污染物的排放量。研究数据表明,温拌沥青混合料生产过程中可减少30%以上的 CO_2 气体排放量,同时可使 CO、NO_X 等有害气体含量明显降低。

(二)沥青混合料温拌技术

目前,国内外沥青混合料的温拌技术多达十几种。根据技术原理,可以将这些温拌技术分为沥青降黏技术、表面活性平台技术和沥青发泡技术。

(1)沥青降黏技术。

使用沥青降黏剂的目的是降低沥青结合料的高温黏度,但是不会降低沥青结合料的常温黏度。这样可降低沥青混合料的拌和温度,而又不能影响沥青混合料的路用性能。

(2)表面活性平台技术。

表面活性平台技术是将添加剂先作为乳化剂生产一种高沥青含量(70%)的乳化沥青,在拌和过程中,乳化沥青中的水分以水蒸气的形式释放出去,混合料的拌和温度一般在100 ℃左右。

(3)沥青发泡技术。

一定量的水在标准大气压下若变成水蒸气,它的体积可膨胀1.675倍。当水分散在沥青中并变成水蒸气(与热沥青接触)时,会导致沥青体积的迅速膨胀,黏度降低,从而降低拌和温度。该类技术的代表性产品有 WMA - Foam 温拌技术、沸石降黏技术、低能量沥青(LEA)技术等。这些技术可以使沥青与集料有可能在较低温度下进行拌和,并使之具有良好的施工和易性。

八、废旧橡胶沥青混合料

废旧轮胎属于工业有害固体废物,目前对废旧轮胎进行资源回收利用的主要用途有:轮胎翻新、热能利用、热分解以及土木工程建设等。其中,将废旧轮胎磨细成橡胶粉应用于道路工程建设得到了较为广泛的关注,这也是大量处理废旧轮胎的较佳途径。

(一)废旧橡胶粉在沥青混合料中的应用方法

由废旧轮胎加工而成的废旧橡胶在沥青混合料中的应用方法有湿法和干法两种工艺。湿法是指直接将磨细的橡胶粉加入沥青中,经过搅拌制备成具有改性沥青特性的橡胶沥青。干法是将较粗的橡胶颗粒直接加入集料中,然后喷入沥青拌制成沥青混合料。

湿法生产的橡胶沥青主要应用于水泥路面嵌缝料、碎石封层、应力吸收层好的沥青混凝土;而干法只能用于拌制沥青混凝土。干法拌制的沥青混凝土在路用性能方面有一定的改善,而且还具有降低路面噪声的功效。

(二)橡胶沥青

橡胶沥青是指含量在15%以下的橡胶粉在高温(180 ℃以上)条件下与沥青均匀拌和而得到的改性沥青混合料。在高温条件下,橡胶粉在沥青中充分溶胀并发生较为复杂的物质交换与化学反应,表现出高黏度、高弹性的优良性能。目前,橡胶沥青被广泛应用于沥青洒布、沥青混合料填缝料等。橡胶沥青的质量取决于废旧橡胶粉质量、基质沥青质量和橡胶改性沥青的制备工艺。

(三)湿法橡胶沥青混合料组成设计特点

湿法橡胶沥青混合料的组成设计可以参照现行热拌沥青混合料组成设计方法。橡胶沥青适用于间断级配、开级配的骨架型沥青混合料,当采用高掺量的橡胶沥青时尤为适用。而密级配沥青混合料最好采用低掺量、胶粉较细的橡胶沥青。采用湿法制备的开级配、间断级配橡胶沥青混合料的性能要优于密级配沥青混合料。

橡胶沥青混合料的另一个特点是混合料用量较高,比一般改性沥青用量多2%~4%,但是混合料未发生析漏,表明这种混合料具有较好的抗松散能力和抗反射裂缝的性能。

(四)干法橡胶沥青混合料组成设计的技术关键

(1)必须采用间断级配或开级配,以保证沥青混合料中有足够的空间容纳橡胶颗粒。

(2)需要采用黏度较高的沥青,以增加沥青对矿料的黏结能力,并适当增加沥青用量(增加0.4%~0.5%),以弥补由于橡胶颗粒吸收油分而使有效沥青含量降低的缺陷。

(3)采用经过预处理的橡胶颗粒,以降低其吸油膨胀的程度,并增加其与沥青的亲和能力。

九、水泥乳化沥青砂浆

水泥乳化沥青砂浆(cement asphalt mortar,简称CA砂浆)是高速铁路CRTS型板式无砟轨道的核心技术,是一种由水泥、乳化沥青、细集料、水和多种外加剂等原材料组成,经水泥水化硬化与沥青破乳胶结共同作用而形成的一种新型有机无机复合材料。水泥乳化沥青砂浆是一种利用水泥吸水后水化加速乳化沥青破乳,由水泥水化物和沥青裹砂形成的立体网络。它以乳化沥青和水泥这两种性质差异很大的材料作为结合料,其刚度和强度比普通沥青混凝土高,但是比水泥混凝土低。其特点在于刚柔并济,以柔性为主,兼具刚性。

(一)水泥乳化沥青砂浆作用

水泥乳化沥青砂浆填充于厚度约为50 mm的轨道板与混凝土底座之间,如图6-19所示。它的作用是支承轨道板、缓冲高速列车荷载与减震等作用,其性能的好坏对板式无砟轨道结构的平顺性、耐久性和列车运行的舒适性与安全性以及运营维护成本等有着重大影响。CA砂浆已逐渐成为板式无砟轨道道床材料的最佳选择。

(二)种类

目前,我国使用的水泥乳化沥青砂浆有两种,分别是用在CRTSⅠ型板式无砟轨道上的CRTSⅠ型CA砂浆和用在CRTSⅡ型板式无砟轨道上的CRTSⅡ型CA砂浆。CRTSⅠ型CA砂浆和CRTSⅡ型CA砂浆的比较如表6-35所示。

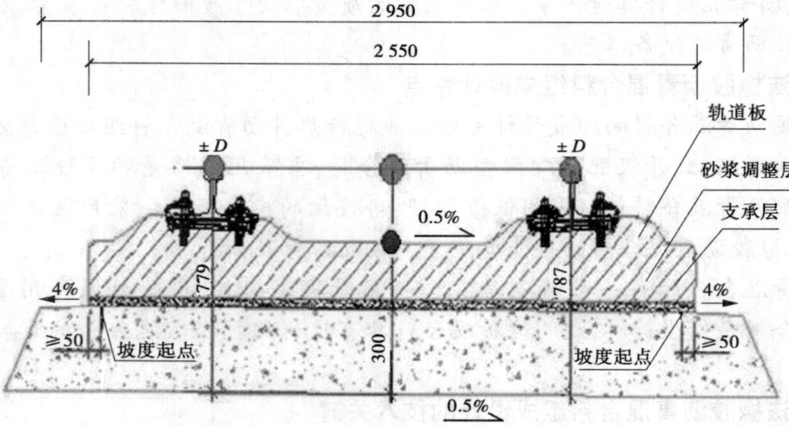

图 6-19　路基上无砟轨道结构断面　（单位:cm）

表 6-35　CRTS Ⅰ型 CA 砂浆和 CRTS Ⅱ型 CA 砂浆的比较

砂浆类型	有机物含量	组成	乳化沥青	性能特点
CRTS Ⅰ型	30%	水泥和乳化沥青的用量相当	阳离子型	强度、弹性模量低，环境敏感度高
CRTS Ⅱ型	≤15%	以无机材料为主	阴离子型	强度、弹性模量高，性能主要是水泥的基本特征

（三）主要性能

水泥乳化沥青砂浆有三大性能：工作性能、力学性能和耐久性。其中，工作性能的优劣主要体现在流动度、扩展度和可工作时间三个方面；力学性能则通过测量其抗折强度、抗压强度和弹性模量来衡量；而评价耐久性的指标是抗冻性和耐疲劳性能。

在工程应用中，测试的内容主要有：干料的扩展度、干料的抗压强度和水泥乳化沥青砂浆的膨胀率、扩展度、流动度、分离度、含气量、力学性能、抗冻融性、抗疲劳性等性能。

（四）应用情况

我国第一条应用 CRTS Ⅰ型 CA 砂浆的高速铁路是在哈大线上，第一条应用 CRTS Ⅱ型 CA 砂浆的高速铁路是京津城际客运专线。目前，我国已建成和正在建设的京沪、武广、郑西、沪宁、宁杭等高速铁路都将采用水泥乳化沥青砂浆。

虽然经过在秦沈线、郑西线、武广线和京津城际等路段的铺设试验，得出了一些具体的研究成果，取得了一定的试验数据和相关经验，但是，总体来说，我国 CA 砂浆研究仍处于起步阶段，在 CA 砂浆耐久性、力学性能等方面研究不足，更缺乏适合我国具体轨道环境的 CA 砂浆的性能指标。当前，国内参与 CA 砂浆研制和技术开发单位总体不多，而且技术水平参差不齐，国内 CA 砂浆设计技术和国际水平无论在理论研究还是实践工程应用都存在一定差距。因此，针对上面所提不足，应该有针对性地对 CA 砂浆进行更加深入的研究。

小　结

沥青混合料是由沥青和矿质混合料组成的复合材料,是现代高等级路面最主要的路面材料,由于其最能满足现代交通对路面的要求,因而广泛地被应用于高速公路、城市快速路、主干路和其他公路。

沥青混合料按其矿料级配组成特点,可分为悬浮－密实结构、骨架－空隙结构和密实－骨架结构,具有不同强度特征和稳定性。

反映沥青混合料强度的主要参数有黏聚力 c 和内摩擦角 φ。影响沥青混合料强度的内因主要有沥青黏度、沥青与矿料在界面上的交互作用、沥青与矿粉的用量比例、矿料的级配类型及表面特性;温度及变形速率是影响沥青混合料强度的主要外因。

沥青混合料应具备一定的高温稳定性、低温抗裂性、耐久性、抗滑性和施工和易性的技术性质,以适应车辆荷载及环境因素的作用。其中,耐久性指标对工程实际具有十分重要的指导意义,必须加以重视。

沥青混合料组成材料的技术要求有:沥青材料应根据道路等级、交通特性、气候条件、施工方法因素选择类型和标号。粗、细集料和填料的选择应满足相应的技术要求。组成的矿质混合料的级配应符合规范的要求。

沥青混合料的配合比设计方法是采用马歇尔试验方法。其主要内容包括:矿料组成设计采取试算法或图解法确定各种材料用量;最佳沥青用量通过马歇尔稳定度试验初步确定,再进行水稳定性和抗车辙能力试验校核调整。

练习题

一、单选题

1. 沥青混合料标准马歇尔试件尺寸要求是(　　)。

A. Φ100.0 mm×63.5 mm　　B. Φ101.6 mm×63.5 mm

C. Φ100.0 mm×65 mm　　D. Φ101.6 mm×65 mm

2. 沥青混合料马歇尔稳定度试验的试件加载速度是(　　)。

A. 10 mm/min　　B. 0.5 mm/min

C. 1 mm/min　　D. 50 mm/min

3. 车辙试验是检验沥青混合料的(　　)性能。

A. 变形　　B. 抗裂　　C. 抗疲劳　　D. 高温稳定

4. 一马歇尔试件的质量为 1 200 g,高度为 65.5 mm,制作标准高度为 63.5 mm,其混合料的用量应为(　　)。

A. 1 152 g　　B. 1 182 g　　C. 1 171 g　　D. 1 163 g

5. 沥青混合料配合比设计中,沥青含量为以下哪两个质量比的百分率。(　　)

A. 沥青质量与沥青混合料的质量　　B. 沥青质量和矿料质量

C. 沥青质量与集料质量　　D. 沥青体积与沥青混合料的体积

6. 残留稳定度是评价沥青混合料(　　)的指标。

A. 耐久性　　B. 高温稳定性　　C. 抗滑性　　D. 低温抗裂性

7. 评价沥青混合料高温稳定性的主要指标是(　　)。

A. 饱和度　　B. 动稳定度　　C. 马氏模数　　D. 标准密度

8. 按现行交通行业标准,以下不属于沥青路面使用性能气候分区的指标是(　　)。

A. 高温指标　　B. 雨量指标

C. 低温指标　　D. 降雨强度指标

9. 沥青混合料车辙试验温度是(　　)℃。

A. 60　　B. 80　　C. 100　　D. 50

10. 拌和沥青混合料时,一般矿料本身的温度应(　　)。

A. 高于拌和温度　　B. 低于拌和温度

C. 与拌和温度相同　　D. 视混合料类型定

11. 影响沥青混合料耐久性的因素是(　　)。

A. 矿料的级配　　B. 沥青混合料的空隙率

C. 沥青的等级　　D. 矿料的细度

12. 压实沥青混合料密度试验中,当测定吸水率大于2%的沥青混凝土毛体积相对密度时,应采用(　　)。

A. 表干法　　B. 水中重法　　C. 蜡封法　　D. 真空法

13. 某地区夏季气候凉爽,冬季寒冷,且降雨量较少,则该地区气候分区可能是(　　)。

A. 3－4－1　　B. 3－2－3　　C. 4－2－2　　D. 1－2－4

二、判断题

1. 沥青混合料用的石粉,其亲水系数应大于1。(　　)

2. 马歇尔稳定度试验时,温度越高,则稳定性越大,流值越小。(　　)

3. 沥青混合料配合比设计分为目标配合比设计和生产配合比设计两个阶段。(　　)

4. 随着沥青用量增加,沥青混合料的稳定度也相应提高。(　　)

5. 具有较高、低温性能的沥青混合料结构类型是骨架－密实型。(　　)

6. 当环境温度较高时,沥青混合料选用沥青用量应比最佳沥青用量适当少一些。(　　)

7. 沥青混合料的空隙率越小,其路用性能越好。(　　)

8. 混合料的矿料间隙率是指沥青体积率与剩余空隙率之和。(　　)

9. 黏稠性大的沥青混合料适用于气候温度偏高的地区。(　　)

10. 沥青混合料中的矿粉只能采用偏碱性的石料加工而成。(　　)

11. 沥青混合料矿料粒径增大,高温稳定性提高,但耐久性降低。(　　)

三、多选题

1. 沥青混合料的最佳沥青用量的确定取决于(　　)。

A. 稳定度　B. 空隙率　C. 密度　D. 沥青饱和度

2. 沥青混合料稳定度与残留稳定度的单位分别是(　　)。

A. kN　B. MPa　C. %　D. mm

3. 以5%为基准，分别换算出油石比和沥青含量，换算后两者分别是(　　)。

A. 4.50%　B. 4.76%　C. 5.26%　D. 5.52%

4. 测定沥青混合料密度的方法有(　　)等。

A. 水中重法　B. 表干法　C. 蜡封法　D. 灌砂法

5. 沥青混合料按其组成结构可分为(　　)。

A. 悬浮－密实结构　B. 骨架－空隙结构

C. 悬浮－骨架结构　D. 密实－骨架结构

四、简答题

1. 何谓沥青混合料？它有什么特点？

2. 沥青混合料的结构可分为哪几种类型？各种结构类型的沥青混合料各有什么优缺点？

3. 论述路面沥青混合料应具备的主要技术性质。分别用什么方法进行评定？

4. 什么是沥青混合料的耐久性？其影响因素有哪些？

5. 沥青混合料配合比设计有几个阶段？

6. 沥青和矿粉用料对沥青混合料的影响有哪些？

五、设计题

题目：

试设计一级公路沥青路面面层用细粒式沥青混凝土混合料配合组成。

原始资料：

1. 道路等级：一级公路。

2. 路面类型：沥青混凝土。

3. 结构层位：两层式沥青混凝土的上面层。

4. 气候条件：最高月平均气温为32 ℃，最低月平均气温为－5 ℃，年降水量为1 500 mm。

5. 材料性能：

(1) 沥青材料。可供应50号和70号的道路石油沥青，经检验各项指标符合要求。

(2) 碎石和石屑。Ⅰ级石灰岩轧制碎石，饱水抗压强度为100 MPa，洛杉矶磨耗率为10%，黏附性(水煮法)5级，表观相对密度为2.720。

(3) 细集料。洁净河砂，粗度属中砂，含水率小于1%，表观相对密度为2.680。

(4) 矿粉。石灰石粉，粒度范围符合要求，无团粒结块，表观相对密度为2.580。

粗、细集料和矿粉的级配组成，经筛分后的试验结果列于表6-36。

表 6-36　组成材料筛分结果

材料名称	筛孔尺寸(方孔筛,mm)									
	16.0	13.2	9.5	4.75	2.36	1.18	0.6	0.3	0.15	0.075
	通过百分率(%)									
碎石	100	96.4	20.2	2.0	0	0	0	0	0	0
石屑	100	100	100	80.3	45.3	18.2	3.0	0	0	0
砂	100	100	100	100	90.5	80.2	70.5	36.2	18.3	2.0
矿粉	100	100	100	100	100	100	100	100	100	85.2

设计要求：

1. 根据道路等级、路面类型和结构层次,确定沥青混凝土的类型和矿质混合料的级配范围。根据现有各种矿质材料的筛析结果,用图解法或试配法确定各种矿质材料的配合比。

2. 根据规范推荐的相应沥青混凝土类型的沥青用量范围,通过马歇尔稳定度试验的物理—力学指标,确定最佳沥青用量。

马歇尔稳定度试验结果汇总于表 6-37,供学生分析评定参考用。

表 6-37　马歇尔稳定度试验物理—力学指标测定结果

试件组号	沥青用量(%)	技术性质					
		毛体积相对密度 γ_f	空隙率 VV(%)	矿料间隙率 VMA(%)	沥青饱和度 VFA(%)	稳定度 MS(%)	流值 FL(mm)
1	4.5	2.366	6.2	17.6	68.5	8.2	2.0
2	5.0	2.381	5.1	17.3	75.5	9.5	2.4
3	5.5	2.398	4.0	16.7	84.4	9.6	2.8
4	6.0	2.382	3.2	17.1	88.6	8.4	3.1
5	6.5	2.378	2.6	17.7	88.1	7.1	3.6

项目 7　无机结合料稳定材料配合比的设计

知识目标

1. 了解无机结合料稳定材料的基本特点及分类方法。
2. 熟悉无机结合料稳定材料的组成及各组成材料的技术要求。
3. 掌握无机结合料稳定材料的技术性质及主要技术指标强度的测定方法。

能力目标

1. 能正确选择合适的材料来配制无机结合料稳定材料。
2. 能进行无机结合料稳定材料的组成设计。

【项目导入】

受湖南某交通工程有限公司的委托，拟对湖南某二级公路改建工程的路面基层用水泥稳定碎石进行配合比设计。设计要求水泥稳定碎石的设计 7 d 无侧限抗压强度标准值为 3.0 ～ 3.5 MPa，工地要求压实度为 98%，工地上采用集中厂拌法施工。

【知识储备】

无机结合料稳定材料是指在粉碎的或原状松散的土（如碎石、砾石、砂、黏性土、粉性土等）或工业废渣（如煤渣、钢渣、矿渣等）中掺入一定量的水泥、石灰、粉煤灰等无机结合料，与水拌和而得到混合料。

无机结合料稳定材料经压实和养护后，其抗压强度满足规定要求。由于无机结合料稳定材料的刚度处于柔性材料（如沥青混合料）和刚性材料（如水泥混凝土）之间，所以无机结合料稳定材料属于半刚性材料，铺筑的结构层称为半刚性层。无机结合料稳定材料具有稳定性好、结构本身自成板体、抗冻性较强，强度和刚度随龄期而增长，经济性好等优点，主要用于道路路面的基层与底基层；但具有干缩温缩大，易产生干缩和温缩裂缝，耐磨性差，抗疲劳性稍差等缺点。

一、分类

按照所用结合料的不同，无机结合料稳定材料可分为：

（1）水泥稳定材料。以水泥为结合料，通过加水与被稳定材料共同拌和形成的混合料，包括水泥稳定级配碎石、水泥稳定级配砾石、水泥稳定石屑、水泥稳定土、水泥稳定砂等。

（2）石灰稳定材料。以石灰为结合料，通过加水与被稳定材料共同拌和形成的混合料，包括石灰碎石土、石灰土等。

(3)综合稳定材料。以两种或两种以上材料为结合料,通过加水与被稳定材料共同拌和形成的混合料,包括水泥石灰稳定材料、水泥粉煤灰稳定材料、石灰粉煤灰稳定材料等。

(4)工业废渣稳定材料。以石灰或水泥为结合料,以煤渣、钢渣、矿渣等工业废渣为主要被稳定材料,通过加水拌和而形成的混合料。

二、无机结合料稳定材料的组成

(一)被稳定材料

1. 粗集料

用作被稳定材料的粗集料宜采用各种硬质岩石或砾石加工成的碎石,也可直接采用天然砾石。粗集料应符合表 7-1 中Ⅰ类规定,用作级配碎石的粗集料应符合表 7-1 中Ⅱ类规定。作为高速公路、一级公路底基层和二级及二级以下公路基层、底基层,被稳定材料的天然砾石材料除宜满足表 7-1 的要求外,还应级配稳定,塑性指数不大于 9。

表 7-1　粗集料技术要求

指标	层位	高速公路和一级公路				二级及二级以下公路	
		极重、特重交通		重、中、轻交通			
		Ⅰ类	Ⅱ类	Ⅰ类	Ⅱ类	Ⅰ类	Ⅱ类
压碎值(%)	基层	≤22*	≤22	≤26	≤26	≤35	≤30
	底基层	≤30	≤26	≤30	≤26	≤40	≤35
针、片状颗粒含量(%)	基层	≤18	≤18	≤22	≤18	—	≤20
	底基层	—	≤20	—	≤20	—	≤20
0.075 mm 以下粉尘含量(%)	基层	≤1.2	≤1.2	≤2	≤2	—	—
	底基层	—	—	—	—	—	—
软石含量(%)	基层	≤3	≤3	≤5	≤5	—	—
	底基层	—	—	—	—	—	—

注:* 对花岗岩石料,压碎值可放宽至 25%。

基层、底基层的粗集料规格要求宜符合表 7-2 的规定。级配碎石或砾石用作基层时,高速公路和一级公路公称最大粒径应不大于 26.5 mm,二级及二级以下公路公称最大粒径应不大于 31.5 mm;用作底基层时,公称最大粒径应不大于 37.5 mm。

表 7-2　粗集料规格要求

规格名称	工程粒径(mm)	通过下列筛孔(mm)的质量百分率(%)									公称粒径(mm)
		53	37.5	31.5	26.5	19.0	13.2	9.5	4.75	2.36	
G1	20~40	100	90~100	—	—	0~10	0~5	—	—	—	19~37.5
G2	20~30	—	100	90~100	—	0~10	0~5	—	—	—	19~31.5
G3	20~25	—	—	100	90~100	0~10	0~5	—	—	—	19~26.5
G4	15~25	—	—	100	90~100	—	0~10	0~5	—	—	13.2~26.5
G5	15~20	—	—	—	100	90~100	0~10	0~5	—	—	13.2~19
G6	10~30	—	100	90~100	—	—	—	0~10	0~5		9.5~31.5
G7	10~25	—	—	100	90~100	—	—	0~10	0~5	—	9.5~26.5
G8	10~20	—	—	—	100	90~100		0~10	0~5	—	9.5~19
G9	10~15	—	—	—	—	100	90~100	0~10	0~5	—	9.5~13.2
G10	5~15	—	—	—	—	100	90~100	40~70	0~10	0~5	4.75~13.2
G11	5~10	—					100	90~100	0~10	0~5	4.75~9.5

2. 细集料

细集料应洁净、干燥、无风化、无杂质，并且有适当的颗粒级配。高速公路和一级公路用细集料技术要求符合表 7-3 的规定。

表 7-3　细集料的技术要求

项目	水泥稳定[①]	石灰稳定	石灰粉煤灰综合稳定	水泥粉煤灰综合稳定
颗粒分析	满足级配要求			
塑性指数[②]	≤17	适宜范围 15~20	适宜范围 12~20	—
有机质含量(%)	<2	≤10	≤10	<2
硫酸盐含量(%)	≤0.25	≤0.8	—	≤0.25

注：①水泥稳定包括水泥石灰综合稳定。

②应测定粒径在 0.075 mm 以下材料的塑性指数。

细集料规格要求应符合表 7-4 的规定，其中对 0~3 mm 和 0~5 mm 的细集料应分别严格控制粒径大于2.36 mm和4.75 mm的颗粒含量，对3～5 mm的细集料应严格控制粒径小于2.36 mm的颗粒含量。在高速公路和一级公路中，细集料中粒径小于0.075 mm的颗粒含量应不大于15%；二级及二级以下公路，细集料中粒径小于0.075 mm的颗粒含量应不大于20%。

表7-4　细集料规格要求

规格名称	工程粒径(mm)	通过下列筛孔(mm)的质量百分率(%)								公称粒径(mm)
		9.5	4.75	2.36	1.18	0.6	0.3	0.15	0.075	
XG1	3～5	100	90～100	0～15	0～5	—	—	—	—	2.46～4.75
XG2	0～3	—	100	90～100	—	—	—	—	0～15	0～2.36
XG3	0～5	100	90～100	—	—	—	—	—	0～20	0～4.75

（二）无机结合料

1. 石灰

在土中掺加石灰可使土粒胶结成整体，密实性提高，水稳定性提高，强度提高。

在石灰剂量不大的情况下，钙质石灰稳定土比镁质石灰稳定土的初期强度高。在石灰剂量较大时，镁质石灰稳定土的后期强度优于钙质石灰稳定土。

生石灰、消石灰的技术指标应符合表7-5、表7-6的规定。高速公路和一级公路用石灰应不低于Ⅱ级技术要求，二级公路用石灰应不低于Ⅲ级技术要求，二级以下公路宜不低于Ⅲ级技术要求。高速公路和一级公路的基层，宜采用磨细消石灰。二级以下公路使用等外石灰时，有效氧化钙含量应在20%以上，且混合料强度应满足要求。

表7-5　生石灰的技术要求

指标	钙质生石灰			镁质生石灰		
	Ⅰ	Ⅱ	Ⅲ	Ⅰ	Ⅱ	Ⅲ
有效氧化钙加氧化镁含量(%)	≥85	≥80	≥70	≥80	≥75	≥65
未消化残渣含量(%)	≤7	≤11	≤17	≤10	≤14	≤20
钙镁石灰的分类界限，氧化镁含量(%)	≤5			>5		

表7-6　消石灰的技术要求

指标		钙质消石灰			镁质消石灰		
		Ⅰ	Ⅱ	Ⅲ	Ⅰ	Ⅱ	Ⅲ
有效氧化钙加氧化镁含量(%)		≥65	≥60	≥55	≥60	≥55	≥50
含水率(%)		≤4	≤4	≤4	≤4	≤4	≤4
细度	0.60 mm方孔筛的筛余(%)	0	≤1	≤1	0	≤1	≤1
	0.15 mm方孔筛的筛余(%)	≤13	≤20	—	≤13	≤20	—
钙镁石灰的分类界限，氧化镁含量(%)		≤4			>4		

2. 水泥

水泥在稳定土中的作用是与水反应后能大大降低土的塑性,增加土的强度和水稳定性。

强度等级为32.5或42.5的普通硅酸盐水泥等均可使用,所用水泥初凝时间应大于3 h,终凝时间应大于6 h且小于10 h。在水泥稳定材料中掺加缓凝剂或早强剂时,应对混合料进行试验验证,缓凝剂和早强剂的技术要求也应符合现行规范的规定。

3. 粉煤灰

将粉煤灰加入土中既能起填充作用,与石灰反应的产物也起胶结作用,由此可达到改善稳定土强度、密实性和水稳定性的目的。

大多数粉煤灰的主要成分是二氧化硅(SiO_2)和三氧化二铝(Al_2O_3),其总含量常超过70%,氧化钙(CaO)含量一般为2%~6%,这种粉煤灰称为硅铝粉煤灰。个别地方的粉煤灰含有10%~40%的氧化钙,称为高钙粉煤灰。干排或湿排的硅铝粉煤灰和高钙粉煤灰等均可用作基层或底基层的结合料。粉煤灰技术要求应符合表7-7的规定。

表7-7　粉煤灰技术要求

检测项目	SiO_2、Al_2O_3和Fe_2O_3总含量(%)	烧失量(%)	比表面积(cm^2/g)	0.3 mm筛孔通过率(%)	0.075 mm筛孔通过率(%)	湿粉煤灰含水率(%)
技术要求	>70	≤20	>2 500	≥90	≥70	≤35

各等级公路的底基层、二级及二级以下公路的基层使用的粉煤灰,通过率不满足表7-7要求时,应进行混合料强度试验,达到相关要求的强度指标时,方可使用。

(三)水

符合现行标准要求的饮用水可直接作为基层、底基层材料拌和与养护用水,对拌和使用的非饮用水应进行水质检验,技术要求应符合表7-8的规定。养护用水可不检验不溶物含量,其他指标应符合表7-8的规定。

表7-8　非饮用水技术要求

项次	项目	技术要求
1	pH	≥4.5
2	Cl^-含量(mg/L)	≤3 500
3	SO_4^{2-}含量(mg/L)	≤2 700
4	碱含量(mg/L)	≤1 500
5	可溶物含量(mg/L)	≤10 000
6	不溶物含量(mg/L)	≤5 000
7	其他杂质	不应有漂浮的油脂和泡沫及明显的颜色和异味

三、无机结合料稳定材料的技术性质

(一)强度

在土中掺入适量的石灰或水泥,在最佳含水率下拌和均匀并压实,由于无机结合料与土发生的一系列物理、化学作用，无机结合料稳定材料逐渐形成较高的强度。

1. 无机结合料稳定材料强度的测定方法

无机结合料稳定材料的强度采用7 d龄期的无侧限抗压强度指标来表征。方法是按最佳含水率和工地要求达到的压实度计算出干密度及材料用量，将试件制成高径比为1∶1的圆柱体，在标准养护条件[温度(20 +2)℃，相对湿度在95%以上]下养护6 d、浸水1 d，进行无侧限抗压强度测定。

2. 影响无机结合料稳定材料强度的因素

1)土质

对于石灰稳定材料，塑性指数为15～20的黏性土较适宜，稳定效果显著，强度高。塑性指数过大的重黏土，难以粉碎和拌和，用石灰稳定易产生收缩裂缝，用水泥稳定则水泥用量过高，不经济。

对于水泥稳定材料，可用各种碎石、砂砾、粉质土和黏质土，但级配良好的碎石和砂砾效果最好，不但强度高，而且水泥用量少。

2)结合料品种及用量

石灰的质量主要取决于其活性CaO + MgO的含量，活性成分越多，稳定的效果越好。在相同剂量下，石灰细度越大，石灰与土粒作用越充分，反应进行得越快，稳定效果也越好。

随着石灰剂量的增加，土的塑性、膨胀量、吸水量减小，强度也随之提高；但剂量超过一定值时，强度反而下降。因此，石灰稳定材料中石灰存在一个最佳剂量。

对于水泥稳定材料，通常情况下，硅酸盐水泥的稳定效果好，而铝酸盐水泥的稳定效果较差，且随着水泥分散度的增加，其活性程度和硬化能力也有所增大，从而水泥稳定材料的强度也大大提高。

水泥稳定材料的强度随水泥剂量的增加而增长，但过多的水泥用量，虽获得强度的增加，但不经济，效果也不一定显著，且容易开裂。

二灰稳定材料中粉煤灰用量越多，初期强度越低，但后期的强度增长幅度越大。若需提高二灰稳定土的早期强度，可以掺加少量水泥或某些早强剂。

3)含水率

一般情况下，在最佳含水率下压实，无机结合料稳定材料的干密度较大，强度也高，因此实际施工时应尽可能达到最佳含水率，并注意养护中水分的蒸发，以保证被稳定材料中水泥的充分水化。

4)密实度

无机结合料稳定材料的密实度越大，强度越高，受水的影响可能性越小。施工时可通过改善土的级配和合适的施工工艺，严格控制混合料的压实度，以确保其密实度。

5)养护条件

无机结合料稳定材料的强度发展需要适当的温度、湿度，它们必须在潮湿的条件下养护，同时，养护温度越高，强度增长越快。

6)施工时间

施工时间的长短主要是针对水泥稳定材料而言的，水泥稳定材料从开始加水拌和到完全压实的时间要尽可能短，一般不要超过6 h。若时间过长，则水泥凝结，在碾压时，不但达不到压实度要求，而且会破坏已结硬水泥的胶凝作用，反而使水泥稳定材料的强度下降。

（二）缩裂

无机结合料稳定材料在温度和湿度变化时容易产生裂缝。当采用其做沥青路面的基层时，这些裂缝易于反射到面层，造成路面产生裂缝，进而严重影响沥青路面的使用性能。

1.缩裂特性

1）干缩

随着无机结合料稳定材料的强度不断形成，水分逐渐消耗以及蒸发，体积发生收缩。当收缩受到约束时，会逐渐产生裂缝，称为干缩裂缝。影响因素主要有：

（1）土的类别及粒料含量。

土中黏粒含量越多，稳定材料的干缩越大；土的塑性越大，即塑性指数越大，干缩越大。对于含细粒土较多的无机结合料稳定材料，常以干缩为主。而粒料增加，则可对干缩产生一定的抑制作用。

（2）结合料的种类及剂量。

通常，石灰稳定材料比水泥稳定材料容易产生干缩裂缝。对于稳定细粒材料，三种稳定材料的干缩性大小排列顺序为：石灰土＞水泥土和水泥石灰土＞石灰粉煤灰土；对于稳定粒料类，干缩性大小的排列顺序为：石灰稳定类＞石灰粉煤灰稳定类＞水泥稳定类。

为减小收缩，在满足强度要求的情况下，宜尽可能选择较低剂量的无机结合料。

（3）养护条件。

在养护初期，应保证无机结合料稳定材料表面潮湿，使稳定材料尽早成型，形成比较高的早期强度，可减轻其干缩裂缝。同时，随着龄期的增长，干缩也逐渐减小。

（4）含水率和密实度。

稳定材料制件时，含水率增加，其干缩应变也明显增大。密实程度越大，干缩应变则越小。

2）温缩

无机结合料稳定材料具有热胀冷缩性，随着气温的降低，稳定材料会冷却产生收缩，一旦变形受到约束，即逐渐形成裂缝，称为温缩裂缝。实践表明：

（1）石灰稳定材料比水泥稳定材料的温缩大。

对于稳定细粒材料，三种稳定材料的温缩性大小排列顺序为：石灰土＞石灰粉煤灰土＞水泥土和水泥石灰土；对于稳定粒料类，温缩性大小的排列顺序为：石灰稳定类＞石灰粉煤灰稳定类＞水泥稳定类。

（2）细粒土比粗粒土的温缩大。

原材料中砂粒以上颗粒的温度收缩系数较小，黏土的温度收缩系数较大，故细粒土比粗粒土的温缩大。当采用稳定粒料做基层时，为减少基层材料的收缩性和减轻基层裂缝，集料中也不宜含有塑性指数的土。

根据《公路路面基层施工技术细则》（JTG/T F20—2015）的规定，无机结合料稳定细粒料，如水泥稳定土、水泥稳定石屑，强度可以满足技术要求，但是抗冲刷性和抗裂性不足，并不适用于基层。其主要原因就是无机结合料稳定细粒料的干缩和温缩较明显，容易产生严重的收缩裂缝，此外还具有遇水表层易软化、抗冲刷能力差等缺点。

(3)掺加一定数量的粉煤灰可以降低无机结合料稳定材料的温缩系数。

(4)无机结合料稳定材料的温缩系数随温度的降低而增大。

2. 缩裂的防治措施

(1)改善土质。

稳定材料用土越黏，则缩裂越严重。所以，采用黏性较小的土，或在黏性土中掺加砂土、粉煤灰等，以降低土的塑性指数。

(2)控制压实时的含水率及压实度。

稳定材料因含水率过大产生的干缩裂缝显著，压实度小时产生的干缩比压实度大时严重，因此稳定材料压实时含水率比最佳含水率略小为好，并尽可能达到最佳压实效果。

(3)掺加粗粒料。

掺入一定数量(掺入量60%~70%)的粗粒料，如砂、碎石、砾石等，使混合料满足最佳级配要求，可以提高其强度和稳定性，减少裂缝的产生，同时可以节约结合料和改善碾压时的拥挤现象。

(4)加强初期养护。

无机结合料稳定材料在成型初期的干缩比较大，因此要重视初期养护，保证稳定材料表面潮湿，严禁干晒。

(5)为防止无机结合料稳定材料基层的缩裂反射到沥青路面的面层，可采取以下措施：

①设置沥青碎石或沥青灌入式联结层。

②设置碎石上基层。采用优质级配碎石作为上基层可有效地防止和减少半刚性基层收缩引起的反射裂缝。

(三)抗疲劳性能

所谓疲劳，是指在荷载反复作用下，材料的极限强度会随着作用次数的增加而降低的现象。材料从开始至出现疲劳破坏的荷载作用次数称为疲劳寿命。无机结合料稳定材料一般采用劈裂疲劳或小梁疲劳试验测定其抗疲劳性能。试验表明，石灰粉煤灰稳定材料的抗疲劳性能优于水泥砂砾。

在一定的应力水平条件下，材料的疲劳寿命取决于材料的强度和刚度，强度越大，刚度越小，疲劳寿命就越长。

(四)水稳定性和抗冻性

稳定类基层材料除具有适当的强度，能承受设计荷载外，还应具备一定的水稳定性和冰冻稳定性；否则，稳定类基层由于面层开裂、渗水或者两侧路肩渗水将使稳定土含水率增加，强度降低，从而使路面过早破坏。在冰冻地区，冰冻将加剧这种破坏。评价材料的水稳定性和抗冻性可用浸水强度和冻融循环试验。影响水稳定性和冰冻稳定性的主要因素如下：

(1)土类。细土含量多、塑性指数大的土，水稳定性和抗冻性能差。

(2)稳定剂种类和剂量。石灰粉煤灰粒料和水泥粒料的水稳定性最好。当稳定剂剂量不足时，胶结作用弱，透水性大，强度达不到要求，其稳定性也差。

(3)密实度。密实度大时，透水能力降低，水稳定性增强。

(4)龄期。由于某些稳定剂如水泥、石灰或二灰的强度形成需要一定的时间,因此这类稳定材料的水稳定性随龄期的增长而增长。

四、无机结合料稳定材料的组成设计

(一)强度要求

根据《公路路面基层施工技术细则》(JTG/T F20—2015)的规定,无机结合料稳定材料进行组成设计时,应采用7 d龄期无侧限抗压强度作为主要控制指标,高速公路和一级公路还应验证所用材料的7 d龄期无侧限抗压强度与90 d或180 d龄期弯拉强度的关系。各种无机结合料稳定材料的强度标准R_d(按7 d龄期)见表7-9。

表7-9　无机结合料稳定材料的7 d无侧限抗压强度标准R_d　(单位:MPa)

结构层		公路等级	极重、特重交通	重交通	中、轻交通
水泥稳定材料	基层	高速公路和一级公路	5.0~7.0	4.0~6.0	3.0~5.0
		二级及二级以下公路	4.0~6.0	3.0~5.0	2.0~4.0
	底基层	高速公路和一级公路	3.0~5.0	2.5~4.5	2.0~4.0
		二级及二级以下公路	2.5~4.5	2.0~4.0	1.0~3.0
石灰粉煤灰稳定材料	基层	高速公路和一级公路	≥1.1	≥1.0	≥0.9
		二级及二级以下公路	≥0.9	≥0.8	≥0.7
	底基层	高速公路和一级公路	≥0.8	≥0.7	≥0.6
		二级及二级以下公路	≥0.7	≥0.6	≥0.5
水泥粉煤灰稳定材料	基层	高速公路和一级公路	4.0~5.0	3.5~4.5	3.0~4.0
		二级及二级以下公路	3.5~4.5	3.0~4.0	2.5~3.5
	底基层	高速公路和一级公路	2.5~3.5	2.0~3.0	1.5~2.5
		二级及二级以下公路	2.0~3.0	1.5~2.5	1.0~2.0
石灰稳定材料	基层	高速公路和一级公路	—		
		二级及二级以下公路	≥0.8①		
	底基层	高速公路和一级公路	≥0.8		
		二级及二级以下公路	0.5~0.7②		

注:1. 公路等级高或交通荷载等级高或结构安全性要求高时,推荐取上限强度标准。

2. 表中强度标准是指7 d龄期无侧限抗压强度的代表值。

3. 石灰粉煤灰稳定材料强度不满足表中要求时,可外加混合料质量1%~2%的水泥。

4. 石灰土强度达不到表中规定的抗压强度标准时,可添加部分水泥,或改用另一种土。塑性指数过小的土,不宜用石灰稳定,宜改用水泥稳定。

①在低塑性材料(塑性指数小于7)地区,石灰稳定砾石土和碎石土的7 d龄期无侧限抗压强度应大于0.5 MPa(100 g平衡锥测液限)。

②低限用于塑性指数小于7的黏性土,且低限值宜仅用于二级以下公路。高限用于塑性指数大于7的黏性土。

(二)材料组成设计步骤

无机结合料稳定材料组成设计应包括原材料检验、混合料的目标配合比设计、混合料的生产配合比设计和施工参数确定四部分。其中,生产配合比设计和施工参数确定均是在目标配合比设计的基础上进行的,借助施工单位的拌和设备、摊铺和碾压设备,在进行试生产的基础上完成。本内容主要介绍混合料的目标配合比设计方法。

1. 原材料检验

(1)土。包括含水率、液限、塑限、颗粒分析、有机质和硫酸盐含量等。

(2)砾石(碎石)。包括含水率、级配、液限、塑限、毛体积相对密度和吸水率、压碎值、粉尘含量、针片状颗粒含量、软石含量等。

(3)细集料。包括含水率、级配、液限、塑限、毛体积相对密度和吸水率、有机质和硫酸盐含量等。

(4)石灰。检验含水率、有效钙镁含量、残渣含量。

(5)水泥。检验强度等级和初、终凝时间。

(6)粉煤灰。检验含水率、烧失量、细度、二氧化硅等氧化物含量。

2. 拟订混合料配合比,制备试件

(1)选择不少于5种不同结合料剂量,分别制备混合料,规范建议的剂量见表7-10～表7-13。

表7-10　水泥稳定材料配合比试验推荐水泥试验剂量

被稳定材料	条件		推荐试验剂量(%)
有级配的碎石或砾石	基层	$R_d \geq 5.0$ MPa	5、6、7、8、9
		$R_d < 5.0$ MPa	3、4、5、6、7
土、砂、石屑等		塑性指数<12	5、7、9、11、13
		塑性指数≥12	8、10、12、14、16
有级配的碎石或砾石	底基层	—	3、4、5、6、7
土、砂、石屑等		塑性指数<12	4、5、6、7、8
		塑性指数≥12	6、8、10、12、14
碾压混凝土	基层	—	7、8、5、10、11.5、13

表7-11　水泥的最小剂量　(%)

被稳定材料类型	拌和方法	
	路拌法	集中厂拌法
中、粗粒材料	4	3
细粒材料	5	4

注:粗粒材料是指公称最大粒径不小于26.5 mm的材料。

中粒材料是指公称最大粒径不小于16 mm,且小于26.5 mm的材料。

细粒材料是指公称最大粒径小于16 mm的材料。

表7-12　石灰粉煤灰稳定材料和石灰煤渣稳定材料推荐比例

材料类型	材料名称	使用层位	结合料间比例	结合料与被稳定材料间比例
石灰粉煤灰	硅铝粉煤灰的石灰粉煤灰类①	基层或底基层	石灰: 粉煤灰 = 1:2～1:9	—
	石灰粉煤灰土	基层或底基层	石灰: 粉煤灰 = 1:2～1:9②	石灰粉煤灰: 细粒材料 = 30:70③～10:90
	石灰粉煤灰稳定级配碎石或砾石	基层	石灰: 粉煤灰 = 1:2～1:4	石灰粉煤灰: 被稳定材料 = 20:80～15:85④
石灰煤渣	石灰煤渣稳定材料	基层或底基层	石灰: 煤渣 = 20:80～15:85	—
	石灰煤渣土	基层或底基层	石灰: 煤渣 = 1:1～1:4	石灰煤渣: 细粒材料 = 1:1～1:4⑤
	石灰煤渣稳定材料	基层或底基层	石灰: 煤渣: 被稳定材料 = (7～9):(26～33):(58～67)	

注：①CaO 含量为2%～6%的硅铝粉煤灰。

②粉土以1:2为宜。

③采用此比例时，石灰与粉煤灰之比宜为1:2～1:3。

④石灰粉煤灰与粒料之比为15:85～20:80时，在混合料中，粒料形成骨架，石灰粉煤灰起填充孔隙和胶结作用，这种混合料称骨架密实式石灰粉煤灰粒料。

⑤混合料中石灰应不少于10%，可通过试验选取强度较高的配合比。

表7-13　水泥粉煤灰稳定材料和水泥煤渣稳定材料推荐比例

材料类型	材料名称	使用层位	结合料间比例	结合料与被稳定材料间比例
水泥粉煤灰	硅铝粉煤灰的水泥粉煤灰类①	基层或底基层	水泥: 粉煤灰 = 1:3～1:9	—
	水泥粉煤灰土	基层或底基层	水泥: 粉煤灰 = 1:3～1:5	水泥粉煤灰: 细粒材料 = 30:70②～10:90
	水泥粉煤灰稳定级配碎石或砾石	基层	水泥: 粉煤灰 = 1:3～1:5	水泥粉煤灰: 被稳定材料 = 20:80～15:85③
水泥煤渣	水泥煤渣稳定材料	基层或底基层	水泥: 煤渣 = 5:95～15:85	—
	水泥煤渣土	基层或底基层	水泥: 煤渣 = 1:2～1:5	水泥煤渣: 细粒材料 = 1:2～1:5④
	水泥煤渣稳定材料	基层或底基层	水泥: 煤渣: 被稳定材料 = (3～5):(26～33):(62～71)	

注：①CaO 含量为2%～6%的硅铝粉煤灰。

②采用此比例时，水泥与粉煤灰之比宜为1:2～1:3。

③水泥粉煤灰与粒料之比为15:85～20:80时，在混合料中，粒料形成骨架，水泥粉煤灰起填充孔隙和胶结作用。

④混合料中水泥应不少于4%，可通过试验选取强度较高的配合比。

(2)采用重型击实法(或振动压实法)确定各种不同结合料剂量混合料的最佳含水率和最大干密度。

(3)按规定压实度分别计算不同剂量时试件应有的干密度。

(4)按最佳含水率和计算得的干密度制备试件。试件采用静压法成型,径高比应为1:1。无机结合料稳定细粒材料的试件直径应为100 mm,无机结合料稳定中、粗粒材料的试件直径应为150 mm,进行强度试验时,平行试验的最少数量应符合表7-14的规定。试验结果的变异系数大于表7-14中规定值时,应重做试验或增加试件数量。

表7-14　平行试验的最少试件数量

材料类型	变异系数要求		
	<10%	10%~15%	15%~20%
细粒材料	6	9	—
中粒材料	6	9	13
粗粒材料	—	9	13

3. 试件的强度试验

试件在规定温度下保湿养护6 d、浸水1 d后,进行无侧限抗压强度试验。根据试验结果,按式(7-1)计算强度代表值R_d^0:

$$R_d^0 = \overline{R}(1 - Z_\alpha C_v) \tag{7-1}$$

式中　Z_α——标准正态分布表中随保证率或置信度α而变化的系数,高速公路和一级公路应取保证率95%,即$Z_\alpha = 1.645$,二级及二级以下公路应取保证率90%,即$Z_\alpha = 1.282$;

$\overline{R}$——一组试验的强度平均值;

C_v——一组试验的强度变异系数。

4. 选定结合料剂量

根据表7-9的强度标准,选定合适的结合料剂量,此剂量试件室内试验结果的强度代表值R_d^0应不小于强度标准值R_d,当$R_d^0 < R_d$时,当应重新进行配合比试验。

对水泥稳定材料,工地实际采用的水泥剂量宜比室内试验确定的剂量多0.5%~1.0%。采用集中厂拌法施工时宜增加0.5%,采用路拌法施工时宜增加1%。

任务7.1　材料选用与准备

引例:

无机结合料稳定材料配合比设计,就是根据原材料的性能和对无机结合料稳定材料的技术要求,通过计算和试配调整,确定出满足工程技术经济指标的无机结合料稳定材料各种组成材料的用量。因此,必须选用合理的组成材料和掺配比例。

1　原材料选用

1.1　水泥

本任务选用 32.5 级普通硅酸盐水泥，并对水泥进行合格性检验，检验结果为合格。该水泥的初凝时间为 195 min，终凝时间为 360 min。

1.2　集料

级配碎石是由各种不同粒径集料组成的混合料，当其颗粒组成符合密实级配要求时，称其级配型集料。本任务选用 4 种单级配集料，集料规格为 4 号（19 ~ 31.5）mm、3 号（9.5 ~ 19）mm、2 号（4.75 ~ 9.5）mm、1 号（0.075 ~ 4.75）mm，其筛分试验结果见表 7-15。

表 7-15　集料筛分试验结果

矿料名称	通过下列筛孔（mm）的质量百分率（%）							
	37.5	31.5	19	9.5	4.75	2.36	0.6	0.075
19 ~ 31.5 mm	100	98	6	1.0	0.4	0.4	0.3	0
9.5 ~ 19 mm	100	100	96	6.0	2.0	0.5	0.4	0.2
4.75 ~ 9.5 mm	100	100	100	92	8.0	3.0	0.5	0.5
0.075 ~ 4.75 mm	100	100	100	100	95	80	43	10

根据现行规范《公路路面基层施工技术细则》（JTG/T F20—2015），二级公路基层水泥稳定材料混合料级配范围见表 7-16。

表 7-16　二级公路基层水泥稳定材料混合料级配范围

矿料名称	通过下列筛孔（mm）的质量百分率（%）							
	37.5	31.5	19	9.5	4.75	2.36	0.6	0.075
级配范围	100	90 ~ 100	67 ~ 90	45 ~ 68	29 ~ 50	18 ~ 38	8 ~ 22	0 ~ 7

本任务根据混合料级配要求，确定掺配比例为 4 号∶3号∶2号∶1号 = 19%∶28%∶22%∶31%。

1.3　水

本任务选用拌制和养护用水为不含油类杂质的清洁中性水，pH 为 7，且满足表 7-8 的技术要求。

2　拟订试配水泥掺量

在参考表 7-10 的基础上，根据相关工程经验和本工程特点，本项目选用 3.0%、4.0%、5.0%、6.0%、7.0% 五种不同的水泥剂量，分别与掺配的集料拌制水泥稳定碎石。

3　击实试验材料称量与准备

3.1　备料

(1)将具有代表性的风干试料(必要时,也可以在50 ℃烘箱内烘干)用木槌捣碎或用木碾碾碎。土团均应破碎到能通过4.75 mm的筛孔。但应注意不使粒料的单个颗粒破碎或不使其破碎程度超过施工中拌和机械的破碎率。

(2)如试料是细粒土,将已破碎的具有代表性的土过4.5 mm筛备用(用任务7.2中甲法或乙法做试验)。

(3)如试料中有粒径大于4.75的颗粒,则先将试料过19 mm筛;如存留在19 mm筛上的颗粒含量不超过10%,则过26.5 mm筛,留作备用(用任务7.2甲法或乙法做试验)。

(4)如试料中有粒径大于19 mm的颗粒含量超过10%,则将试料过37.5 mm筛;如存留在37.5 mm筛上的颗粒含量不超过10%,则过53 mm的筛备用(用任务7.2丙法做试验)。

(5)每次筛分后,均应记录超尺寸颗粒的百分率P。

(6)在预定做击实试验的前一天,取有代表性的试料测定其风干含水率(原始含水率)。对于细粒土,试样应不少于100 g;对于中粒土,试样应不少于1 000 g;对于粗粒土的各种集料,试样应不少于2 000 g。

3.2　材料的称量计算

预定5(或者6)个不同含水率,依次相差0.5%~1.5%,且其中至少有两个大于和两个小于最佳含水率。因此,教学时全班共分5组,每组一个水泥剂量,每组要称取的碎石、水泥和水的质量见表7-17。

表7-17　击实试验材料准备数量

组号	水泥剂量(%)	碎石(g)	水泥(g)	预加水量(g)				
				5.0%	5.5%	6.0%	6.5%	7.0%
1	3.0	5 500×5	165×5	225	302.5	330	357.5	385
2	4.0	5 500×5	220×5	225	302.5	330	357.5	385
3	5.0	5 500×5	275×5	225	302.5	330	357.5	385
4	6.0	5 500×5	330×5	225	302.5	330	357.5	385
5	7.0	5 500×5	385×5	225	302.5	330	357.5	385

对于中、粗粒土,在最佳含水率附近取0.5%,其余取1%。对于细粒土,取1%。但对于黏土,特别是重黏土,可能需要取2%。

对于水泥稳定类材料,在最佳含水率附近取0.5%。对于石灰、二灰稳定类材料,根据具体情况在最佳含水率附近取1%。

但考虑到稳定材料(水泥)与被稳定材料(碎石)中的原始含水率,加水操作时应扣除这部分水量,对于制备试样应加水量可按式(7-2)计算:

$$m_w = \left(\frac{m_n}{1 + w_n} + \frac{m_c}{1 + w_c}\right)w - \frac{m_n}{1 + w_n}w_n - \frac{m_c}{1 + w_c}w_c \tag{7-2}$$

式中　m_w——混合料中应加的水量,g;

m_n——混合料中素土(或集料)的质量,g,其原始含水率为 w_n,即风干含水率(%);

m_c——混合料中水泥或石灰的质量,g,其原始含水率为 w_c(%)(水泥的 w_c 通常很小,也可以忽略不计);

w——要求达到的混合料的含水率(%)。

由于本项目的碎石和水泥原始含水率为零,故每组预加的质量见表7-17。

思考与讨论:

1. 判断选用的水泥是否合理。
2. 判断4种集料级配规格是否合理。若不合理,请替换为合理的集料。

任务7.2　水泥稳定碎石击实试验

引例:

通过备料,现用无机结合料稳定材料击实试验方法,来确定试料在不同水泥剂量下的最佳含水率和最大干密度。在操作中,应先通过试验确定最小、中间和最大的3个水泥剂量试料的最佳含水率和最大干密度,其余两个水泥剂量试料的最佳含水率和最大干密度也可以用内插法确定。

1　最佳含水率、最大干密度

最佳含水率和最大干密度是指无机结合料稳定材料进行击实或振实试验时,在含水率—干密度坐标系上绘出各个对应点,连成圆滑曲线,曲线的峰值点对应的含水率和干密度即为最佳含水率和最大干密度。表明在最佳含水率及最佳压实效果的状态下稳定材料所能达到的最大干密度。干密度与含水率见图7-1。

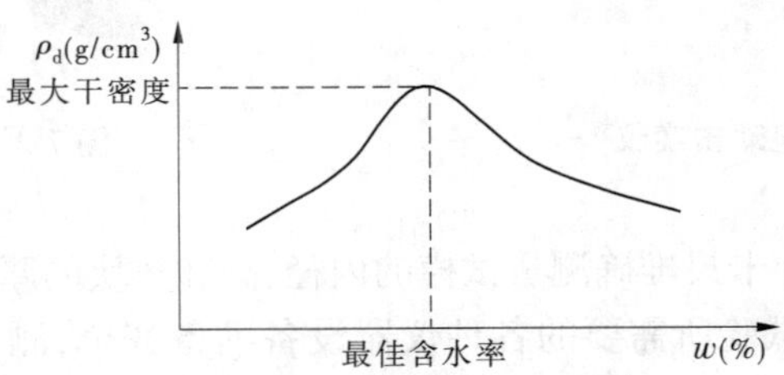

图7-1　干密度与含水率

2　无机结合料稳定材料击实试验方法

2.1　适用范围

(1)本方法适用于在规定的试筒内对水泥稳定材料(在水泥水化前)、石灰稳定材料及石灰(或水泥)粉煤灰稳定材料进行击实试验,以绘制稳定材料的含水率—干密度关系曲线,从而确定其最佳含水率和最大干密度。

(2)试验集料的最大公称粒径宜控制在 37.5 mm 以内(方孔筛)。

(3)试验方法类别。本试验方法分三类,各类击实方法的主要参数列于表 7-18。

表 7-18　试验方法类别

类别	锤的质量(kg)	锤击直径(cm)	落高(cm)	试筒尺寸			锤击层数	每层锤击次数	平均单位击实功(J)	容许最大公称粒径(mm)
				内径(cm)	高(cm)	容积(cm^3)				
甲	4.5	5.0	45	10.0	12.7	997	5	27	2.687	19.0
乙	4.5	5.0	45	15.2	12.0	2 177	5	59	2.687	19.0
丙	4.5	5.0	45	15.2	12.0	2 177	5	98	2.687	37.5

2.2　仪器设备

仪器设备有多功能自控电动击实仪(见图 7-2)、击实筒(见图 7-3)、电子天平、方孔筛、量筒、直刮刀、刮土刀、拌和工具、脱模器、游标卡尺、铝盒、烘箱等。

图 7-2　电动击实仪

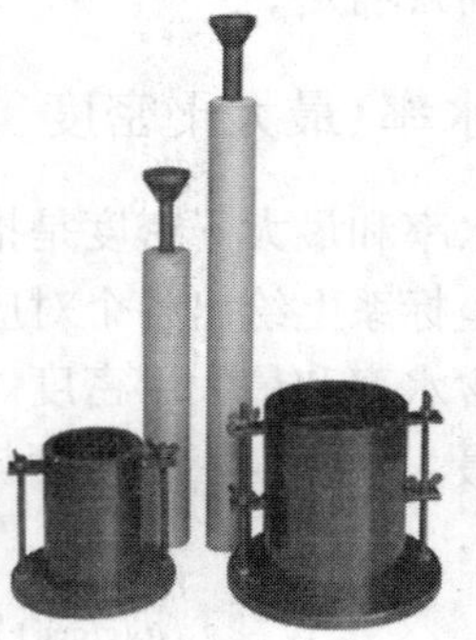

图 7-3　击实筒

2.3　试验准备

(1)在试验前用游标卡尺准确测量试模的内径、高和垫块的厚度,以计算试模的容积。

(2)在试验前应将试验所需要的各种仪器设备准备齐全,测量设备应满足精度要求;调试击实仪器,检查其运转是否正常。

(3)烘箱的温度应事先调整到 110 ℃左右,以使放入的试样能立即在 105 ~ 110 ℃的温度下烘干。

2.4 试验步骤

2.4.1 准备工作

(略)

2.4.2 试验方法

2.4.2.1 甲法

(1)将已筛分的试样用四分法逐次分小,至最后取出10~15 kg试料。再用四分法将已取出的试料分成5~6份,每份试料的干质量为2.0 kg(对于细粒土)或2.5 kg(对于各种中粒土)。

(2)称取水泥和水。

(3)按预定含水率制备试样。将1份试料平铺于金属盘内,将事先计算得的该份试料中应加的水量均匀地喷洒在试料上,用小铲将试料充分拌和到均匀状态(如为石灰稳定材料、石灰粉煤灰综合稳定材料、水泥粉煤灰综合稳定材料和水泥、石灰综合稳定材料,可将石灰、粉煤灰和试料一起拌匀),然后装入密闭容器或塑料口袋内浸润备用。

浸润时间要求:黏质土为12~24 h,粉质土为6~8 h,砂类土、砂砾土、红土砂砾、级配砂砾等可以缩短到4 h左右,含土很少的未筛分碎石、砂砾和砂可缩短到2 h。浸润时间一般不超过24 h。因此,本项目采用的碎石材料,浸润时间应为4 h左右。

(4)将所需要的稳定剂水泥加到浸润后的试样中,并用小铲、泥刀或其他工具充分拌和到均匀状态。水泥应在土样击实前逐个加入。加有水泥的试样拌和后,应在1 h内完成下述击实试验。拌和后超过1 h的试样,应予作废(石灰稳定材料和石灰粉煤灰稳定材料除外)。

(5)试筒套环与击实底板应紧密联结。将击实筒放在坚实地面上,用四分法取制备好的试样400~500 g(其量应使击实后的试样等于或略高于筒高的1/5)倒入筒内,整平其表面并稍加压紧,然后将其安装到多功能自控电动击实仪上,设定所需锤击次数,进行第1层试样的击实。第1层击实完后,检查该层高度是否合适,以便调整以后几层的试样用量。用刮土刀或螺丝刀将已击实层的表面"拉毛",然后重复上述做法,进行其余4层试样的击实。最后一层试样击实后,试样超出筒顶的高度不得大于6 mm,超出高度过大的试件应该作废。

(6)用刮土刀沿套环内壁削挖(使试样与套环脱离)后,扭动并取下套环。齐筒顶细心刮平试样,并拆除底板,如试样底面略突出筒外或有孔洞,则应细心刮平或修补。最后用工字形刮平尺齐筒顶和筒底将试样刮平。擦净试筒的外壁,称其质量 m_1 。

(7)用脱模器推出筒内试样。从试样内部从上至下取两个有代表性的样品(可将脱出试件用锤打碎后,用四分法采取),测定其含水率,计算至0.1%。两个试样的含水率的差值不得大于1%。所取样品的数量见表7-19(如只取一个样品测定含水率,则样品的质量应为表列数值的2倍)。擦净试筒,称其质量 m_2。

(8)按本法以上的步骤进行其余含水率下稳定材料的击实和测定工作。凡已用过的试样,一律不再重复使用。

2.4.2.2 乙法

在缺乏内径10 cm的试筒时,以及在需要与承载比等试验结合起来进行时,采用乙法进行击实试验。本法更适宜于公称最大粒径达 19 mm 的集料。

表 7-19　测稳定材料含水率的样品质量

公称最大粒径(mm)	样品质量(g)
2.36	约 50
19	约 300
37.5	约 1 000

(1)将已筛分的试样用四分法逐次分小,至最后取出约 30 kg 试料。再用四分法将已取出的试料分成 5 ~ 6 份,每份试料的干质量为 4.4 kg(细粒土)或 5.5 kg(中粒土)。

(2)以下各步的做法与甲法相同。但应该先将垫块放入筒内底板上,然后加料并击实。所不同的是,每层需取制备好的试样约 900 kg(对于水泥或石灰稳定细粒土)或1 100 kg(对于稳定中粒土),每层的锤击次数为 59 次。

2.4.2.3　丙法

(1)将已过筛的试料用四分法逐次分小,至最后取约 33 kg 试料。再用四分法将所取的试料分成 6 份(至少要 5 份),每份质量约 5.5 kg(风干质量)。

(2)、(3)、(4)同甲法中的步骤(2)、(3)、(4)。

(5)将试筒、套环与夯实底板紧密地联结在一起,并将垫块放在筒内底板上。击实筒应放在坚实地面上,取制备好的试样 1.8 kg 左右[其量应使击实后的试样略高于(高出 1 ~ 2 mm)筒高的 1/3]倒入筒内,整平其表面,并稍加压紧。然后将其安装到多功能自控电动压实仪上,设定所需锤击次数,进行第 1 层试样的击实。第 1 层击实完后检查该层高度是否合适,以便调整以后两层的试样用量。用刮土刀或螺丝刀将已击实层的表面"拉毛",然后重复上述做法,进行其余两层试样的击实。最后一层试样击实后,试样超出筒顶的高度不得大于 6 mm,超出高度过大的试件应该作废。

(6)用刮土刀沿套环内壁削挖(使试样与套环脱离)后,扭动并取下套环。齐筒顶细心刮平试样,并拆除底板,取走垫块。擦净试筒的外壁,称其质量 m_1。

(7)用脱模器推出筒内试样。从试样内部从上至下取两个有代表性的样品(可将脱出试件用锤打碎后,用四分法采取),测定其含水率,计算至 0.1%。两个试样含水率的差值不得大于 1%。所取样品的数量应不少于 700 g,如只取一个样品测定含水率,则样品的数量应不少于 1 400 g,烘箱的温度应事先调整到 110 ℃左右,以使放入的试样能立即在 105 ~ 110 ℃的温度下烘干。擦净试筒,称其质量 m_2。

(8)按本方法以上的步骤进行其余含水率下稳定材料的击实和测定工作。凡已用过的试样,一律不再重复使用。

2.4.3　计算

2.4.3.1　稳定材料湿密度计算

按式(7-3)计算每次击实后稳定材料的湿密度。

$$\rho_w = \frac{m_1 - m_2}{V} \tag{7-3}$$

式中 ρ_w——稳定材料的湿密度，g/cm^3；

m_1——试筒与湿试样的总质量，g；

m_2——试筒的质量，g；

V——试筒的容积，cm^3。

2.4.3.2 稳定材料干密度计算

按式(7-4)计算每次击实后稳定材料的干密度。

$$\rho_d = \frac{\rho_w}{1 + w} \tag{7-4}$$

式中 ρ_d——试样的干密度，g/cm^3；

w——试样的含水率(%)。

2.4.3.3 制图

(1)以干密度为纵坐标、含水率为横坐标，绘制含水率—干密度曲线。曲线必须为凸形的，如试验点不足以连成完整的凸形曲线，则应该进行补充试验。

(2)将试验各点采用二次曲线方法拟合曲线，曲线的峰值点对应的含水率及干密度即为最佳含水率和最大干密度。

2.4.3.4 超尺寸颗粒的校正

当试样中大于规定最大粒径的超尺寸颗粒的含量为5% ~ 30%时，按式(7-5)和式(7-6)对试验所得最大干密度和最佳含水率进行校正(超尺寸颗粒的含量小于5%时，可以不进行校正)。

(1)最大干密度校正：

$$\rho'_{dm} = \rho_{dm}(1 - P) + 0.9 \times PG'_a \tag{7-5}$$

式中 ρ'_{dm}——校正后的最大干密度，g/cm^3；

ρ_{dm}——试验所得的最大干密度，g/cm^3；

P——试样中超尺寸颗粒的百分率(%)；

G'_a——超尺寸颗粒的毛体积相对密度。

(2)最佳含水率校正：

$$w'_0 = w_0(1 - P) + Pw_a \tag{7-6}$$

式中 w'_0——校正后的最佳含水率(%)；

w_0——试验所得的最佳含水率(%)；

P——试样中超尺寸颗粒的百分率(%)；

w_a——超尺寸颗粒的吸水量(%)。

注意：超尺寸颗粒的含量小于5%时，它对最大干密度的影响位于平行试验的误差范围内。

2.4.4 结果整理

(1)应做两次平行试验，取两次试验的平均值作为最大干密度和最佳含水率。两次重复性试验最大干密度的差不应超过0.05 g/cm^3(稳定细粒土)和0.08 g/cm^3(稳定中粒土和粗粒土)，最佳含水率的差不应超过0.5%(最佳含水率小于10%)和1.0%(最佳含水率大于10%)，超过上述规定值，应重做试验，直到满足精度要求。

(2)混合料密度计算应保留小数点后 3 位有效数字，含水率应保留小数点后 1 位有效数字。

2.4.5　填表

填写击实试验记录表(见表 7-20)。

表 7-20　击实试验记录表

<table>
<tr><td colspan="2">样品名称</td><td colspan="4"></td><td colspan="2">检测依据</td><td colspan="2"></td></tr>
<tr><td colspan="2">环境条件</td><td colspan="4"></td><td colspan="2">检测地点</td><td colspan="2"></td></tr>
<tr><td colspan="2">试验日期</td><td colspan="4"></td><td colspan="2">试验员</td><td colspan="2"></td></tr>
<tr><td colspan="2">主要仪器</td><td colspan="8"></td></tr>
<tr><td colspan="2">试验方法</td><td colspan="2"></td><td colspan="2">粒径 >37.5 mm
质量百分率 P
(%)</td><td colspan="2"></td><td>水泥剂量(%)</td><td></td></tr>
<tr><td rowspan="7">干密度</td><td>试验序号</td><td>1</td><td>2</td><td>3</td><td>4</td><td>5</td><td colspan="3">击实曲线</td></tr>
<tr><td>加水量(g)</td><td></td><td></td><td></td><td></td><td></td><td colspan="3" rowspan="13"></td></tr>
<tr><td>筒+湿土质量(g)</td><td></td><td></td><td></td><td></td><td></td></tr>
<tr><td>筒质量(g)</td><td></td><td></td><td></td><td></td><td></td></tr>
<tr><td>湿土质量(g)</td><td></td><td></td><td></td><td></td><td></td></tr>
<tr><td>湿密度(g/cm³)</td><td></td><td></td><td></td><td></td><td></td></tr>
<tr><td>干密度(g/cm³)</td><td></td><td></td><td></td><td></td><td></td></tr>
<tr><td rowspan="7">含水率</td><td>盒号</td><td>1</td><td>2</td><td>3</td><td>4</td><td>5</td></tr>
<tr><td>盒质量(g)</td><td></td><td></td><td></td><td></td><td></td></tr>
<tr><td>盒+湿土质量(g)</td><td></td><td></td><td></td><td></td><td></td></tr>
<tr><td>盒+干土质量(g)</td><td></td><td></td><td></td><td></td><td></td><td colspan="2">最佳含水率(%)</td><td></td></tr>
<tr><td>水质量(g)</td><td></td><td></td><td></td><td></td><td></td><td colspan="2">最大干密度(g/cm³)</td><td></td></tr>
<tr><td>干土质量(g)</td><td></td><td></td><td></td><td></td><td></td><td colspan="2">校正后最佳含水率(%)</td><td></td></tr>
<tr><td>含水率(%)</td><td></td><td></td><td></td><td></td><td></td><td colspan="2">校正后最大干密度(g/cm³)</td><td></td></tr>
<tr><td colspan="10">备注：</td></tr>
</table>

记录：　　　　　　计算：　　　　　　审核：

思考与讨论：

通过水泥稳定碎石击实试验，分析随着水泥剂量的增加，最佳含水率和最大干密度数值如何变化？

任务7.3　试件制作与养护

引例：

通过完成任务7.2水泥稳定碎石的击实试验后，得到在不同水泥剂量下的最大干密度和最佳含水率。每组依据得到的最大干密度、最佳含水率来进行分别称料和备料，并进行无侧限抗压强度试件的制作和养护。

1　无机结合料稳定材料试件制作方法(圆柱形)

1.1　目的和适用范围

本方法适用于无机结合料稳定材料的无侧限抗压强度、间接抗拉强度、室内抗压回弹模量、动态模量、劈裂模量等试验的圆柱形试件。

1.2　仪器设备

(1)方孔筛。孔径为53 mm、37.5 mm、31.5 mm、26.5 mm、4.75 mm和2.36 mm的筛各1个。

(2)试模。

①细粒土。试模的直径×高为ϕ50 mm×50 mm；

②中粒土。试模的直径×高为ϕ100 mm×100 mm；

③粗粒土。试模的直径×高为ϕ150 mm×150 mm。

(3)电动脱模器。

(4)反力架。反力在400 kN以上。

(5)液压千斤顶。200 ~ 1 000 kN。

(6)钢板尺。量程200 mm或300 mm，最小刻度为1 mm。

(7)游标卡尺。量程200 mm或300 mm。

(8)电子天平。量程15 kg，感量0.1 g；量程4 000 g，感量0.01 g。

(9)压力试验机。可替代千斤顶和反力架，量程不小于2 000 kN，行程、速度可调。

1.3　试验准备

(1)试件的径高比一般为1∶1，根据需要也可成型1∶1.5或1∶2的试件。试件的成型根据需要的压实度水平，按照体积标准，采用静力压实法制备。

(2)将具有代表性的风干试料(必要时，也可以在50 ℃烘箱内烘干)用木槌和木碾碾碎，但应避免破碎粒料的原粒径。按照公称最大粒径的大一级筛，将土过筛并进行分类。

(3)在预定做试验的前一天，取有代表性的试料测定其风干含水率。对于细粒土，试样应不少于100 g；对于中粒土，试样应不少于1 000 g；对于粗粒土，试样应不少于2 000 g。

(4)用击实试验法确定无机结合料混合料的最佳含水率和最大干密度。

(5)根据击实结果,称取一定质量的风干土,其质量随试件大小而变化。对于Φ50 mm×50 mm 的试件,1 个试件需干土 180~210 g;对于Φ100 mm×100 mm 的试件,1 个试件需干土 1 700 ~ 1 900 g;对于Φ 150 mm × 150 mm 的试件,1 个试件需干土 5 700 ~ 6 000 g。

对于细粒土,一次可称取 6 个试件的土;对于中粒上,一次宜称取 3 个试件的土;对于粗粒土,一次只能称取 1 个试件的土。

(6)将准备好的试料分别装入塑料袋中备用。

1.4　试验步骤

(1)调试成型所需的各种设备,检查是否运行正常;将成型用的模具擦拭干净,并涂抹机油。成型中、粗粒土时,试模筒的数量应与每组试件的个数相配套。上下垫块应与试模筒相配套,上下垫块能够刚好放入试筒内上下自由移动(一般来说,上下垫块直径比试筒内径小约0.2 mm),且上下垫块完全放入试筒后,试筒内未被上下垫块占用的空间体积能满足径高比为1∶1的设计要求。

(2)对于无机结合料稳定细粒土,至少应该制备 6 个试件;对于无机结合料稳定中粒土和粗粒土,至少应该分别制备 9 个和 13 个试件。

(3)根据击实结果和无机结合料的配合比,按式(7-2)计算每份料的加水量和无机结合料的质量。

(4)将称好的土放在长方盘(约 400 mm×600 mm×70 mm)内。向土中加水拌料闷料。石灰稳定材料、水泥和石灰粉煤灰综合稳定材料,可将石灰或粉煤灰和土一起拌和,将拌和均匀的试料放在密闭容器内浸润备用。

对于细粒土(特别是黏性土),浸润时的含水率较最佳含水率小 3%,对于中粒土和粗粒土,按最佳含水率加水;对于水泥稳定类材料,加水量应比最佳含水率小 1%~2%。

浸润时间:黏性土为 12 ~ 24 h;粉性土、砂砾土、红土砂砾、级配砂砾等可缩短到 4 h 左右;含土很少的未筛分碎石、砂砾及砂可以缩短到 2 h。浸润时间一般不超过 24 h。

(5)在试件成型前 1 h 内,加入预定数量的水泥并拌和均匀。在拌和过程中,应将预留的水(细粒土为 3%,水泥稳定类为 1%~2%)加入土中,使混合料达到最佳含水率。拌和均匀的加有水泥的混合料应在 1 h 内按下述方法制成试件,超过 1 h 的混合料应该作废。其他结合料稳定土的混合料虽不受此限,但也应尽快制成试件。

(6)用反力框架和液压千斤顶,或采用压力试验机制件。

将试模的下压柱放入试模的下部,但外露 2 cm 左右。将称量的规定数量 m_2 的稳定材料混合料分 2~3 次灌入试模中,每次灌入后用夯棒轻轻均匀插实。如制的是Φ50 mm×50 mm 的小试件,则可以将混合料一次倒入试模中,然后将与试模配套的上垫块放入试模内,应使其也外露 2 cm 左右(上下垫块露出试模外的部分应该相等)。

(7)将整个试模(连同上下垫块)放到反力框架内的千斤顶上(千斤顶下应放一扁球座)或压力机,以 1 mm/min 的加载速率加压,直到上下垫块都压入试模为止。维持压力 2 min。

(8)解除压力后,取下试模,并放到脱模器上将试件顶出。用水泥稳定有黏结性的材料(如黏质土)时,制件后可立即脱模;用水泥稳定无黏结性的细粒土时,最好过2 ~ 4 h再脱模。对中、粗粒土的无机结合料稳定材料,最好过2 ~ 6 h再脱模。

(9)在脱模器上取试件时,应用双手抱住试件侧面的中下部,然后沿水平方向轻轻旋转,待感觉到试件移动后,再将试件轻轻捧起,放置到试验台上,切勿直接将试件向上捧起。

(10)称试件质量 m_2,小试件精确到0.01 g,中试件精确到0.01 g,大试件精确到0.1 g。然后用游标卡尺量试件的高度 h,精确到0.1 mm。检查试件的高度和质量,不满足成型标准的试件作为废件。

(11)称量试件后,应立即将其放在塑料袋中封闭,并用潮湿的毛巾覆盖,移放至养护室。

1.5　**结果整理**

(1)单个试件的标准质量:

$$m_0 = V \times \rho_{max} \times (1 + w_{opt}) \times \gamma \tag{7-7}$$

考虑到试件成型过程中的质量损耗,实际操作过程中每个试件质量可增加0~2%,即

$$m_0' = m_0 \times (1 + \delta) \tag{7-8}$$

每个试件的干料(包括干土和无机结合料)总质量:

$$m_1 = \frac{m_0'}{1 + w_{opt}} \tag{7-9}$$

每个试件中的无机结合料质量:

外掺法

$$m_2 = m_1 \times \frac{\alpha}{1 + \alpha} \tag{7-10}$$

内掺法

$$m_2 = m_1 \times \alpha \tag{7-11}$$

每个试件中的干土质量:

$$m_3 = m_1 - m_2 \tag{7-12}$$

每个试件中的加水量:

$$m_w = (m_2 + m_3) \times w_{opt} \tag{7-13}$$

验算:

$$m_0' = m_2 + m_3 + m_w \tag{7-14}$$

式中　V——试件体积,cm^3;

w_{opt}——混合料最佳含水率(%);

ρ_{max}——混合料最大干密度,g/cm^3;

γ——混合料压实度标准(%);

m_0、m_0'——混合料质量,g;

m_1——干混合料质量,g;

m_2——无机结合料质量,g;

m_3——干土质量,g;

δ——计算混合料质量的冗余量(%);

α——无机结合料的掺量(%);

m_w——加水质量。

(2)结果整理。

①小试件的高度误差范围应为 -0.1~0.1 cm,中试件的高度误差范围应为 -0.1 ~0.15 cm,大试件的高度误差范围应为 -0.1~0.2 cm。

②质量损失:小试件应不超过标准质量 5 g,中试件应不超过 25 g,大试件应不超过 50 g。

2 无机结合料稳定材料养护试验方法(标准养护方法)

2.1 适用范围

本方法适用于水泥稳定材料类和石灰、二灰稳定材料类的养护。标准养护方法是指无机结合料稳定类材料在规定的标准温度和湿度环境下强度增长的过程。

2.2 仪器设备

标准养护室温度为(20 ±2)℃,相对湿度在 95% 以上。

2.3 试验步骤

(1)试件从试模内脱出并量高称质量后,中试件和大试件应装入塑料袋内。试件装入塑料袋后,将袋内的空气排除干净,扎紧袋口,将包好的试件放入养护室。

(2)标准养护的温度为(20 ±2)℃,标准养护的湿度≥95% 。试件宜放在铁架或木架上,间距至少 10 ~ 20 mm。试件表面应保持一层水膜,并避免用水直接冲淋。

(3)对无侧限抗压强度试验,标准养护龄期是 7 d,最后一天浸水。对弯拉强度、间接抗拉强度,水泥稳定材料类的标准养护龄期是 90 d,石灰稳定材料类的标准养护龄期是 180 d。

(4)在养护期的最后一天,将试件取出,观察试件的边角有无磨损和缺块,并量高称质量,然后将试件浸泡于(20 ±2)℃的水中,应使水面在试件顶上约 2.5 cm。

2.4 结果整理

(1)如养护期间有明显的边角缺损,试件应该作废。

(2)对养护 7 d 的试件,在养护期间,试件质量损失应符合下列规定:小试件不超过 1 g,中试件不超过 4 g,大试件不超过 10 g。质量损失超过此规定的试件,应予以作废。

(3)对养护 90 d 和 180 d 的试件,在养护期间,试件质量损失应符合下列规定:小试件不超过 1 g,中试件不超过 10 g,大试件不超过 20 g。质量损失超过此规定的试件,应予以作废。

思考与讨论:

试件在养护期间,质量损失是指哪部分质量?是否包括由于各种原因从试件上掉下来的混合料质量?养护温度的变化对试件有哪些影响?

任务7.4　无侧限抗压强度试验

引例：

无侧限抗压强度是用来评价无机结合料稳定材料强度的关键指标，其无侧限抗压强度的大小直接影响无机结合料稳定材料的路用性能。下面对已经制作好的试件进行无侧限抗压强度试验。

1　目的与适用范围

本方法适用于测定无机结合料稳定材料（包括稳定细粒土、中粒土和粗粒土）试件的无侧限抗压强度。

2　仪器设备

（1）标准养护室。

（2）水槽。深度应大于试件高度50 mm。

（3）压力机或万能试验机（也可用路面强度仪和测力计）。压力机应符合相应的要求，其测量精度为±1%，同时应具有加载速率指示装置或加载速率控制装置。上下压板平整并有足够刚度，可以均匀地连续加载、卸载，可以保持固定荷载。开机、停机均灵活自如，能够满足试件吨位的要求，且压力机加载速率可以有效控制在1 mm/min（见图7-4）。

图7-4　路面材料强度试验仪

（4）电子天平。量程15 kg，感量0.1g；量程4 000 g，感量0.01 g。

（5）量筒、拌和工具、大小铝盆、烘箱等。

（6）球形支座。

（7）机油。

3　试验准备

（1）试件制备：

①细粒土。试模的直径×高为ϕ50 mm×50 mm；

②中粒土。试模的直径×高为ϕ100 mm×100 mm；

③粗粒土。试模的直径×高为ϕ150 mm×150 mm。

（2）按照现行试验规程的方法成型径高比为1∶1的圆柱形试件。

（3）按照现行试验规程的标准养护方法进行7 d的标准养护。

（4）将试件两顶面用刮刀刮平，必要时可用快凝水泥砂浆抹平试件顶面。

(5)为保证试验结果的可靠性和准确性，每组试件的数目要求为：小试件不少于 6 个，中试件不少于 9 个，大件不少于 13 个。

4　试验步骤

(1)根据试验材料的类型和一般的工程经验，选择合适量程的测力计和压力机，试件破坏荷载应大于测力量程的 20% 且小于测力量程的 80%。将球形支座和上下顶板涂上机油，使球形支座能灵活转动。

(2)将已浸水一昼夜的试件从水中取出，用软布吸去试件表面的水分，并称试件的质量 m_4。

(3)用游标卡尺量试件的高度 h，精确到 0.1 mm。

(4)将试件放到路面材料强度试验仪或压力机上，并在升降台上先放一扁球座，进行抗压试验。试验过程中，应保持速率约为 1 mm/min。记录试件破坏时的最大压力 P(N)。

(5)从试件内部取有代表性的样品(经过打破)，按照现行试验规程的方法，测定其含水率 w。

5　结果整理

(1)试件的无侧限抗压强度 R_c 按式(7-15)计算：

$$R_c = \frac{P}{A} \tag{7-15}$$

式中　R_c——试件的无侧限抗压强度，MPa；

P——试件破坏时的最大压力，N；

A——试件的截面面积，mm^2，$A = \pi D^2/4$，D 为试件的直径，mm。

(2)数据处理。

①抗压强度保留 1 位小数。

②同一组试件试验中，采用 3 倍均方差方法剔除异常值，小试件可允许有 1 个异常值，中试件允许有 1 ~ 2 个异常值，大试件允许有 2 ~ 3 个异常值。异常值数量超过上述规定的应重做试验。

③同一组试验的变异系数 C_v(%)应符合下列规定，方为有效试验：小试件 $C_v \leq 6\%$，中试件 $C_v \leq 10\%$，大试件 $C_v \leq 15\%$。如果不能保证试验结果的变异系数小于规定的值，则应按允许误差 10% 和 90% 概率重新计算所需的事件数量，增加试件数量并另做新试验。将新试验结果与老试验结果一并重新进行统计评定，直到变异系数满足上述规定。

6　填表

填写无侧限抗压强度试验记录表(见表 7-21)。

表7-21 无侧限抗压强度试验记录表

<table>
<tr><td>样品名称</td><td colspan="3"></td><td colspan="2">检测依据</td><td colspan="2"></td></tr>
<tr><td>环境条件</td><td colspan="3"></td><td colspan="2">检测地点</td><td colspan="2"></td></tr>
<tr><td>试验日期</td><td colspan="3"></td><td colspan="2">试验员</td><td colspan="2"></td></tr>
<tr><td>主要仪器</td><td colspan="7"></td></tr>
<tr><td>混合料名称</td><td colspan="2"></td><td>最大干密度(g/cm³)</td><td></td><td colspan="2">最佳含水率(%)</td><td></td></tr>
<tr><td>混合料配合比</td><td colspan="2"></td><td>试件类型</td><td></td><td colspan="2">设计无侧限抗压强度(MPa)</td><td></td></tr>
<tr><td>制件日期</td><td colspan="2"></td><td>压件日期</td><td></td><td colspan="2">保证率(%)</td><td></td></tr>
<tr><td>试件编号</td><td>养护前试件质量(g)</td><td>浸水前试件质量(g)</td><td>浸水后试件质量(g)</td><td>养护前试件的高度(mm)</td><td>浸水后试件的高度(mm)</td><td>试件破坏时的最大压力(kN)</td><td>无侧限抗压强度(MPa)</td></tr>
<tr><td>1</td><td></td><td></td><td></td><td></td><td></td><td></td><td></td></tr>
<tr><td>2</td><td></td><td></td><td></td><td></td><td></td><td></td><td></td></tr>
<tr><td>3</td><td></td><td></td><td></td><td></td><td></td><td></td><td></td></tr>
<tr><td>4</td><td></td><td></td><td></td><td></td><td></td><td></td><td></td></tr>
<tr><td>5</td><td></td><td></td><td></td><td></td><td></td><td></td><td></td></tr>
<tr><td>6</td><td></td><td></td><td></td><td></td><td></td><td></td><td></td></tr>
<tr><td>7</td><td></td><td></td><td></td><td></td><td></td><td></td><td></td></tr>
<tr><td>8</td><td></td><td></td><td></td><td></td><td></td><td></td><td></td></tr>
<tr><td>9</td><td></td><td></td><td></td><td></td><td></td><td></td><td></td></tr>
<tr><td>10</td><td></td><td></td><td></td><td></td><td></td><td></td><td></td></tr>
<tr><td>11</td><td></td><td></td><td></td><td></td><td></td><td></td><td></td></tr>
<tr><td>12</td><td></td><td></td><td></td><td></td><td></td><td></td><td></td></tr>
<tr><td>13</td><td></td><td></td><td></td><td></td><td></td><td></td><td></td></tr>
<tr><td colspan="2">无侧限抗压强度平均值(MPa)</td><td></td><td>标准差</td><td></td><td>变异系数</td><td>强度代表值 R_d^0</td><td></td></tr>
<tr><td colspan="8">备注:</td></tr>
</table>

记录: 计算: 审核:

思考与讨论:

简述水泥稳定土强度的形成原理。

任务 7.5 确定水泥剂量

引例：

依据前面强度试验数据计算出强度平均值，并根据公式计算出强度代表值。根据本项目的水泥稳定碎石的设计强度要求和经济要求，来合理确定水泥剂量。

根据强度标准，选定合适的结合料剂量，此剂量试件室内试验结果的强度代表值 R_d^0 应不小于强度标准值 R_d；当 $R_d^0 < R_d$ 时，应重新进行配合比试验。

将每组所得到的试验结果强度代表值 R_d^0 汇总填于表 7-22，并判断是否满足设计强度要求。

表 7-22 不同水泥剂量时强度代表值与强度标准值的对比结果

水泥剂量(%)	3.0	4.0	5.0	6.0	7.0
强度代表值 R_d^0(MPa)					
强度标准值 R_d(MPa)	3.0 ~ 3.5	3.0 ~ 3.5	3.0 ~ 3.5	3.0 ~ 3.5	3.0 ~ 3.5
$R_d^0 \geq R_d$					

本项目水泥稳定碎石的设计 7 d 无侧限抗压强度标准值 R_d 为 3.0 ~ 3.5 MPa，由表 7-22 确定，满足 $R_d^0 \geq R_d$ 的水泥最佳剂量，既符合技术质量要求，又符合经济效益要求。

对水泥稳定材料，工地实际采用的水泥剂量宜比室内试验确定的剂量多 0.5% ~ 1.0%。采用集中厂拌法施工时宜增加 0.5%，采用路拌法施工时宜增加 1%。

根据工地实际情况调整后水泥最佳剂量需要满足表 7-11 的要求。

思考与讨论：

分析随着水泥剂量的增加，无侧限抗压强度平均值会如何变化？该如何确定合理的水泥剂量？

小 结

无机结合料稳定材料是指在粉碎的或原来松散的材料中，掺入足量的无机结合料(如石灰、水泥、粉煤灰或其他工业废渣等)和水，经拌和得到的混合料，其在压实和养护后，整体性强，后期强度高、水稳定性较好。主要用于各种路面的基层、底基层，因刚度较大，又被称为半刚性基层材料。

按其结合料的不同，无机结合料稳定材料可分为石灰稳定材料、水泥稳定材料、综合稳定材料及工业废渣稳定材料。

无机结合料稳定材料的主要技术要求为：强度、抗裂性及水稳定性，这些性质取决于结合料的质量与掺量、稳定土的种类、含水率、养护温度与龄期等。

无机结合料稳定材料的组成设计采用无侧限抗压强度为主要控制指标，设计内容包括原材料检验、混合料的目标配合比设计、混合料的生产配合比设计和施工参数确定四部分。

练习题

一、单选题

1. 击实试验，最后一层试样击实后，试样超出筒顶的高度不得大于(　　)，超出高度过大的试件应作废。

A. 6 mm　　B. 4 mm　　C. 7 mm　　D. 5 mm

2. 水泥稳定材料从开始加水拌和到完全压实的时间要尽可能短，一般不要超过(　　)，若时间过长，则水泥凝结。

A. 3 h　　B. 4 h　　C. 5 h　　D. 6 h

3. 无侧限抗压强度试验，试件养护温度应保持在(　　)。

A. (20 ±2)℃　　B. (21 ±2)℃　　C. (25 ±2)℃　　D. (27 ±2)℃

4. 无机结合料稳定材料组成设计的设计依据是(　　)龄期的无侧限抗压强度。

A. 7 d　　B. 14 d　　C. 21 d　　D. 28 d

5. 测定无机结合料稳定材料的无侧限抗压强度时，试件需浸水(　　)。

A. 1 d　　B. 3 d　　C. 5 d　　D. 7 d

6. 级配碎石或砾石用作基层时，高速公路和一级公路公称最大粒径应不大于(　　)。

A. 19.0 mm　　B. 26.5 mm　　C. 31.5 mm　　D. 37.5 mm

7. 二级及二级以下公路，细集料中粒径小于0.075 mm的颗粒含量应不大于(　　)。

A. 10%　　B. 15%　　C. 20%　　D. 25%

8. 对水泥稳定材料，采用集中厂拌法施工时水泥剂量宜增加(　　)。

A. 0.5%　　B. 1.0%　　C. 1.5%　　D. 2.0%

9. 符合现行标准要求的饮用水可直接作为基层、底基层材料拌和与养护用水，对拌和使用的非饮用水pH应(　　)。

A. ≥3.5　　B. ≥4.0　　C. ≥4.5　　D. ≥5.0

10. 对于石灰稳定材料，塑性指数为(　　)的黏性土较适宜，稳定效果显著，强度高。

A. 10 ~ 15　　B. 15 ~ 20　　C. 20 ~ 25　　D. 25 ~ 30

二、判断题

1. 在石灰剂量不大的情况下，钙质石灰稳定土比镁质石灰稳定土的初期强度低。(　　)

2. 对于稳定细粒材料，三种稳定材料的温缩性大小排列顺序为：石灰土 > 石灰粉煤灰土 > 水泥土和水泥石灰土。(　　)

3. 在无机结合料稳定材料中，无机结合料石灰存在一个最佳剂量。(　　)

4. 在无机结合料中，水泥的终凝时间应大于 6 h 且小于 10 h。（　　）

5. 高速公路和一级公路的基层，不宜采用磨细消石灰。（　　）

三、多选题

1. 在确定水泥稳定粒料的最佳含水率和最大干密度时，至少应做三个不同水泥剂量的混合料击实试验，分别是(　　)。

A. 最佳剂量　B. 最小剂量　C. 最大剂量　D. 中间剂量

2. 以下属于影响无机结合料稳定材料强度的因素有(　　)。

A. 土质　B. 结合料品种及用量

C. 含水率　D. 密实度

3. 影响水稳定性和冰冻稳定性的主要因素有(　　)。

A. 土类　B. 稳定剂种类和剂量

C. 密实度　D. 龄期

4. 无机结合料稳定材料的击实试验，以绘制稳定材料的含水率—干密度关系曲线，从而确定(　　)。

A. 改善土质　B. 最小干密度　C. 最大含水率　D. 最大干密度

5. 干排或湿排的硅铝粉煤灰和高钙粉煤灰等均可用作基层或底基层的结合料，粉煤灰技术要求的检测项目应包括(　　)。

A. 0.075 mm 筛孔通过率　B. 0.15 mm 筛孔通过率

C. 烧失量　D. 比表面积

四、简答题

1. 何谓无机结合料稳定材料？它具有什么特点？

2. 无机结合料稳定材料中对各组成原材料有什么要求？

3. 简述无机结合料稳定土的击实试验(甲法)的试验步骤。

4. 简述水泥稳定材料组成设计的基本步骤。

参 考 文 献

[1] 中华人民共和国交通部. 公路工程集料试验规程:JTG E42—2005[S]. 北京:人民交通出版社,2005.

[2] 中华人民共和国交通部. 公路工程岩石试验规程:JTG E41—2005[S]. 北京:人民交通出版社,2005.

[3] 中华人民共和国国家质量监督检验检疫总局,中国国家标准化管理委员会. 建设用砂:GB/T 14684—2011[S]. 北京:中国标准出版社,2011.

[4] 中华人民共和国国家质量监督检验检疫总局,中国国家标准化管理委员会. 建设用卵石、碎石:GB/T 14685—2011[S]. 北京:中国标准出版社,2011.

[5] 中华人民共和国国家质量监督检验检疫总局,中国国家标准化管理委员会. 通用硅酸盐水泥:GB 175—2007[S]. 北京:中国标准出版社,2009.

[6] 中华人民共和国国家质量监督检验检疫总局,中国国家标准化管理委员会. 水泥标准稠度用水量、凝结时间、安定性检验方法:GB/T 1346—2011[S]. 北京:中国标准出版社,2011.

[7] 中华人民共和国国家质量技术监督局,水泥胶砂强度检验方法(ISO 法):GB/T 17671—1999[S]. 北京:中国标准出版社,1999.

[8] 中华人民共和国国家质量监督检验检疫总局,中国国家标准化管理委员会. 水泥细度检验方法筛析法:GB/T 1345—2005[S]. 北京:中国标准出版社,2005.

[9] 中华人民共和国交通运输部. 公路工程沥青及沥青混合料试验规程:JTG E20—2011[S]. 北京:人民交通出版社,2011.

[10] 中华人民共和国住房和城乡建设部. 普通混凝土配合比设计规程:JGJ 55—2011[S]. 北京:中国建筑出版社,2011.

[11] 中华人民共和国交通部. 公路工程水泥及水泥混凝土试验规程:JTG E30—2005[S]. 北京:人民交通出版社,2005.

[12] 中华人民共和国住房和城乡建设部. 混凝土强度检验评定标准:GB/T 50107—2010[S]. 北京:中国建筑工业出版社,2010.

[13] 中华人民共和国国家标准. 金属材料拉伸试验 第 1 部分:室温试验方法:GB/T 228. 1—2010[S]. 北京:中国标准出版社,2010.

[14] 中华人民共和国国家标准. 金属材料弯曲试验方法:GB/T 232—2010[S]. 北京:中国标准出版社,2010.

[15] 姜志青. 道路建筑材料[M]. 5 版. 北京:人民交通出版社,2015.

[16] 郑晓国. 市政工程材料[M]. 北京:北京大学出版社,2013.

[17] 覃峰,陈晓明. 工程材料[M]. 北京:人民交通出版社,2014.

[18] 王陵茜. 市政工程材料[M]. 北京:中国建材工业出版社,2012.

[19] 林祖宏. 建筑材料[M]. 北京:北京大学出版社,2008.

[20] 中华人民共和国住房和城乡建设部,国家市场监督管理总局. 混凝土物理力学性能试验方法标准:GB/T 50081—2019[S]. 北京:中国建筑工业出版社,2019.